JN121381

目　　次

まえがき

ICTと統計学の進展がもたらした「データ利用高度化」が拓いた「ビッグデータ」、そして「オープンデータ」の出現により、ビジネス、医療、教育などあらゆる分野において、データに基づく数量的思考を通じて課題を解決する能力の高い人材、いわゆるデータサイエンスを身に付けた人材が不可欠となっています。

総務省は、これまでの統計リテラシーの普及・啓発を先導してきた経験を活かし、ウェブ上で誰でも参加可能なオープンな講義であるMOOCの手法を導入した、データサイエンス・オンライン講座「社会人のためのデータサイエンス入門」を2015年に開講し、2018年にリニューアルを実施しましたが、この度、全面的にリニューアルし、新しい事例紹介や適切なグラフの選び方、統計リテラシーの重要性などを追加しました。

本講座は、“データサイエンス”力の向上を目指し、統計学の基礎やデータの見方のほか、国際比較データを使った分析事例や公的データの入手・利用方法の紹介等、データ分析の基本的な知識を学ぶことができる内容となっています。

本スタディノートは、受講者の学びをサポートするため、講義資料を収録し、説明を付け加えています。ぜひ、ご活用いただければ幸いです。

総務省では、今後もこのような取組を継続し、我が国における統計リテラシーの向上を通じ、更なる企業活動の活性化及びオープンデータの利活用の促進に努めてまいります。

2024年6月

本書の使い方

本書は、総務省が提供するデータサイエンス・オンライン講座「社会人のためのデータサイエンス入門」のためのオフィシャル・スタディノートである。オンライン講座は、実際の講義を動画で受講でき、わかりにくいところを繰り返し再生できるという利点がある。さらに、講義を受けながら、手を動かしてノートをとったり、書き込みをすることによって学習効果が上がると言われている。

本書の大部分は、オンライン講座で使用されるスライドとその説明によって構成されている。各ページには左段にスライドを右段にそれに対応した説明が加えられ、その回の講義におけるキーワードが強調されている。説明文は、オンライン講座で講師が話す内容に沿って作成されており、受講者は講義を聞きながらスライド又は説明文でキーワードを確認しつつ学習が進められるようになっている。

※ Microsoft®Excel®は米国Microsoft Corporationの米国、日本およびその他の国における登録商標です。本書ではMicrosoft®Excel®のことを「Excel」と記述しています。

講義の解説

第１週：統計データの活用

第１週では、統計データの活用として、統計分析の意義を理解するため、実際のデータを用いた分析事例の紹介や、統計リテラシーなどについて学ぶ。各回の内容とその目標を以下に示す。

	内容	到達目標
第１回	大人がデータサイエンスを学ぶべき理由	データ分析の重要性について理解する。 ※スライドのない講義のため、本冊子では省略しています。
第２回	統計データからわかること①	統計データからマクロの経済・社会状況を知るための手法について学ぶ。
第３回	統計データからわかること②	直近の出来事について、総務省統計局が実施する統計調査を活用した分析を実践する。
第４回	統計データからわかること③	データ分析を行うことによって、それまで見えなかった課題の全体像を可視化することを学ぶ。
第５回	統計リテラシーの重要性	統計リテラシーの重要性について理解する。
第６回	統計を利用する際の注意点	統計を利用する際の注意点を、具体例とともに学ぶ。

第２回　統計データからわかること①

日本全体の経済・社会の現状を知る

- 統計データでないとわからない事柄に
日本全体=マクロの経済・社会状況がある
- 自分の住んでいる町のことであれば、
普段の生活の中でうかがい知ることはできる
- 市、県、国と地域の範囲が広がると、
そのすべてを自分の観察でカバーすることはできなくなる
⇨ そこで**統計**が必要になる

・　統計データでないとわからない事柄に、日本全体、すなわちマクロの経済・社会状況がある。

・　自分の住んでいる町のことであれば、普段の生活の中で周囲を観察することで、その町の経済・社会状況をうかがい知ることは可能。

・　しかし、地域の範囲が広がると、そのすべてを自分の観察でカバーすることはできなくなるので、統計が必要となる。

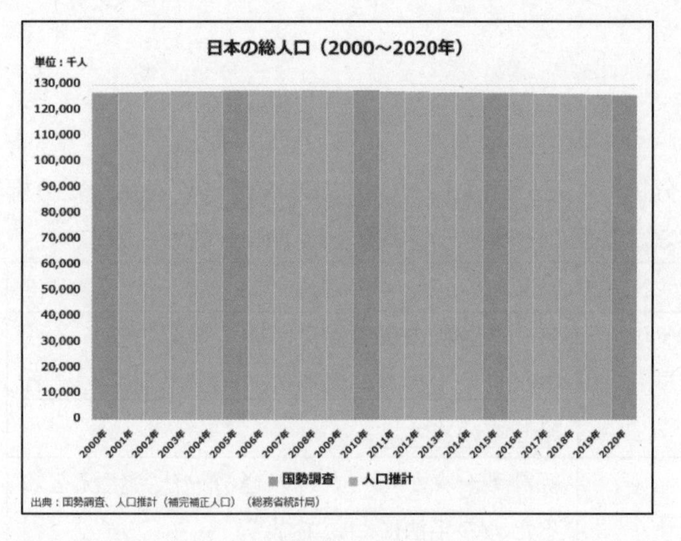

・　日本全体の人口については、西暦末尾０および５の年次については「国勢調査」、その中間年は「人口推計」によって知ることが可能。

・　国勢調査は全数（悉皆）調査であり、日本に住む全ての人を調査している。

・　2020 年の国勢調査結果によれば、日本の人口は約１億 2600 万人であった。

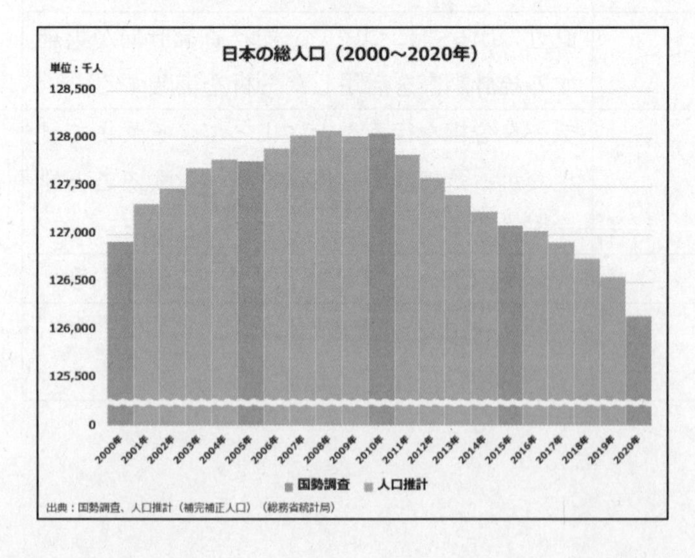

・　なお、日本の人口は、2010 年以降継続して減少傾向にあり、2020 年は 2015 年から 0.7%減、年平均 でみると 0.15%減少している。

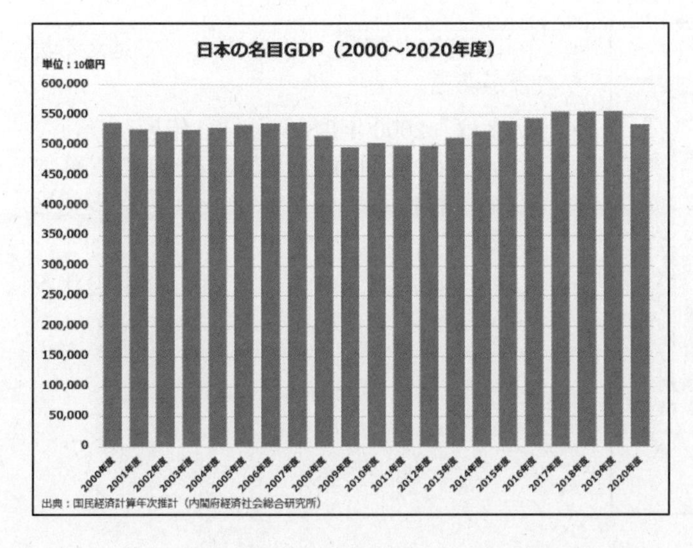

- 一国の経済規模を測る指標としては国内総生産、GDPがある。
- GDPは一定期間内に国内で産み出された物やサービスの粗付加価値を合計したものである。
- このとき実際に市場で取り引きされている価格に基づいて推計された値を「名目値」という。

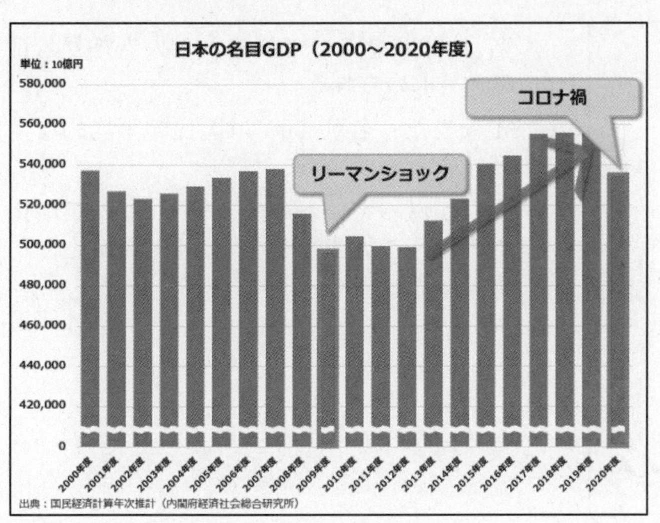

- 2009年度に名目GDPが減少しているが、この年にはいわゆる「リーマン・ショック」、国際金融危機があった。
- 2013年度から2019年度まで名目GDPは増加しているが、2020年度に名目GDPが減少した。
- この年にはいわゆる「コロナ禍」、新型コロナウイルス感染症の流行による外出自粛があった。

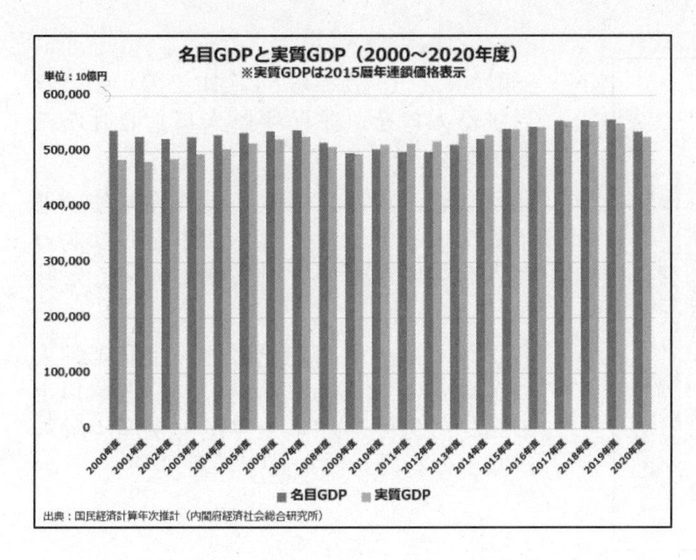

- GDPには名目GDPのほか、実質GDPがある。
- ある年からの物価の上昇・下落分を取り除いた値を「実質値」という。つまり、額面上のGDPから物価の変化を除いたものが実質GDPである。

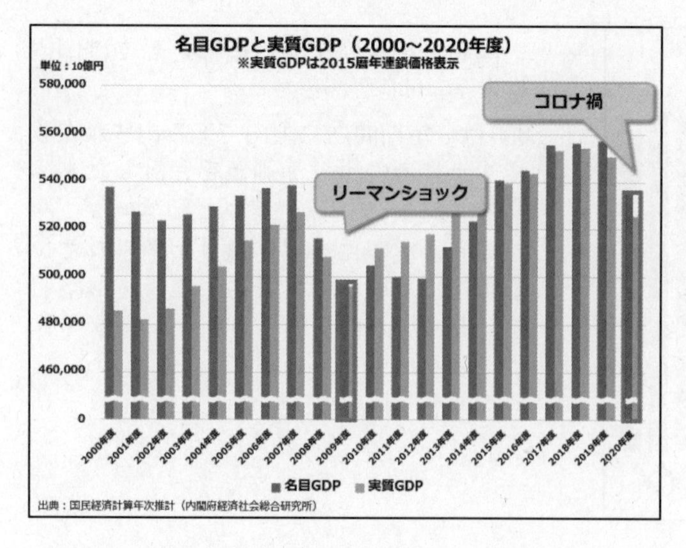

・　名目 GDP と実質 GDP は異なって見える場合がある。
・　例えば、2000 年度から 2003 年度にかけては、この時期は物価が継続的に下落する、いわゆる「デフレーション」の状態にあった。
・　このように実質と名目では、経済の状況がかなり違って見えることがある。

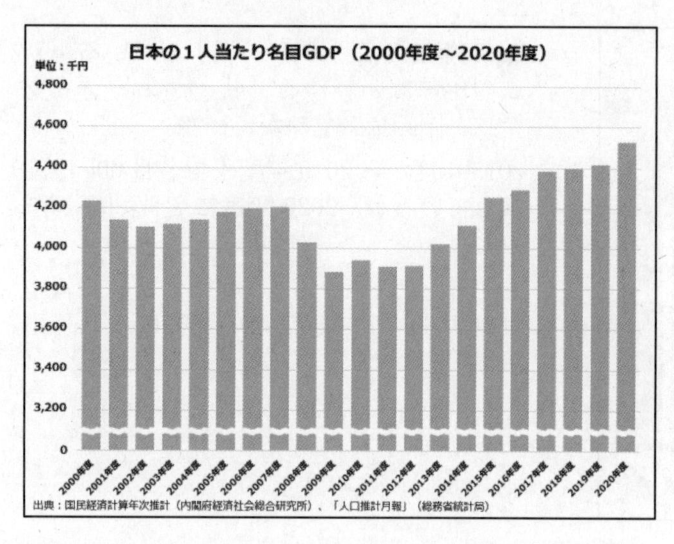

・　名目 GDP を人口で割ると１人当たり名目 GDP が求められる。
・　１人当たり名目 GDP は国民の平均的な生産性を示している。
・　人口が減っているのに、名目 GDP が増えたのは、１人当たり名目 GDP が増えたからである。

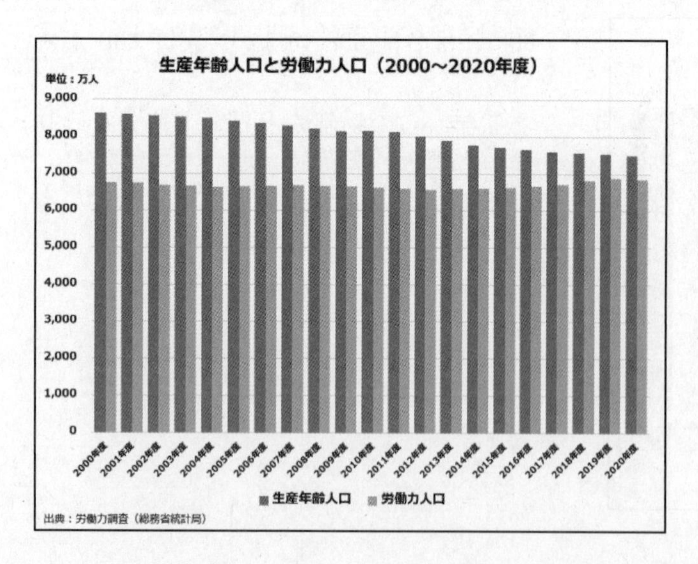

・　一般的に、15 歳から 64 歳までの年齢に該当する人口を「生産年齢人口」と呼ぶことがある。
・　15 歳以上の人口のうち、専業主婦や、通学している学生で少しも仕事をしなかった人を除いたものを「労働力人口」と呼ぶ。
・　我が国では少子高齢化に伴い生産年齢人口が減少しているが、女性及び 65 歳以上の人材の労働参加率上昇が、生産年齢人口減少の影響を緩和している。

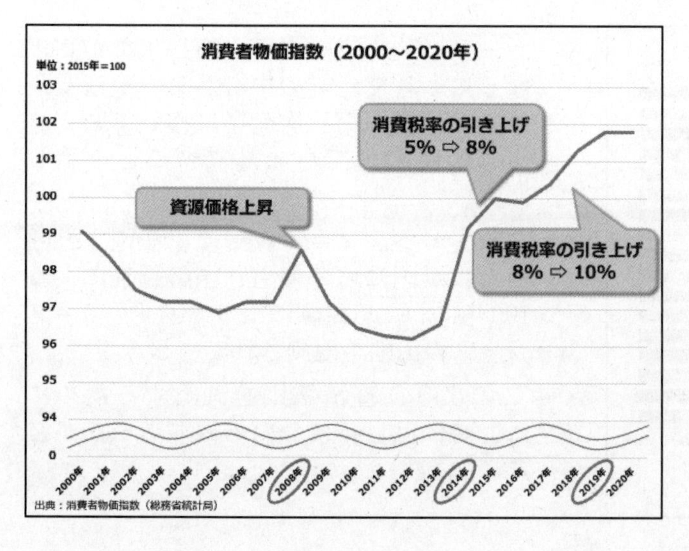

- 実質 GDP と名目 GDP が違ってくるのは物価の影響があるからで、物価の変化は物価指数で測る。
- 世帯の消費生活に及ぼす物価の変動を測定する統計に「消費者物価指数」がある。
- 消費者物価指数は、家計の消費構造を一定のものに固定し、これに要する費用が物価の変動によってどう変化するかを指数値で示したものである。
- 我が国では 2008 年の資源価格上昇、2014 年及び 2019 年の消費税率引き上げのときを除き、長年にわたりデフレーションの傾向にあったが、最近では 2022 年９月の生鮮食品を除いた指数が、去年の同じ月を３％上回り、31 年ぶりと話題となった。
- このように統計データから全体を理解し、その知見を蓄積することで、普遍的な法則を見出すことが可能となる。

統計データ観察からの普遍的な法則

- 統計データから全体を理解し、知見を蓄積することで普遍的な法則を見出すことが可能
- 「法則」とは「いつでも、またどこででも、一定の条件のもとに成立するところの普遍的・必然的関係」のこと
- 統計データから見つかった法則として有名なのは「エンゲルの法則」「ペティ＝クラークの法則」

- 統計データから発見された法則について説明する。「法則」とは「いつでも、またどこででも、一定の条件のもとに成立するところの普遍的・必然的関係」のことである。
- 統計データから見つかった法則として有名なのは「エンゲルの法則」と「ペティ＝クラークの法則」である。

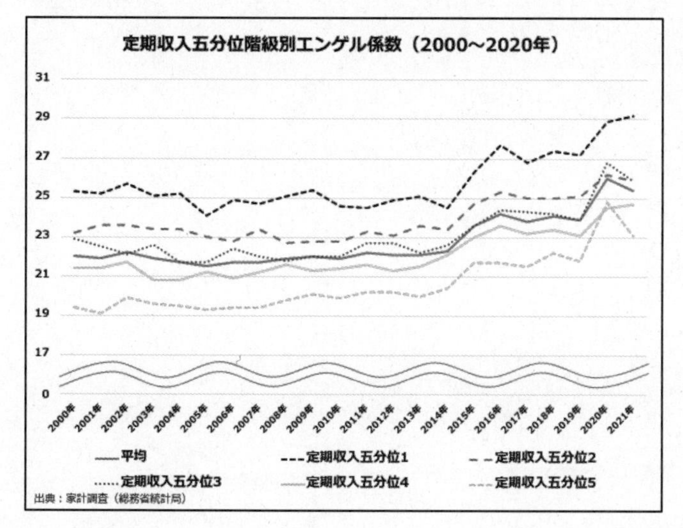

- 家計の消費支出に占める食料費の割合を、エンゲル係数と呼ぶ。
- エルンスト・エンゲルはベルギーの労働者の家族の生活費に関する資料を観察し、年間収入階級が低い階層ほどエンゲル係数が高いことを発見した。
- その後、この現象は多くの国々でも観察された。現代の日本でもエンゲルの法則が確認されている。

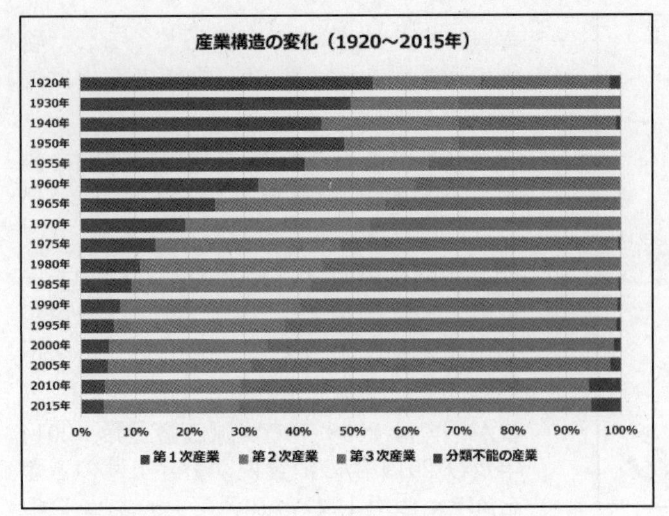

- コーリン・クラークは、所得水準が高くなるにつれて産業の中心が第一次産業→第二次産業→第三次産業に移っていく、それが時系列でも成り立つことを示した。
- これを「ペティ＝クラークの法則」と呼び、我が国においても、国勢調査による100年にわたる観測によって、ペティ＝クラークの法則が観測されている。
- このように経済法則を確認するためには、時には百年にわたる観測データが必要になる。

まとめ

- 統計データでないとわからない事柄に
  日本全体＝マクロの経済・社会状況がある
- マクロの経済・社会状況を知ることは
  今後の見通しを立てる上で基礎的な作業
- 統計データの観察から経済法則が見つかることがある
- 経済法則を知ることは、将来の予測を行う上で重要な
  手がかりとなる

- 統計データでないとわからない事柄に、日本全体、すなわちマクロの経済・社会状況がある。
- マクロの経済・社会状況を知ることは、今後の見通しを立てる上で基礎的な作業である。
- また、統計データの観察から経済法則が見つかることがあり、経済法則を知ることは、将来の予測を行う上で重要な手がかりとなる。

第３回　統計データからわかること②

2020年新型コロナウイルス流行

- 感染が広がる中、各地で“不要不急”の外出を控えるよう呼びかけられた
- 外出自粛は経済活動に大きな影響を与えた
- 「家計調査」「労働力調査」「社会生活基本調査」のデータを実際に観察

- 2020 年には、新型コロナウイルス感染症の流行により、各地で“不要不急”の外出を控えるよう呼びかけられた。
- 外出自粛は経済活動に大きな影響を与えたと考えられ、滅多に起きない現象が観察された。
- そこで総務省統計局が実施する「家計調査」、「労働力調査」、「社会生活基本調査」の結果を分析していく。

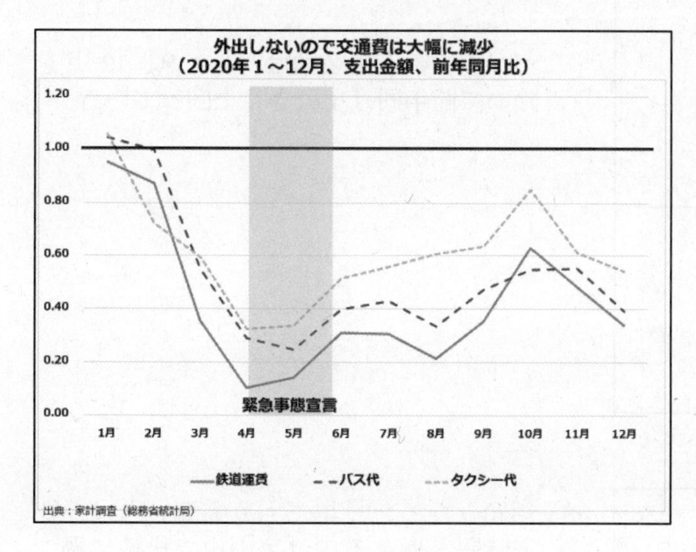

- まずは「家計調査」を用いた分析を行う。
- 「家計調査」は国民生活における家計収支の実態を把握するための調査であり、約 9,000 世帯を毎月調査している標本調査である。
- 2020 年１月から 12 月までの支出金額の前年同月比（前年の同じ月との差や比を使うことで、季節的な変動を除く方法）を見ていく。
- 交通費を見ると、緊急事態宣言が発出された４月に大きく減少している。
- 一番減少したのは鉄道運賃であり、外出自粛が解除後も、なかなか前年同月の水準には戻っていない。

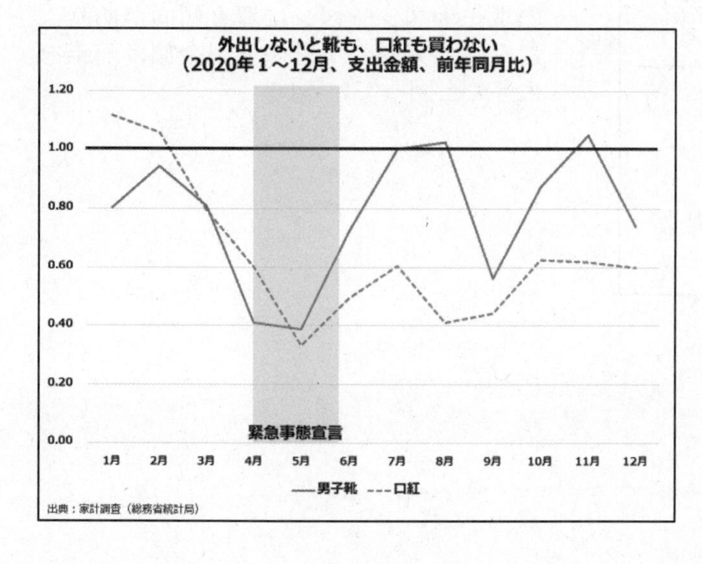

- 外出を自粛すると、靴も口紅も使用頻度が減っていく。これらの支出金額を見ると、緊急事態宣言の期間中はどちらも減少している。
- 靴は、外出自粛が解除されると支出金額が元の水準に戻ったが、口紅は元の水準に戻らなかった。これは、マスクをすることにより、口紅をつける機会が減ったということもあると考えられる。

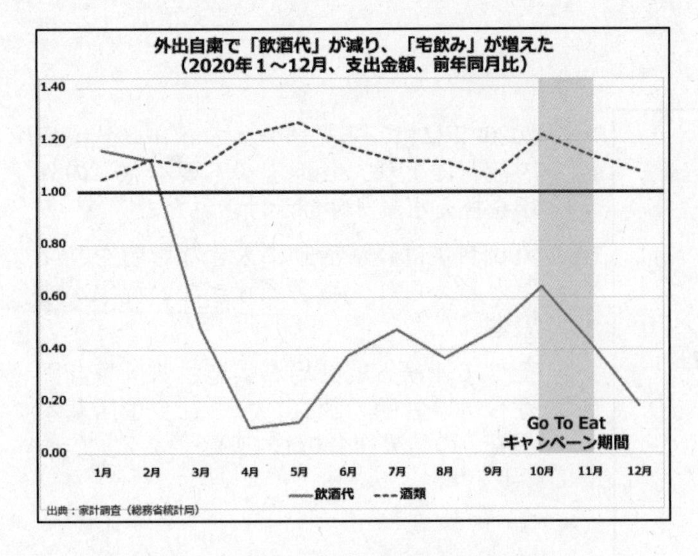

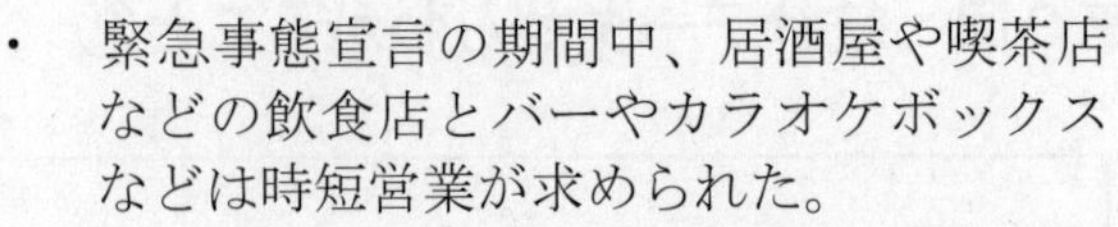

- 緊急事態宣言の期間中、居酒屋や喫茶店などの飲食店とバーやカラオケボックスなどは時短営業が求められた。
- そのため、外食時に支払われる飲酒代は大きく減少している。その後、GoTo キャンペーンの期間中にやや回復したが、キャンペーンの中止後、再度減少している。
- 一方、店舗やインターネットショッピングで購入される酒類の支出金額が増えているので、いわゆる「宅飲み」が増えたことがわかる。

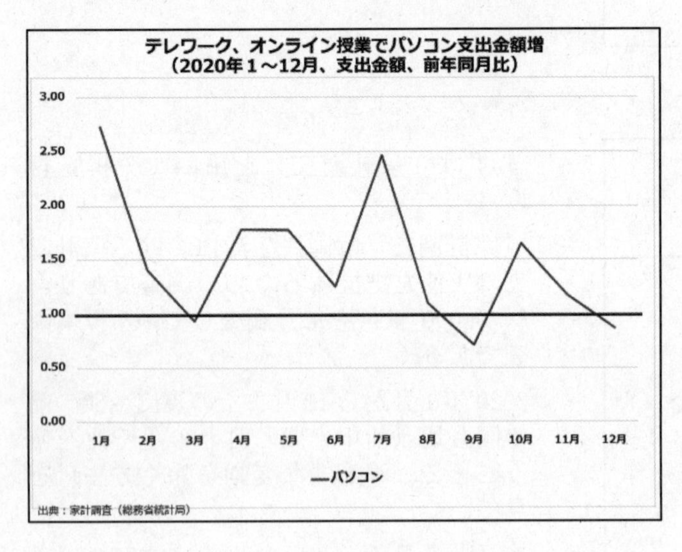

- 外出自粛の中、テレワークで仕事をする人、オンライン授業を受講する人が増加した。
- パソコンの支出金額は、３、９、12 月を除いて前年同月を大きく上回っている。

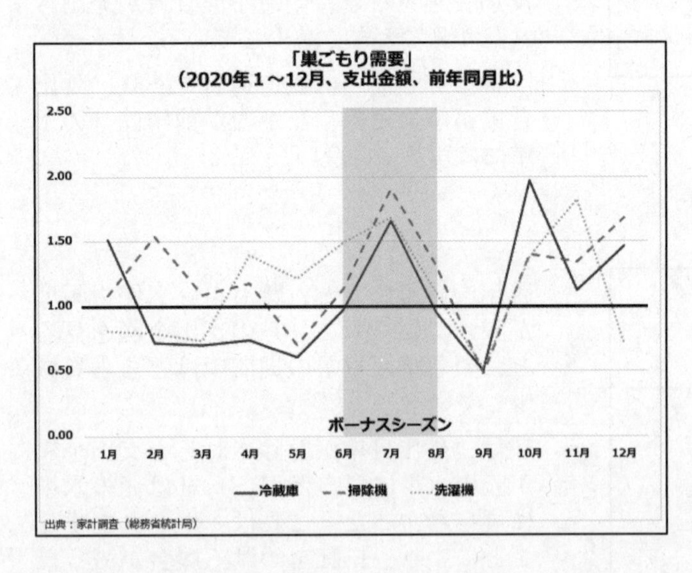

- 話題となった「巣ごもり需要」とは、在宅時間が増える中「家の中で快適に過ごす」ことを重視した消費行動のことである。
- 冷蔵庫、掃除機、洗濯機などの家電は夏のボーナスシーズンに買う傾向があり、こうした家電の７月の支出金額は前年を大きく上回っている。

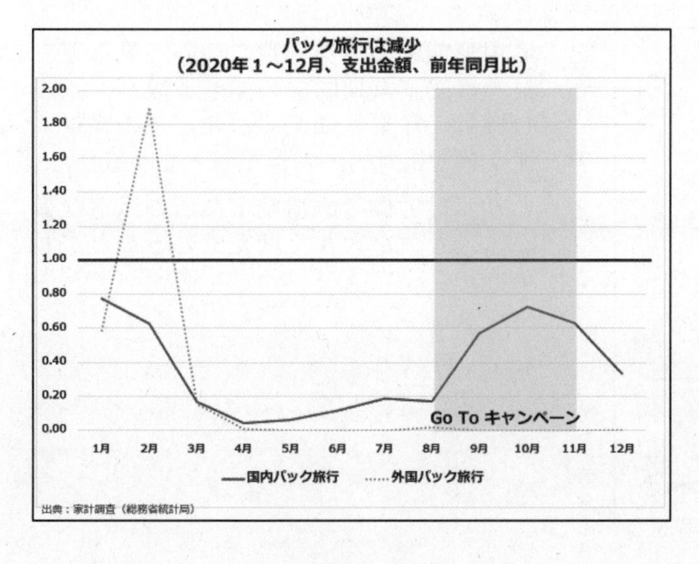

- 都道府県を越えた移動が制限される中で、パック旅行の支出金額は大きく減少し、外国パック旅行はほぼゼロになっている。
- 国内パック旅行は GoTo トラベルキャンペーンの期間中にやや回復したが、キャンペーンの中止後、再度減少している。

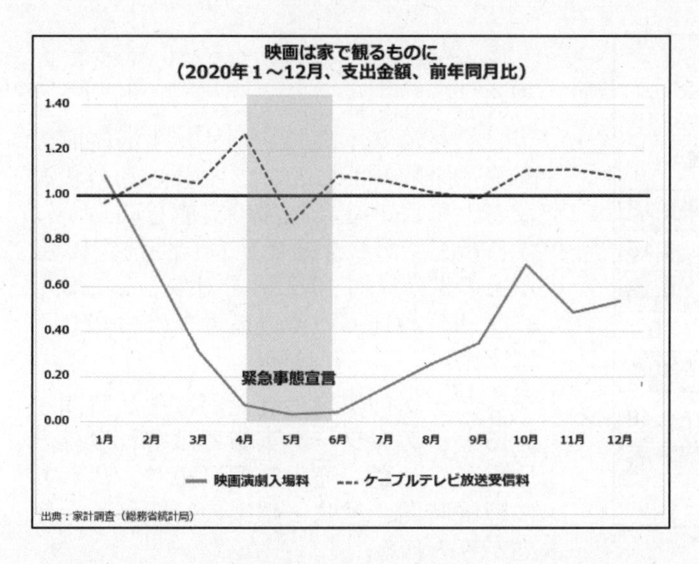

- 緊急事態宣言期間中は、多くの映画館、劇場が休業したことから映画演劇入場の支出金額は大きく減少している。
- 一方で外出できない中、自宅で映画鑑賞をするニーズがあったのか、ケーブルテレビ放送受信料は４月をはじめ多くの月で増えている。

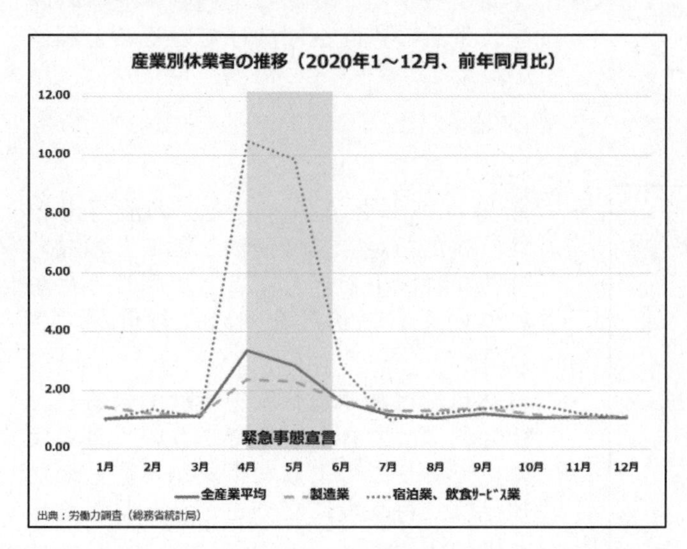

- 次に「労働力調査」について見ていく。
- 「労働力調査」とは、我が国における就業及び不就業の状態を明らかにするための調査であり、約 40,000 世帯、15 歳以上の者約 10 万人を対象として毎月調査している。
- 2020 年１月から 12 月までの産業別の休業者数を前年同月比で見ると、緊急事態宣言期間中に休業者数が、とりわけ宿泊業、飲食サービス業で増えていることがわかる。

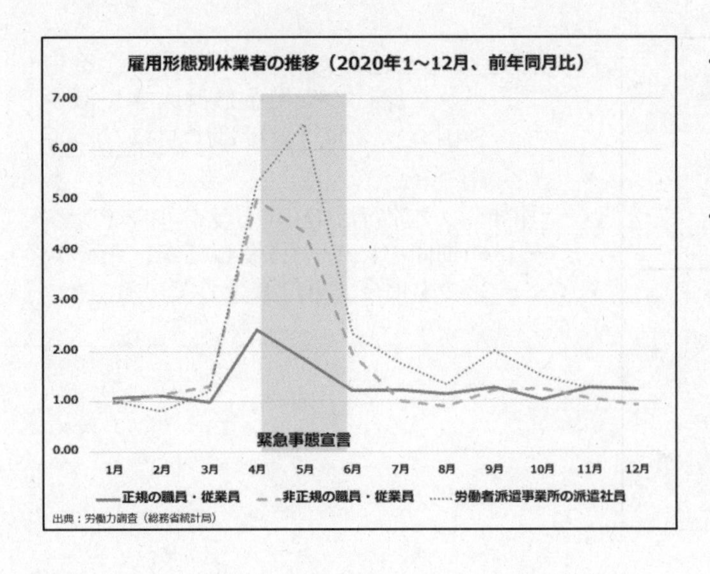

・　雇用形態別の休業者数について見ると、緊急事態宣言期間中の休業者数が、正規の職員・従業者に比べ、非正規の職員・従業者で相対的に大きく増えている。

・　とりわけ労働者派遣業事業所の派遣社員の休業者数が大きく増えていることがわかる。

テレワークの実施の有無別生活時間（2021年、有業者）

単位：時間.分

	テレワーク（在宅勤務）	テレワーク以外	差
睡眠	7.32	7.14	0.18
趣味・娯楽	0.35	0.19	0.16
仕事	8.37	8.24	0.13
育児	0.17	0.07	0.1
身の回りの用事	1.09	1.19	-0.1
テレビ・ラジオ 新聞・雑誌	0.58	1.06	-0.48
通勤・通学	0.04	1.07	-1.03

出典：社会生活基本調査（総務省統計局）

・　「社会生活基本調査」について見ていく。

・　「社会生活基本調査」とは、生活時間の配分や余暇時間における主な活動の状況など、国民の社会生活の実態を明らかにする調査であり、約９万１千世帯の 10 歳以上の世帯員約 19 万人を対象として５年に１回行われている（最近では令和３年に実施）。

・　テレワークの実施の有無別に生活時間を見ると、テレワーク実施者はそれ以外と比べて、通勤・通学時間が短く、代わりに睡眠時間、趣味・娯楽の時間が長い傾向がみられる。

・　テレワークにより減った通勤・通学時間を、生活の質向上に向けていることがうかがえる。

まとめ

- コロナ禍では、定常的なデータとは違う貴重なデータが得られることで、特殊な状況下でどんなことが起こるのかが分析できる
- 自然科学は特殊な状況を実験できるが社会科学はできないので、こういう事象は貴重
- このような事象から得られた知見は将来役に立つことがあるだろう、と思われる

・　新型コロナウイルス感染症の流行という、私たちが今まで経験したことのない特殊な状況下でどんなことが起こったかについても、統計を用いた分析ができる。

・　自然科学は特殊な状況を実験できるが、社会科学はできないのでこういう事象は貴重でありこのような事象から得られた知見は、将来役に立つことがあるだろうと思われる。

第4回　統計データからわかること③

- 医療介護のデータ分析を行うに当たって使用できる統計としては、厚生労働省が実施する国民生活基礎調査がある。
- 国民生活基礎調査では、世帯構成の状況や健康、介護、所得などの状況はどうかなどが把握できる。
- 特に介護する方の状況は、この調査が唯一、国レベルで把握できるものである。

- 今話題になっているヤングケアラーについて分析したものをご紹介していく。
- ヤングケアラーとは、本来大人が担うと想定されている家事や家族の世話などを日常的に行っている子どものことであり、今回はその中でも主介護者として介護を行っている子どもについて分析していく。

- 今回は主介護者となっているケアラーの分析なのでサンプルサイズが少ないが、都市部と地方部の違いを順番に分析していく。
- 都市部では１人親と未婚の子の世帯が多く、地方部では３世代世帯が多いことがわかる。

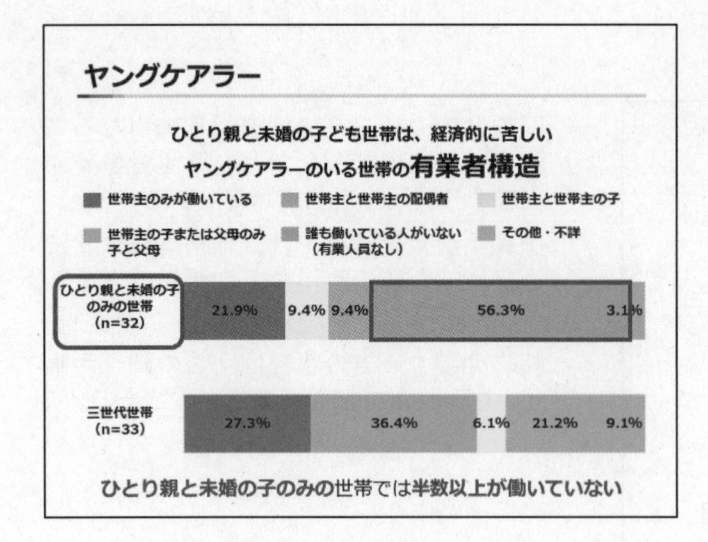

・　さらに分析を進めると、ヤングケアラーのいる1人親と未婚の子の世帯の半数以上は収入がなく、経済的に苦しい実態が見て取れる。

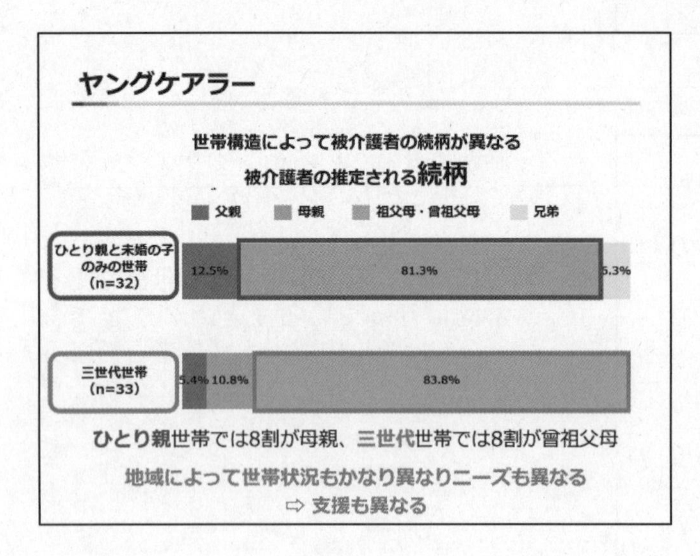

・　そして、1人親と未婚の子の場合の被介護者の8割が母親であり、三世代世帯では8割が祖父母であった。

・　この結果から、都市部では経済的に苦しい母子家庭の母を介護している子どもが多いこと、地方部では三世代世帯で祖父母を介護している孫が多いことがわかる。

・　データを詳細に分析することにより、地域によって立てるべき対策が異なるということがわかる。

中高年者縦断調査～家族介護と冠動脈疾患～

● 使用データ
2005年～2010年の**中高年者縦断調査**

⇩

長時間の家族介護が**中高年の非致死性冠動脈性心疾患リスク**に及ぼす影響を調査

⇩

長時間介護をしている女性は心筋梗塞等の発症が多い！

⇩

介護負担の軽減は非常に重要な課題

・　また、国民生活基礎調査をもとにした「中高年者縦断調査」という調査がある。

・　ここから、長時間介護をしている女性は心筋梗塞などの発症が多いことが明らかになった。

・　つまり、介護負担の軽減は非常に重要な課題である。

レセプトとは

- **レセプト＝保険の請求書**
  国民皆保険（医療保険、介護保険）が整備され
  全国民のデータが 揃っている

レセプトデータを分析する

必要とする人に効果的に医療を届ける

・ レセプトとは、保険の請求書のことあり、我が国では、国民皆保険による医療保険、介護保険が整備されているため、全国民のデータが揃っている。

・ そのため、どのようなサービスが行われたかを詳細に記録してあるレセプトを分析することにより、今ある医療をどのように、必要とする人に効果的に届けていくかということを明らかにすることが可能である。

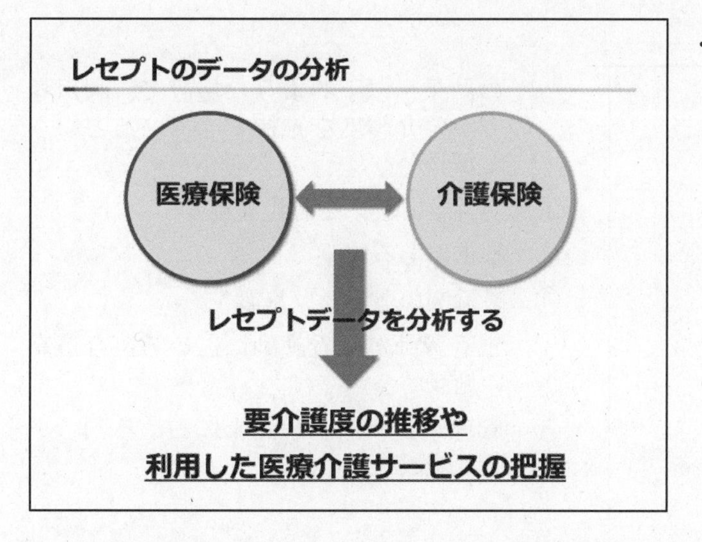

・ さらに近年ではその医療保険と介護保険を繋げることができ、高齢者に関しては、１人の人がどのような医療を受け、そして入院したり、自宅に帰ったり、そしてまた在宅サービスを受けたりしながら、どのような要介護度をたどっていくかを利用者全員に対して把握することができる。

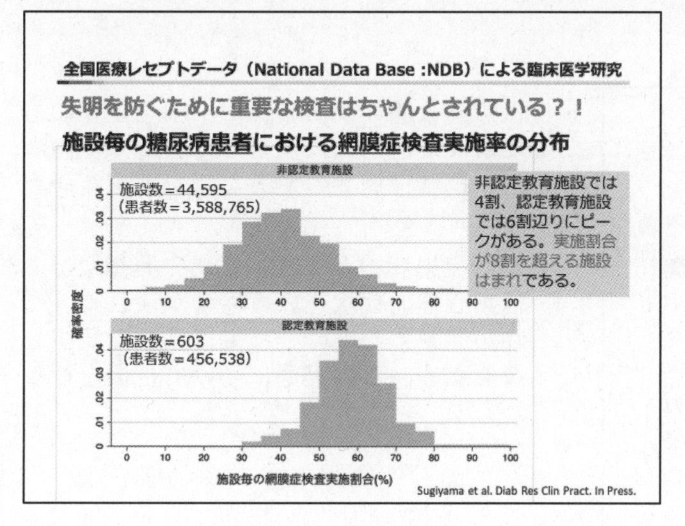

・ 糖尿病の場合の網膜症は定期検診が重要だが、左の図はその実施割合と医療機関の関係を見たものである。

・ 糖尿病は、それに起因する網膜症が発症率、有病率とも非常に高く、そのための失明も多い。

・ 生活の質を維持するためには早期発見と適切な治療が大変重要だが、糖尿病の網膜症の定期的な検診をしている患者の割合は、実際は糖尿病非教育施設では４割、そして教育施設でも平均６割程度ということがわかった。

・ 当たり前の医療がされていない実態を全国の全数データで示すことができた研究である。

全国介護保険レセプトによる研究
～特別養護老人ホームにおける要介護重度化に関連する要因～

どんな老人ホームでも元気でいられる？

	全利用者 (n=358886)			追跡不能を除いた利用者 (n=183658)		
	OR	95% CI	p value	OR	95% CI	p value
利用者レベル						
年齢層(ref.<75)						
75-84	1.39	1.35-1.44	<0.001	1.21	1.15-1.27	<0.001
85-94	1.99	1.93-2.06	<0.001	1.33	1.27-1.40	<0.001
>=95	2.99	2.88-3.95	<0.001	1.50	1.42-1.58	<0.001
性別 (男性)	0.64	0.63-0.65	<0.001	1.12	1.09-1.16	<0.001
要介護度(ref.: 要介護度1)						
要介護度 2	0.88	0.84-0.92	<0.001	0.79	0.75-0.83	<0.001
要介護度 3	0.85	0.82-0.89	<0.001	0.66	0.63-0.69	<0.001
要介護度 4	0.78	0.75-0.81	<0.001	0.39	0.37-0.41	<0.001
要介護度 5	0.59	0.58-0.62	<0.001	-	-	-
施設レベル						
介護タイプ(ref.: 従来型)						
Mixed (従来+ユニット)	0.94	0.90-0.97	0.001	0.93	0.88-0.98	0.01
ユニット型	0.97	0.94-0.99	0.042	0.95	0.91-0.99	0.024
都市 (ref.: 農村)	0.97	0.94-0.99	0.011	0.92	0.89-0.96	<0.001
営業年数	1.001	1.000-1.002	0.051	1.002	1.000-1.003	0.016
正看護師/看護師	0.93	0.89-0.97	0.001	0.98	0.92-1.05	0.581
管理栄養士/栄養士	0.99	0.95-1.02	0.376	0.94	0.90-0.99	0.02

出典：Jin X, Tamiya N, Jeon B, Kawamura A, Takahashi H, Noguchi H. *Geriatrics & gerontology international* 2018.

- 続いて、介護保険レセプトを使って、どんな老人ホームなら元気でいられるかに迫った研究を紹介する。
- これは、特別養護老人ホームにおいて介護レセプトを使って、どんな特性のある施設において要介護度が重度化しているかを見たものである。
- 分析の詳細は割愛するが、どの老人ホームも同じような入所の方がいらっしゃるというように、性別や年齢等を統計的に調整した上で施設の特性を分析した。

全国介護保険レセプトによる研究
～特別養護老人ホームにおける要介護重度化に関連する要因～

どんな老人ホームで元気でいられる？

要介護度が維持できている施設の特徴

- ●ユニットケア
- ●都市にある
- ●最近新しく開かれている
- ●正看護師が全看護師に占める割合が高い
- ●管理栄養士が全栄養士に占める割合が高い

出典：Jin X, Tamiya N, Jeon B, Kawamura A, Takahashi H, Noguchi H. *Geriatrics & gerontology international* 2018.

- その結果、以下のような施設で、利用者の方が要介護度を維持できているということがわかった。

①　ユニットケアを有する施設
②　都市にある施設
③　最近開いた新しい施設
④　正看護師が全看護師に占める割合が高い施設
⑤　管理栄養士が全栄養士に占める割合が高い施設

医療・介護レセプト＋要介護認定情報

認知症の後期高齢者における抗精神病薬処方率と
関連因子医療介護レセプトによる地域住民における包括的推定

背景：
認知症高齢者の行動心理的症状（妄想・興奮など）は介護負担の主な要因である。抗精神病薬が保険適応外で処方されるが、死亡率を増加させる。本邦における抗精神病薬の処方実態の研究は少ない。

Naoaki Kuroda, Shota Hamada, Nobuo Sakata, Boyoung Jeon, Satoru Yoshie, Katsuya Iijima, Tatsuro Ishizaki, Xhueying Jin, Taeko Watanabe, Nanako Tamiya, *International Journal of Geriatric Psychiatry*, accepted on Nov-3-2018　IF=2.94

- 医療と介護の両方のレセプトを１人の方に繋げて活用した例として、認知症患者への抗精神病薬の処方実態を調べた研究を紹介する。
- 認知症患者の多くは、妄想や興奮などの行動心理的症状というものが現れて、これが介護する方にとっては大きな負担となるため、この実態について把握を行ったもの。

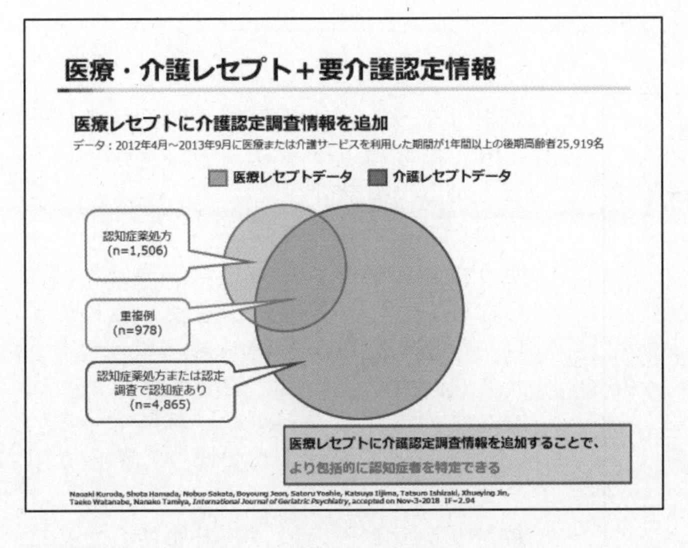

- そこで、実際にどの程度、認知症患者に抗精神病薬が処方されているのかを調べた。
- 医療レセプトデータと介護レセプトに含まれている介護認定調査情報を重ねることで、認知症患者の特定をすることが可能になる。
- そしてこれを用いて分析すると、認知症高齢者の方の 10.7%が抗精神病薬を処方されていることがわかった。

医療・介護レセプト＋要介護認定情報

分析結果

介護レセプト・介護認定調査・医療レセプトから抽出した患者背景情報と抗精神病薬処方との関連

- 低年齢
- 施設入居
- 認知機能障害が高度
- 抗認知症薬処方がある

抗精神病薬の処方が多いことが判明

Naoaki Kuroda, Shota Hamada, Nobuo Sakata, Boyoung Jeon, Satoru Yoshie, Katsuya Iijima, Tatsuro Ishizaki, Xhueying Jin, Taeko Watanabe, Nanako Tamiya, *International Journal of Geriatric Psychiatry*, accepted on Nov-3-2018 IF=2.94

- さらに詳しく見ていくと、低年齢、施設入居者、認知機能障害が高度な方、抗認知症薬の処方を受けている方ほど、抗精神病薬の処方が多いことも判明した。

まとめ

- 医療データ・介護データ等を自分で把握できるパーソナルヘルスレコード(PHR)の時代
- 自分の健康や介護に役立つ情報が増えていく
- 情報・データは、自分自身そして周りの状況が見えることにより、何かを決める際の道しるべとなる「人生の地図」
- 健康医療介護データや統計に関する資料や知見を活用することで、よりよい人生の選択につながる

Naoaki Kuroda, Shota Hamada, Nobuo Sakata, Boyoung Jeon, Satoru Yoshie, Katsuya Iijima, Tatsuro Ishizaki, Xhueying Jin, Taeko Watanabe, Nanako Tamiya, *International Journal of Geriatric Psychiatry*, accepted on Nov-3-2018 IF=2.94

- 今まで見えなかった医療や介護の全体像が、データによって見えてくる。
- これからは、自身の医療のデータや介護のデータを自分で把握することができる、パーソナルヘルスレコードの時代に向かっていく。
- 健康、医療介護データや、統計に関する資料や知見を自分ごととして活用してくことで、よりよい人生の選択に繋げていくことができるようになる。

第５回　統計リテラシーの重要性

統計リテラシーの重要性

- **統計リテラシーとは ⇨ 統計を使うためのイロハ**

〇〇リテラシー

◆ 〇〇を使うためのイロハ
　例：コンピューターリテラシー

- **統計を使うためのイロハとは**
  ① 適切な統計を探せる
  ② 適切な手法を選べる
  ③ 適切な結論を導ける

・　統計リテラシーの重要性を説明するに当たり、まずはリテラシーとは何かということから説明を行う。

・　一般に〇〇リテラシーというと、〇〇を使うために誰でも知っておかなければならないこと、つまり〇〇を使うためのイロハを指すことが多い（コンピューターリテラシーと言えば、コンピューターを使うために知っておかなければならないこと、コンピューターを使うためのイロハを指す）。

・　統計リテラシーとは、統計を使うために誰もが知っておかなければならないこと、統計を使うためのイロハを指し、具体的には以下の３つの点である。

①　適切な統計を探せること
②　適切な手法を選べること
③　適切な結論を導けること

適切な統計を探せる

- **どんな人がマンガをよく読むのだろう。**
  - 生産者側の統計
  - 読者（消費者）の属性に関する情報が少ない。
  - マンガに特化した統計が少ない。
- **消費者側の統計**
  - マンガへの支出が表示されている統計が少ない。
  - 通常の読書と分離してマンガを読む行動を表示している統計は少なかった。

総務省「社会生活基本調査」
令和3年（2021年）調査から趣味・娯楽の1つとして
「マンガを読む」行動が調査項目に含まれるようになった。

・　ここからは、「マンガを読む」という行動を例として取り上げる。たとえば、どのような人たちがマンガを読んでいるのか、マンガをよく読むのはどの地域なのか、などを調べたいとする。

・　それらを調べるためには、それらがどの統計で捉えられているかを知る必要があるが、それを見つけ出すのは容易ではない。

・　生産者側の統計でも、消費者側の統計でも、「マンガを読む」人たちの年齢などを捉えている統計は多くはない。

・　「マンガを読む」行動については、令和３年（2021 年）に実施された「社会生活基本調査」の中で調査されている。

・　「社会生活基本調査」では、余暇活動を調査項目として含み、映画や音楽の鑑賞などのさまざまな「趣味・娯楽」の行動を調査している。

・　令和３年の調査で初めて「マンガを読む」行動が独立した調査項目として設定された。

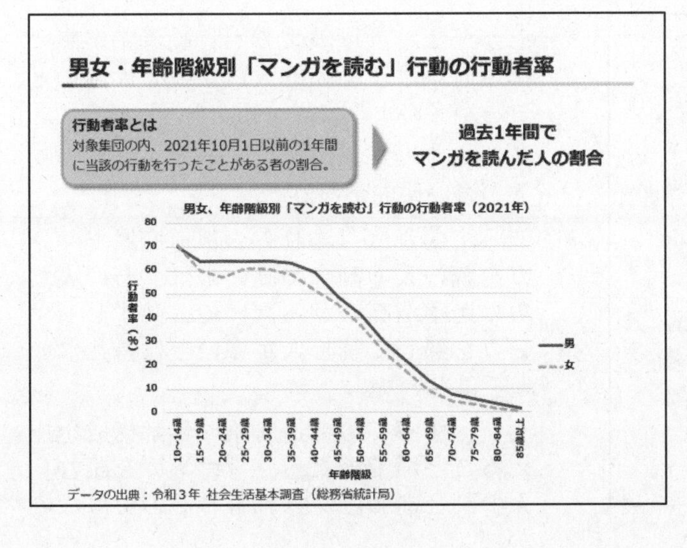

- まず、男女・年齢階級別の「マンガを読む」行動の行動者率を見ることにする。
- 行動者率とは「社会生活基本調査の調査対象である10歳以上の人口のうち、調査日である10月1日までの1年間で『マンガを読む』という行動をしたことがある人（行動者）が占める割合」、つまり、過去1年間でマンガを読んだ人の割合を指す。
- 左図から読み取れることは、主に以下の4点である。
  ① 男女とも、若い人たちはマンガを読む人の割合が高く、年齢が高くなるにつれてその割合が低下する。
  ② 男女とも、40歳ぐらいまでマンガを読む人の割合が比較的高いままであり、そこから年齢が高くなるにつれてその割合が急速に低下していく。
  ③ およそすべての年齢階級において、若干ながら、男性の行動者率が女性の行動者率よりも高い。
  ④ 全体的には、男女の違いよりも年齢の違いによる差が大きい。

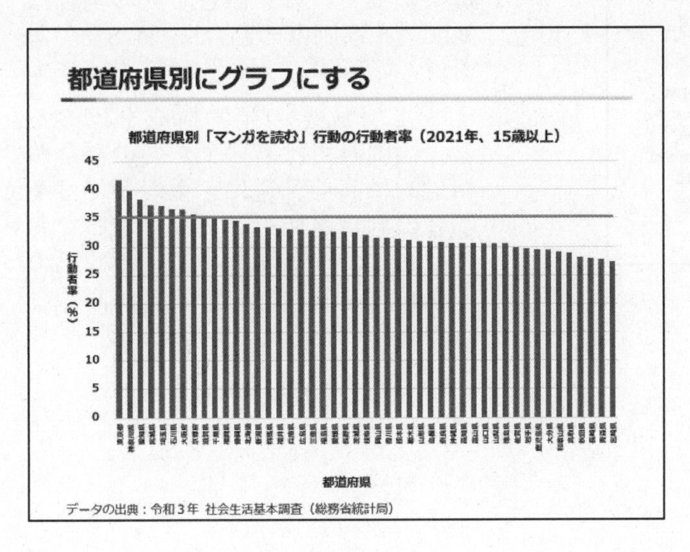

- 今度は、都道府県別に「マンガを読む」行動の行動者率をグラフにし、行動者率の高い順番に左の方から右の方に都道府県を並べた。
- 横線は、全都道府県の平均的な行動者率を表している。
- この横線よりも行動者率が高い都道府県は東京都、神奈川県、愛知県などである。
- これらの都道府県の人たちは、全国平均に比べて、マンガを読む人の割合が比較的高いと言えるかもしれない。

行動者率が高い都道府県にはどんな特徴がある？

- **行動者率が高い都道府県は、…**
  - 他の県と比べて、若い人の割合が高いからではないか？
  - 年齢構成を揃えて都道府県別行動者率を比較したら結果が変わる？
- **どのようにすれば、男女・年齢の構成を揃えられるか？**
  - 「関心のある事柄（「マンガを読む」行動の行動者率）に影響を及ぼす要因をそろえてから比較する」のは、基本手筋の1つ。

・　しかし、この横線よりも行動者率が高い都道府県は、比較的人口規模の大きいところが多いように思える。

・　そのような都道府県は、若い人たちの転入が多い傾向がある。

・　そうであれば、これらの都道府県でマンガを読む人の割合が高いのは、若い人たちの比率が高いからだけで、必ずしもマンガを熱心に読む人が多いとは言えないのではないか。

・　もし、すべての都道府県の年齢構成を揃えることができたら、「マンガを読む」人の割合の順位が入れ替わるのではないか。

・　しかし、どうすれば、年齢構成を揃えるなどということができるのか。

・　ここではそのような方法の一つを紹介する。こうした「影響を及ぼしそうな要因を揃える」のは統計分析の基本手筋になる。

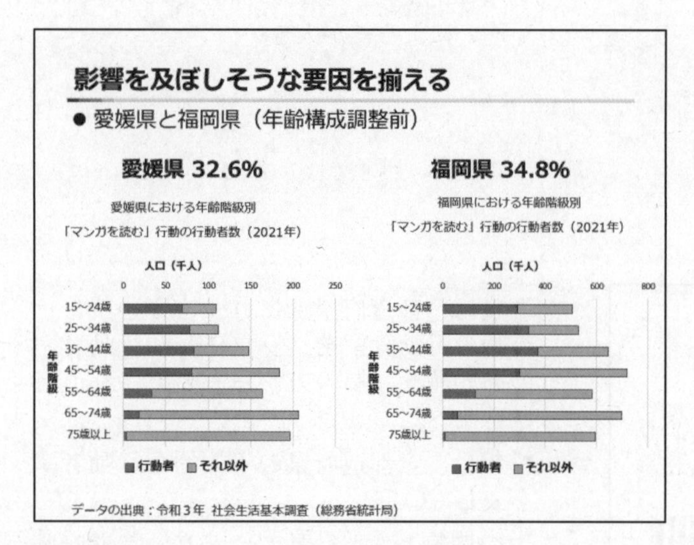

・　今回は、手法の細かい説明はせず、考え方の道筋だけ説明する。

・　具体的な例として、愛媛県と福岡県を取り上げる。

①　年齢構成を揃える前の状態では、愛媛県の「マンガを読む」人の割合は32.6%、福岡県の割合は 34.8%である。

②　しかし、両県の年齢構成を比べると、福岡県では若い人たちの割合が相対的に高く、逆に、愛媛県では高齢者の割合が相対的に高くなっており、このような状態では、福岡県の「マンガを読む人」の割合が高くなるのはむしろ当然である。

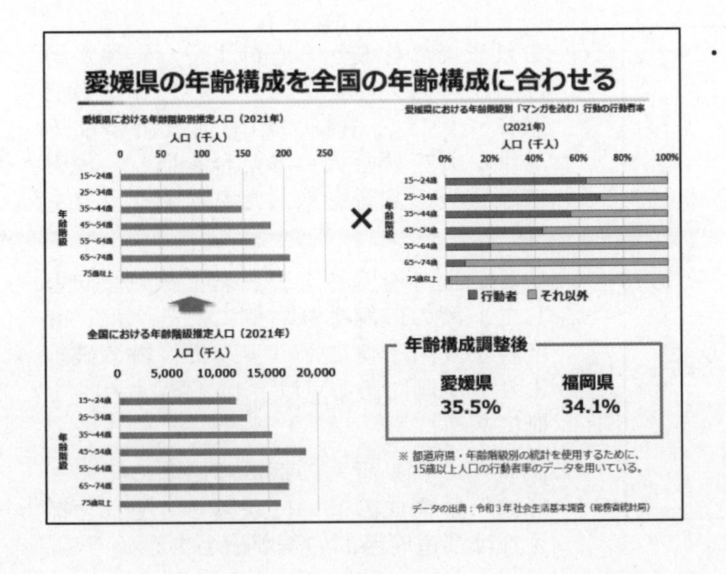

・　そこで、愛媛県の人口の年齢構成を全国の人口の年齢構成に合わせて、「マンガを読む」人の割合を計算する。その原理は以下の通りである。

① 愛媛県における、年齢階級別の「マンガを読む」人たちの割合を、年齢階級別人口の構成比と、それぞれの年齢階級の中でマンガを読んでいる人の割合の積の形に分解する。

② いったんこのように掛け算の形に書き直した上で、今度は愛媛県の年齢階級別人口の構成比を全国のそれで置き換える。

③ 愛媛県の人口の年齢構成と全国の人口の年齢構成を比較すると、人口構成比の入れ替えによって、愛媛県における若い人たちの構成比が高くなり、高齢者の構成比が低くなる。

・　変更の結果、年齢構成調整後の愛媛県の「マンガを読む」人の割合は 35.5%に高められ、同じように、年齢構成調整後の福岡県の値を計算すると、34.1%となる。

・　年齢構成を揃えて比較すれば、愛媛県と福岡県の「マンガを読む人」の割合は逆転する。

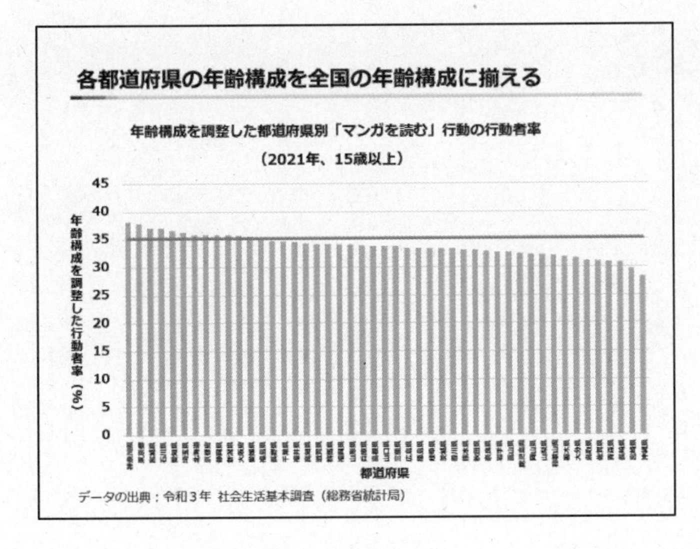

・　他の都道府県についても同じように計算した結果が、こちらの図である。

・　すべての都道府県の年齢構成が全国の年齢構成に揃えられた結果、年齢構成の違いによる差異が除かれて、都道府県間の差が縮小されている。

・　順位の入れ替わりも生じている。たとえば、年齢構成調整前には 1 位であった東京都は調整後に 2 位に後退し、代わりに調整前に 2 位だった神奈川県が 1 位になった。

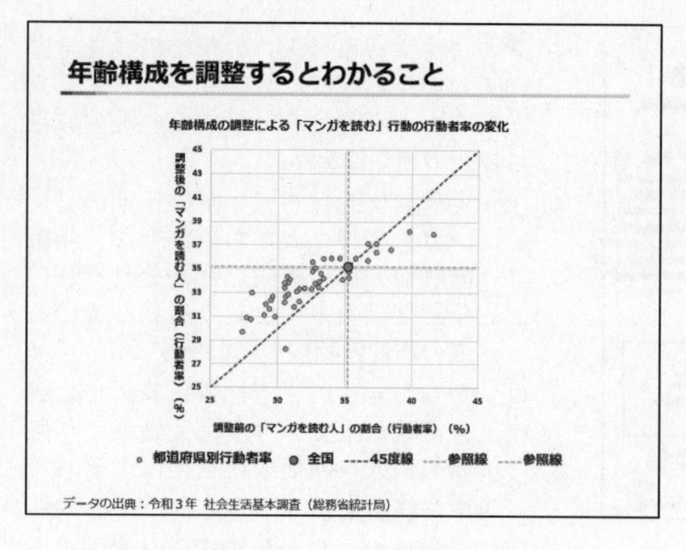

- これまでの作業からどのような結論が導けるかを考えるために、すべての都道府県について、横軸に年齢構成調整前の「マンガを読む人」の割合を取り、縦軸に調整後の割合を取った２次元グラフを描いた。
- 少数の例外を除くと、おおよその傾向として、縦の破線より右側にある点は、45 度線よりも下側にあり、逆に、縦の破線よりも左側にある点は、45 度線よりも上側にある。
- 調整前の行動者率の都道府県間の差の一部は年齢構成の違いに起因し、それを揃えれば都道府県間の差が縮小する。
- しかし、縦の破線よりも左側にある点は、横の破線よりも下側にある点が多く、縦の破線よりも右側にある点は、横の破線よりも上側にある点が多い。
- これは、年齢構成の調整前に全国平均よりも行動者率が低かった県は調整後も全国平均よりも低いことが多く、調整前に全国平均よりも行動者率が高かった県は調整後も全国平均よりも高いということを意味する。
- つまり、年齢構成以外にも「マンガを読む」行動に関連する要因があり、その違いによって生じているかもしれない差があることがわかる。

年齢以外に「マンガを読む」行動に影響を及ぼす要因は？

男女の別によって行動者率が異なる

就業状態など生活に関連する条件の違いによって
行動者率が異なるかもしれない

統計があれば年齢を調整したのと同じ方法で
条件を整えることができる

「マンガを読む」行動と関連する要因の全てを
統計ではとらえられない

・　年齢以外に「マンガを読む」行動に影響を及ぼす要因は何かを考えていく。

・　男女の別によって行動者率が異なることはすでに見たが、男女の別以外にも、就業状態などの生活に関連する条件の違いによって行動者率が異なるかもしれない。統計があれば、年齢を調整したのと同じ方法によってそれらの条件を揃えることができる。

・　しかし、どれほど条件を揃えたとしても、「マンガを読む」行動と関連する要因のすべてを統計で捉えることはできないので、都道府県別の差は最後まで残ると予想される。

どのようにして適切な結論が導けるのか

分析対象に対する知識を総動員して懸命に考える

例：ウェブサイトなどを参照して、地域のマンガ熱がどれほどのものなのか調べる

分析対象に関する知識が最終的なよりどころとなる

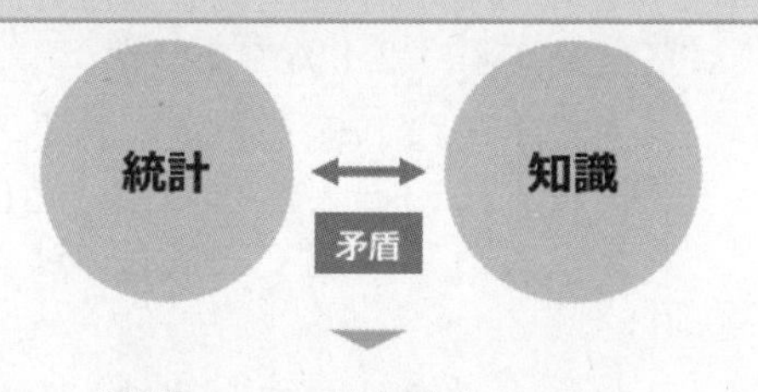

間違っているかもしれない

・　適切な結論を導くには、分析対象に関する知識を総動員して懸命に考える以外になく、分析対象についての知識が最終的なよりどころとなる。

・　統計ですべてがわかるというわけにはいかないが、このことは統計が役立たないことを意味しない。知識は偏っていることがあり、ときには間違っていることもある。

・　少なくとも、統計によって確かめられた事実と矛盾するような知識は間違っているかもしれない、と疑うのが安全である。

今回のポイント

●統計を使用するためのイロハ

① 適切な統計を探せる

◆第4週のe-Statが役に立つ

②適切な手法を選べる

◆第2週、第3週の内容が役に立つ

③適切な結論を導ける

◆本講座の内容＋統計以外の、分析対象についての知識が必要

・　統計リテラシーとは、適切な統計を探せること、適切な手法を選べること、適切な結論を導けること、の３つである。

・　最初の２つについては、本講座で力を伸ばすことが可能。適切な統計の探索には第４週で学習する e-Stat が、適切な手法の選択には本講座の第２週と第３週の内容が役に立つ。

・　適切な結論を導くためには、本講座による統計に関する知識だけでなく、分析対象に関する知識が必要となる。

第６回　統計を利用する際の注意点

統計を利用する際の注意点

① 統計の**定義**に気をつける

② 統計の**材料**に気をつける

③ 統計の**対象**に気をつける

・　統計を利用する際に大事な注意点が３つある。

①　統計の定義に気をつける

②　統計の材料に気をつける

③　統計の対象に気をつける

・　３つの点について具体例を用いながら説明していく。

失業者の定義は？

● **完全失業者数 177万人、完全失業率 2.8%**

（総務省統計局「労働力調査」2022年8月調査 基本集計）

どのような人たちが完全失業者に含まれるのか？

完全失業者＝**働く意欲を持ち**ながら**職に就けずにいる**人たち

「**働く意欲を持つ**」とは具体的にどのような状態を指すのか？

（例）大学がつまらないから、やめて働こうかと思い始めた大学生

「**職に就けずにいる**」とは具体的にどのような状態をさすのか？

（例）希望する職が見つからないので家業を無給で手伝っている人

完全失業者数 / ？　　**人口？**　**それとも別のもの？**

・　「統計の定義に気をつける。」について、例として総務省統計局「労働力調査」における完全失業者を取り上げる。

・　2022 年８月の完全失業者数は 177 万人、完全失業率は 2.8％であった。

・　「失業者とは、働く意欲を持ちながら職に就けずにいる人たち」と言えば、おおよその人たちが抱く失業者のイメージに近い。

・　しかし、「働く意欲を持つ」とは具体的にどのような状態を意味するのか。また、「職に就けずにいる」とは具体的にどのような状態を意味するのかは抽象的である。

・　さらに、「完全失業率」とは、何の何に対する比率であるか。名称からして、分子にくる数値は完全失業者数であろうことは想像できるが、分母に来るものは何であるかは言葉だけではわからない。

統計調査用語の定義

● 「操作的な定義」

– ある調査項目について、同じ条件を満たす調査対象（客体）に関する調査結果が同じになるような明確な定義のこと。

労働力調査における完全失業者の定義

次の**3つの条件**を満たす者

①仕事がなくて調査で定める一週間に少しも仕事をしなかった。

②仕事があればすぐ就くことができる。

③調査で定める一週間に、仕事を探す活動や事業を始める準備をしていた。

出典：総務省統計局ホームページ（https://www.stat.go.jp/data/roudou/definit.html）

- 統計調査の用語には、一つ一つ明確な定義が与えられている。ここで「明確な」とは、同じ条件を満たすものが同じように扱われることを意味する。そのような明確な定義を「操作的な定義」と呼ぶ。
- 操作的な定義が必要な理由は、作成される統計の意味を明確にするためである。
- たとえば、「大学がつまらないから、やめて働こうかと思い始めた大学生」が、ある時には失業者に勘定され、別のときにはそれに勘定されないのでは、失業者の意味内容が不明確になってしまう。
- そのような事態を避けるために、統計調査の用語は、同一の条件に対して同一の結果がもたらされるように明確に定義される。
- 「労働力調査」における完全失業者は、以下の３つの条件を満たす者として定義される。

① 仕事がなくて調査で定める一週間に少しも仕事をしなかった。

② 仕事があればすぐ就くことができる。

③ 調査で定める一週間に、仕事を探す活動や事業を始める準備をしていた。

完全失業者の例で考える

大学がつまらないから やめて働こうかと思い始めた大学生	希望する職が見つからないので 家業を無給で手伝っている人
➢ 調査の定める一週間にアルバイトを少しでもしていたら、完全失業者でない。 ➢ 無収入であっても、調査の定める一週間に職探しをしていなければ、完全失業者でない。 ➢ 3つの条件を満たす場合は、大学生のままでも完全失業者である。	➢ 労働力調査の規則によって、家族従業者は無給であっても仕事をしたとするので、完全失業者でない。 ➢ 家族従業者であって、調査で定める一週間に仕事をしていない者は、完全失業者または非労働力人口のどちらかにする。

- 「大学がつまらないから、やめて働こうかと思い始めた大学生」の場合、調査で定める一週間にアルバイトで収入を得ていれば完全失業者には勘定されない。また無収入であっても、調査で定める一週間に職探しをしていなければ、完全失業者に勘定されない。
- 「希望する職が見つからないので差し当たり家業を無給で手伝っている人」の場合、「労働力調査」では、家族従業者については無給であっても仕事をしたものとみなすので、完全失業者には勘定されない。

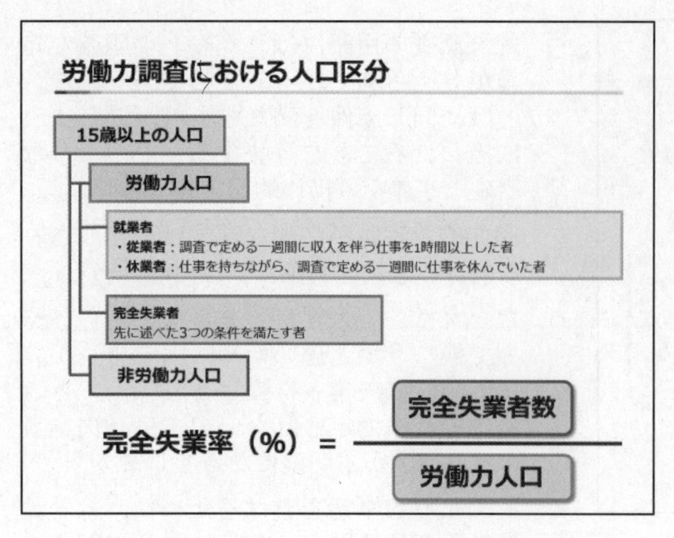

- 完全失業率の定義を確かめるに当たり、「労働力調査」の基本集計において、人口がどのように区分されるかを確かめる。
- 「労働力調査」の集計対象は、義務教育を終えた段階に当たる 15 歳以上の人口である。
- 15 歳以上人口は、労働力人口と非労働力人口に分かれる。非労働力人口とは、労働力人口以外の人口、いわば補集合として定義される。労働力人口が確定すれば、自動的に非労働力人口が決まる。
- 労働力人口は、就業者と完全失業者に分かれる。
- 就業者は、従業者と休業者に分かれる。
- 従業者は、調査の定める一週間に収入を伴う仕事を 1 時間以上していた者、休業者とは、仕事を持ちながらも調査の定める一週間に病気等の理由で仕事を休んでいた者と定義されている。
- これらの定義に従って、それぞれの区分に属する者の数が勘定される。
- 完全失業率は、完全失業者数を分子、労働力人口を分母とした比率を%で表示した値である。
- 労働力人口は就業者と完全失業者の和であるため、完全失業率は、就業者と完全失業者の中で完全失業者が占める割合と言い換えることができる。

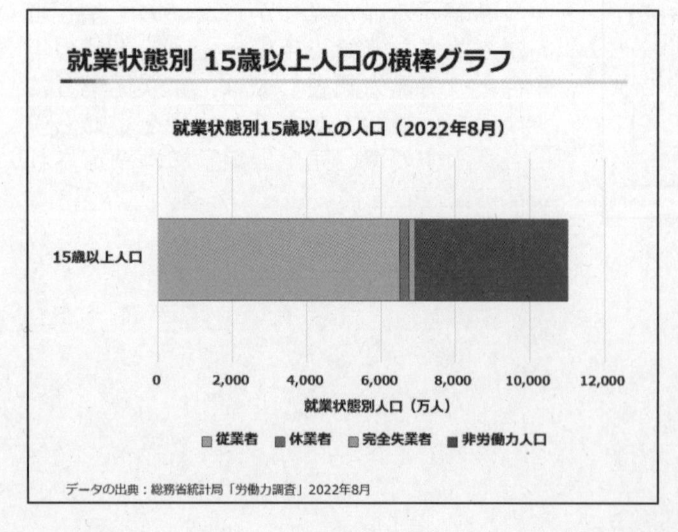

- 「労働力調査」の結果に基づいて、2022 年 8 月の 15 歳以上人口を、従業者、休業者、完全失業者、非労働力人口に区分して横棒グラフに表したのが左図になる。
- 完全失業率は、従業者の左端から完全失業者の右端までの中で完全失業者の部分が占める割合になる。非労働力人口は、完全失業率の計算には登場しない。

統計の材料に気をつける

● **京都市の人口**

国勢調査に基づく日本人人口
⇨ 142万人
（2020年10月1日、不詳補完結果）

住民基本台帳に基づく日本人住民
⇨ 136万人
（2021年1月1日）

国勢統計による日本人人口（2020年10月1日）と
住民基本台帳による日本人住民（2021年1月1日）の比較

資料：総務省統計局「令和２年国勢調査」、総務省「住民基本台帳人口」

- 「統計の材料に気をつける」に話題を移す。ここでは、京都市の人口を例に取り上げる。
- 2020年10月１日を調査日とする「令和２年国勢調査」によると、京都市の人口は142万人であった。一方、2021年１月１日現在の住民基本台帳に基づく人口は136万人であった。
- 日付が３か月ずれているので、もともと完全には一致しないとはいえ、両者の差は想像以上に大きいようにも思える。

統計の材料に気をつける

男女とも、15~29歳の年齢階級において
国勢調査による人口 > 住民基本台帳による人口

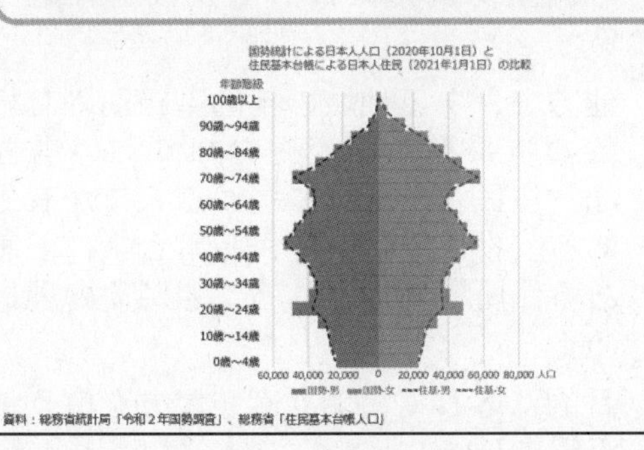

資料：総務省統計局「令和２年国勢調査」、総務省「住民基本台帳人口」

- 左図は人口ピラミッドと呼ばれているもので、中心から左が男、右が女の人口を表し、下から上に向けて、若い順に年齢階級別の人口が示されている。
- この図によると、男女とも、20－24歳とその前後の年齢階級において、国勢調査による人口が住民基本台帳による人口よりも多くなっており、その他の年齢階級ではほとんど差がないことがわかる。

2つ統計の材料の違い

● **基幹統計の材料**

国勢調査

国勢統計作成のための基幹統計調査（総務省統計局が5年おきに実施する）

国勢調査における人口の定義

調査時に、本邦内に**常住している者**（*）

（*）**常住している者**

当該住居に3か月以上にわたって住んでいるか、又は住むことになっている者

- この２つの統計は、作成の基となる材料が異なっている。
- 基幹統計である「国勢統計」は、国勢調査の結果に基づいて作成される。
- 国勢調査における人口は、調査時に本邦に常住する者、すなわち、調査時に当該住居に３か月以上にわたって住んでいるか、又は住むことになっている者と定義している。

2つ統計の材料の違い

● 住民基本台帳の材料

住民票

住民基本台帳法に基づいて作成される、住民一人ひとりの氏名や生年月日、性別、住所などが記載された帳票（住民が登録する）

住民基本台帳における人口の定義

集計時に、住民票に記載されている者

- 一方で、住民基本台帳に基づく人口は、集計時に住民基本台帳に記載されている者と決められている。
- 住民基本台帳とは、住民基本台帳法に基づいて作成される、住民一人一人の氏名などが記載された帳票のことである。
- どちらの調査も「全員を集計する」、集計対象の全部を調べて集計しているという点で共通している。したがって、結果に違いがあるのは、材料が違うからだということになる。

2つの統計の使い分け

● 自然災害発生時における救助対策を準備するための資料

– 国勢調査 に基づく人口

実際にそこに住んでいる人たちの数が分かるから。

● 年齢階級別有権者数の時系列的な変化を考察するための資料

– 住民基本台帳 に基づく人口

投票用紙は住民基本台帳に記載のある住所に郵送されるから。

- どちらの人口を用いるべきかについては、分析目的によって異なる。
- たとえば、ある地域に災害が発生したことを想定して、救助が必要な被災者の数を予測するような場合には、今まさにそこに住んでいる人たちの数を勘定している、国勢調査に基づく人口が有用である。
- 他方で、ある地域の年齢階級別の有権者数の時系列的な変化を知りたい場合には、住民基本台帳に基づく人口が有用である。投票用紙が住民基本台帳に記載のある住所に郵送されることがその理由である。
- 目的に応じて、より適切な方を使うことが望ましい。

飲食料品の購入額と販売額

●経済産業省「商業動態統計」

– 飲食料品小売業の販売額

◆ 飲食料品小売業に分類される店舗における月間販売額の合計

合計値　2018年1月の販売額＝100 とした指数

●総務省統計局「家計調査」

– 食料（外食を除く）への支出

◆ 二人以上世帯における一世帯あたりの月間の食料への支出額

平均値　2018年1月の支出＝100 とした指数

- ３番目の注意点「統計の対象に気をつける」として、ここでは、経済産業省「商業動態統計」と総務省統計局「家計調査」を取り上げる。
- 具体的な例として、前者の飲食料品小売業の販売額と後者の食料への支出を比較する（ただし、前者にはレストランなどの外食が含まれていないため、後者から「外食」への支出を除いている）。
- 前者は飲食料品小売業に分類される店舗における月間販売額の合計、後者は二人以上世帯が食料に支出する一世帯当たりの月間支出額である。
- 一方が合計値、もう一方が一世帯当たりの平均値であるため、そのままでは比較できないことから、両者の数値を、2018年１月を 100 とする指数に変換して比較を行う。

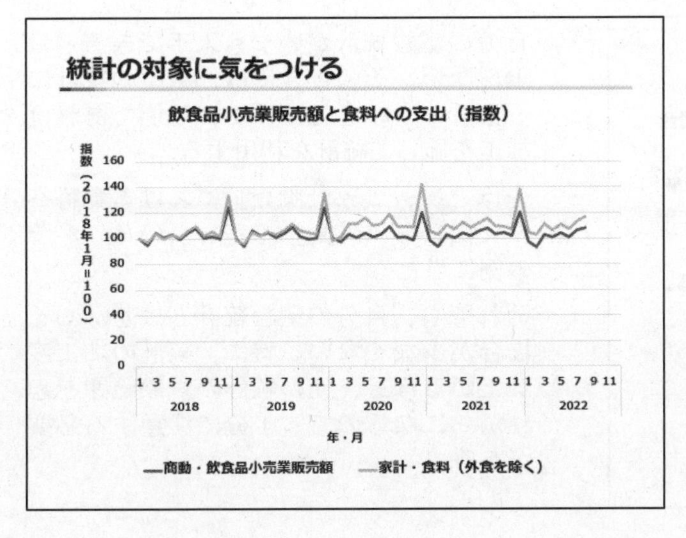

- こちらの図が、商業動態統計の飲食料品小売業の月間販売額の指数と、家計調査における二人以上世帯の一世帯当たりの月間の食料への支出の指数を表したものである。
- どちらも、食べ物や飲み物の売り買いの金額を表すという共通点があり、実際、二つの指数は似通った動きを示しているが、両者が異なる動きを示していることもある。
- 特に、2020 年２月あたりから、家計調査の指数の水準、つまり高さが顕著に高くなり、2022 年の半ばを過ぎても両者の差が解消される兆しがない。

統計の対象に気をつける

商業動態統計（集計対象）	家計調査（集計対象）
飲食品小売業に分類される事業所の**販売額**合計	二人以上の世帯における一世帯あたりの食料（外食を除く）への**支出額**
・該当する事業所が商う飲食料品以外の販売額を含む。 ・それ以外の業種（スーパー、ドラッグストア、無店舗小売業など）が商う飲食料品の販売額は含まない。	・世帯以外の業者などによる購入は含まない。
・購入**者**を問わない（業者などによる購入を含む）	・購入**先**を問わない（スーパー、ドラッグストアからの購入を含む、通信販売による購入を含む）

- このような差が生まれる主な理由の一つは、両者の集計対象が必ずしも同じではないからである。
- 商業動態統計においては、飲食料品小売業に分類される店舗の販売額が集計対象であり、その販売額には、主業である飲食料品以外の財・サービスによる販売額も含まれるものの、飲食料品小売業には分類されない店舗の飲食料品の販売額は含まない。
- さらに、飲食料品小売業に属する店舗から業者が食材を購入することもあり、これも商業動態統計の集計に含まれる。
- 一方、家計調査では、スーパーや通信販売などの飲食料品小売業の店舗以外から購入された食料への支出が含まれる。さらに、ここでは二人以上世帯の集計結果を用いているので、単独世帯の購入は反映されていない。
- このような集計対象となる売り買いの範囲が両者で異なることから先の図で表されるような差が生じる。
- 差の原因を特定するためには、購入先も調査している別の統計を用いるなど、より詳しい分析が必要となる。

統計の対象に気をつける

- **自分が所望する対象とぴったり一致する統計がない場合**
  ⇨ それに近い統計を探す。
  ◆ 自分が所望する対象と利用している統計の対象の相違を意識しながら利用する。

- **加工度が上がると、元の統計の対象を忘れがちになる。**
  ◆ どの統計を加工したかを明記しよう。

・ 自分の望む統計がいつも入手できるとは限らない。そのときには、所望の統計に一番近いものを見つけて、可能であれば加工を施して統計を利用する。

・ 先ほどの、「家計調査」における食料への支出から「外食」を差し引いたのがその例に当たる。

・ それでも、自分の望む統計とは差がある場合が少なくない。特に、統計の加工度が上がるほど、元の統計の対象範囲を忘れがちになるので、十分に注意する必要がある。

今回のポイント

- **3つの注意点**
  ① 統計の定義に気をつける
  ② 統計の材料に気をつける
  ③ 統計の対象に気をつける

- **なかでも**
  – 統計の定義に気をつける
  ◆統計調査では、調査の対象や集計の項目が操作的に定義されている。調査規則や調査票を確認して、統計の定義に沿って利用しましょう。

・ 統計を利用する際の３つの注意点については以下である。

① 統計の定義に注意する

② 統計の材料に注意する

③ 統計の対象に注意する

・ それらのどれもが大切だが、とりわけ大切なのは、最初の「統計の定義に注意する」である。統計の用語は操作的に定義され、その定義に基づいて統計は作られる。

・ 調査規則や調査票を確認して、定義を理解した上で統計を利用することが望ましい。

第２週：統計学の基礎

第２週では、統計分析の基礎を固めるために必要な統計学の基礎を中心に学ぶ。各回の内容とその目標を以下に示す。

	内容	到達目標
第１回	データの種類	データの種類を理解する目的と、データ種類について例を用いて理解する。
第２回	代表値～平均・中央・最頻値	データの代表値の目的と、よく使われる代表値について理解する。
第３回	ヒストグラムと相対度数	ヒストグラムの作り方と、相対度数、累積相対度数の関係についてについて理解する。
第４回	四分位・パーセンタイル・箱ひげ図	四分位とパーセンタイル、箱ひげ図の関係について理解する。
第５回	分散・標準偏差	分散と標準偏差の意味とその定義、計算方法について理解する。
第６回	相関関係	相関関係を、散布図と相関係数を用いて理解する。
第７回	回帰分析	回帰直線の考え方や意味と、実際の計算方法について理解する。
第８回	標本分布	標本調査と標本分布の意味と、さいころを例にその考え方を理解する。
第９回	信頼区間	信頼区間について、さいころを使った実験なども用いながら理解する。

第１回　データの種類

データの種類を理解する目的

① データの種類を理解する目的

② 公的統計の例

③ データの例

④ まとめ

・　第１回はデータの種類ということで、データの種類を理解する目的と、公的統計の例、データの例に分けて解説していく。

データの種類を理解する目的

データを分析する場合、データの種類によってデータ分析の手法が大きく異なる

データの種類を理解することによりデータ分析、可視化を行う場合の手法選択が容易になる

・　データを分析する場合、データの種類によってデータ分析の手法が大きく異なる。言い換えると、データの種類を理解できないとデータ分析を正しく行えない。

・　そして、データの種類を理解することは、データ分析、可視化を行う場合の手法選択が容易になるということにもつながる。

・　このように、データの種類を理解することは、データ分析を行う上でとても有用。

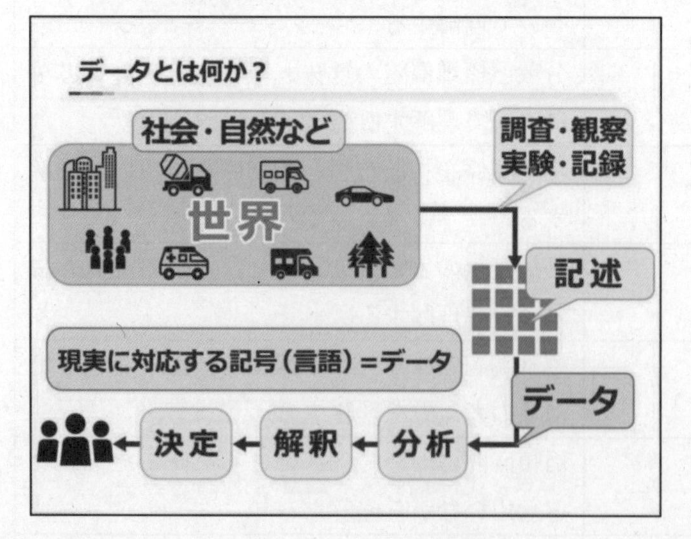

・　データとは、社会や自然などの現実社会での調査・観察・実験・記録などの活動の結果得られる記述である。

・　これら蓄積されるデータを分析することで、現実の状況を解釈し、現実での行動決定を効率化することに利用ができる。

データ分析における問いと必要なデータ

人口が多い都道府県はどこですか？

⇨ 都道府県ごとの人口のデータ

性別(男性/女性)と血液型(A型/B型/O型/AB型)との間には何らかの関係性はあるのだろうか？

⇨ 性別と血液型のデータ

学歴と年収の間には関係があるのだろうか？

⇨ 学歴と年収のデータ

- データ分析における問いの例として以下のようなものが挙げられる。
  - ① 人口が多い都道府県はどこか？
この場合、都道府県ごとの人口のデータが必要となる。
  - ② 性別と血液型の間にはなんらかの関係性があるのだろうか？
この場合、性別と血液型のデータが必要となる。
  - ③ 学歴と年収との間には関係があるのだろうか？
この場合、学歴と年収のデータが必要となる。

データの種類

●文字で表現される
→ 質的データ　（ディメンジョン）
例：東京都、男性、犬、1m以上5m以下など

●値で表現される
→ 量的データ　（メジャー）
例：3人、15カ月間、150cmなど

- データには、文字で表現される質的データと値で表現される量的データの２種類がある。
- 文字で表現される質的データは、東京都、男性、犬、１ｍ以上５ｍ以下など文字で表記される。
- 量的データは３人、15 カ月間、150cm など数値で表示される。
- 質的データはディメンジョン、量的データはメジャーとも呼ばれる。

質的データ（ディメンジョン）の例

名義尺度　固有名詞、順序はない

順序尺度　順序を示す名詞、形容詞

大＞中＞小　良い＞普通＞悪い　よくある　普通にある　あまりない

- 質的データ（ディメンジョン）は名義尺度と順序尺度とに分類される。
- 名義尺度は固有名詞、記号のラベルなどであり、例えば、性別、科目（国語、英語、数学、社会、理科）、都道府県名や、01、02、などの記号がある。
- 順序尺度は順序を示す名詞、形容詞であり、例えば、大・中・小や、よい・ふつう・悪い、頻度を表すよくある・普通にある・あまりない、などがある。

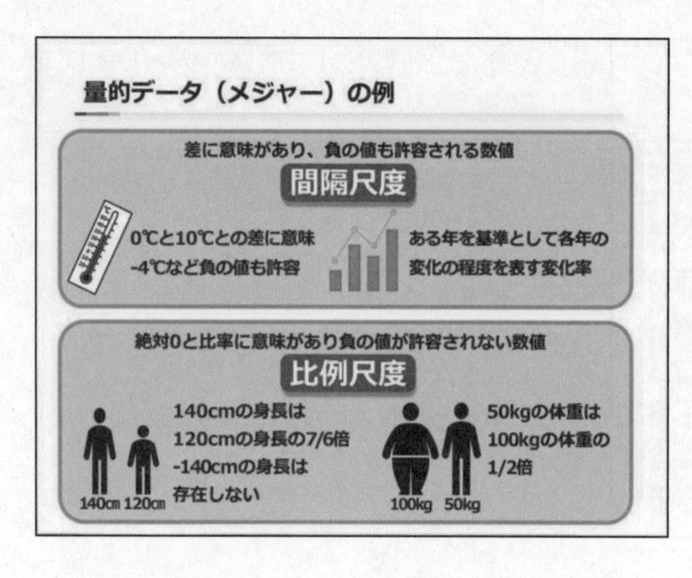

・ 量的データ（メジャー）には、差に意味があり、負の値も許容される数値である間隔尺度と、絶対 0 と比率に意味があり、負の値が許容されない数値である比例尺度がある。

・ 間隔尺度の例としては、温度や指標が挙げられる。温度は 0℃と 10℃との差に意味があり、-4℃などの負の値も許される。

・ また、2010 年度の値を基準として各年度の変化の程度を表す変化率も間隔尺度である。

・ 比例尺度の例としては身長や体重などの物理量が例として挙げられる。

・ 量的データに対しては、取り得る値が自然数の値を取る離散量と、身長や体重など連続的な値を取る連続量に分けることが出来る。

・ これらの違いは量的データの度数分布表を作成する場合の違い、分析方法の違いとなって現れる。

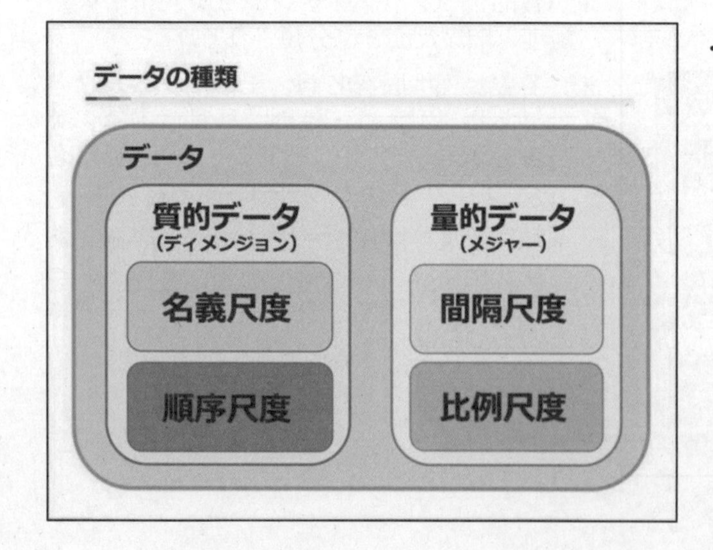

・ まとめると、データの種類として、データには質的データと量的データとがあり、質的データは名義尺度、順序尺度、量的データは間隔尺度と比例尺度に分類がなされる。

- 公的統計でのデータの種類の例として、国勢調査で調査される項目の例についてみていく。
- 国勢調査は国内の人及び世帯の実態を把握し、各種行政施策その他の基礎資料を得ることを目的としている。
- 調査事項には氏名、性別、出生の年月、世帯主との続き柄、配偶の関係、国籍、現在の住居における居住期間などが含まれている。
- 項目には、文字で記述されるもの、数値で記述されるものがある。

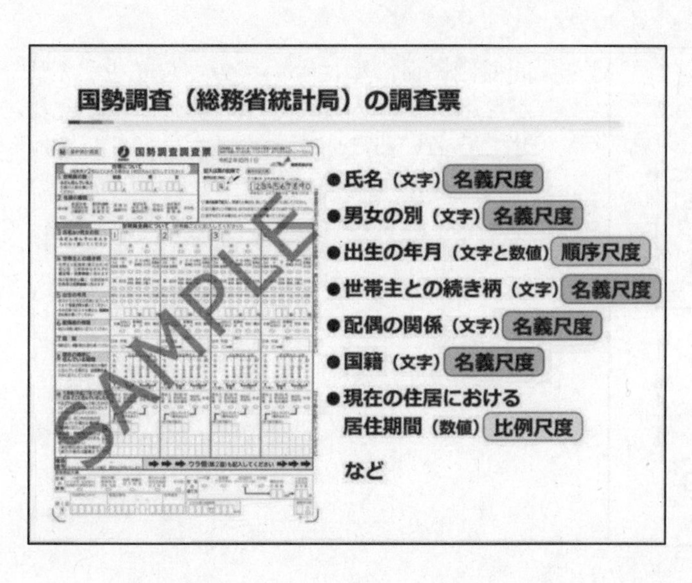

- 氏名、性別は文字で表現されるので名義尺度であり、出生の年月は文字と数値で表現される順序尺度になる。
- 世帯主との続き柄、配偶の関係、国籍は名義尺度である。
- 現在の居住における居住期間は数値で表現され、正の値しか許されないので比例尺度になる。

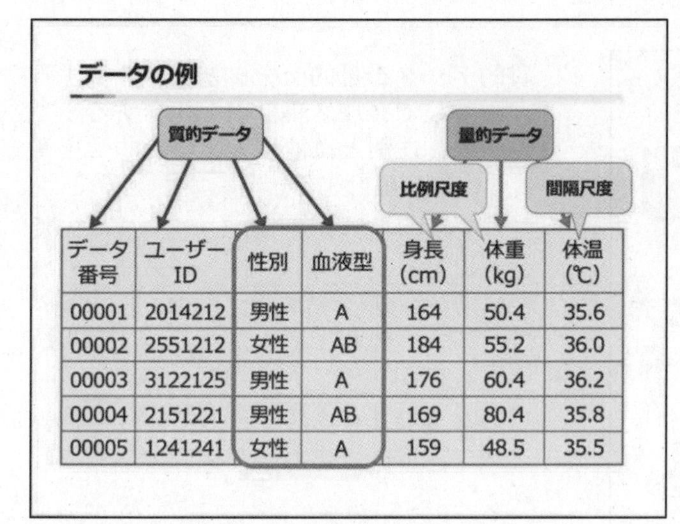

データ番号	ユーザーID	性別	血液型	身長 (cm)	体重 (kg)	体温 (℃)
00001	2014212	男性	A	164	50.4	35.6
00002	2551212	女性	AB	184	55.2	36.0
00003	3122125	男性	A	176	60.4	36.2
00004	2151221	男性	AB	169	80.4	35.8
00005	1241241	女性	A	159	48.5	35.5

- データの例として、ある会社の健康診断時に取得したデータから一部を抜き出した個票の例を考えてみる。
- データ番号、ユーザーID、性別、血液型は質的データであり、身長、体重、体温は量的データで、身長、体重は比例尺度、体温は間隔尺度となる。
- 特に枠で囲んだ質的データである性別と血液型に着目して、度数分布表を使った、質的データの量的データとしての取り扱い方法について考えていく。

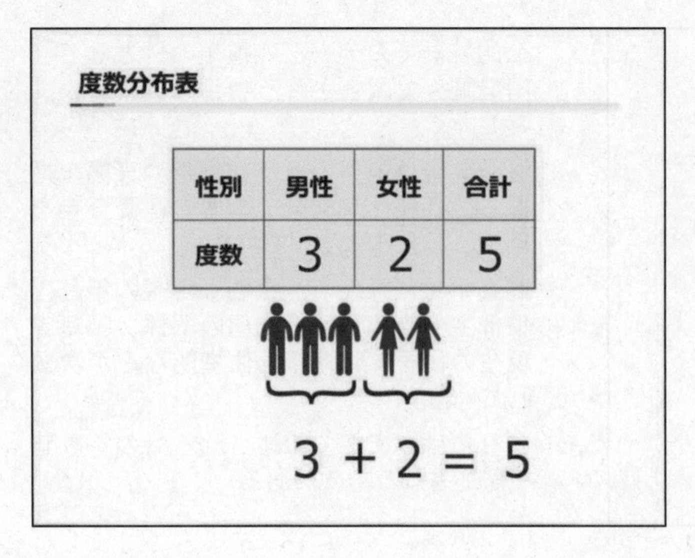

- 度数分布表とは、質的データの属性に含まれる数を数え、度数と呼ばれる属性ごとの数を並べたものである。
- この例では男性が３名、女性が２名で合わせて５名いることがわかる。

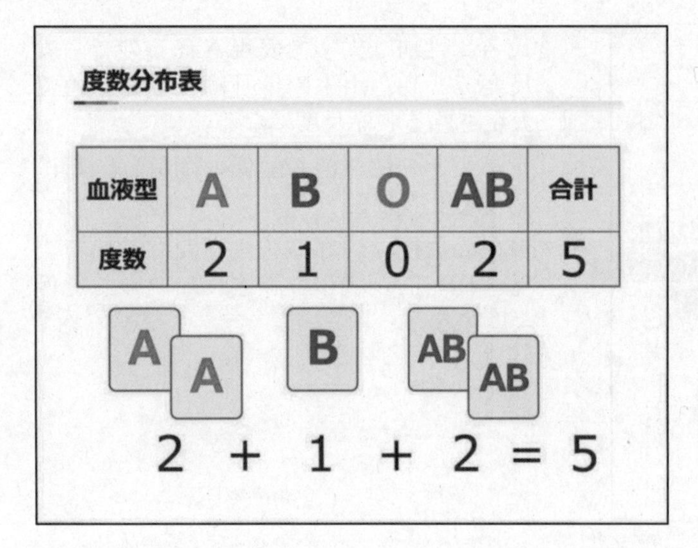

- 同様に、血液型についてみてみると、A型が２名、B 型が１名、AB 型が２名で合わせて５名いることがわかる。

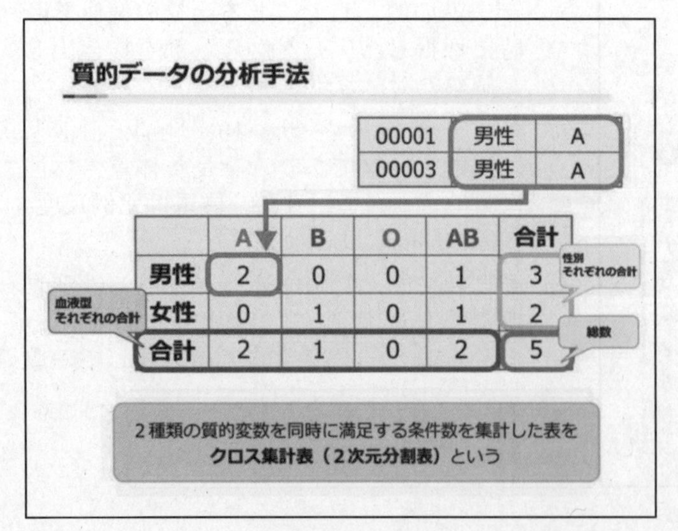

- 質的データを量的データとして分析する方法としてクロス集計表を紹介する。この例は、性別と血液型の組み合わせを有する人数を集計する。
- 性別を縦、血液型を横にとり、その人数を表に記入していく。例えば男性、血液型 A 型の人数を数えると「２」となるので、「２」を男性と A との交差する場所に記入する。
- このような操作を繰り返して作成した表をクロス集計表または２次元分割表と呼ぶ。
- クロス集計表を作成することにより、質的データを量的データに変換し、量的データの分析方法で取り扱うことができるようになる。

今回のポイント

- データを分類することにより、適切な図や表、分析の方法を選択する手掛かりになります
- データには大きく分けて質的データと量的データがある
- 質的データには名義尺度と順序尺度とがある
- 量的データには比例尺度と間隔尺度とがある
- 質的変数はその数を数えることにより質的データとして扱うことができる

- データを分類することにより、適切な図や表、分析の方法を選択する手掛かりになる。
- データには大きく分けて質的データと量的データがある。
- 質的データには名義尺度と順序尺度があり、量的データには比例尺度と間隔尺度がある。
- 質的変数は、その数を数えることにより量的データとして取り扱うことができる。

第２回　代表値～平均・中央・最頻値

代表値～平均・中央・最頻値

① 代表値の目的
② よく使われる代表値の例
③ まとめ

- 今回は、データの代表値の目的と、よく使われる代表値の例を解説していく。

代表値の目的

代表値を使うことで、量的データ（複数個の値）の特徴を理解できる

代表値を上手に使うことで、量的データ間の比較や分類ができる

- 量的データは、複数個の値として表現されるので、代表値を使うことでこの量的データの特徴を理解することが可能となる。
- 更に、代表値を上手に使うことで量的データ間の比較や分類ができる。
- 今回は、代表値について取り扱う。

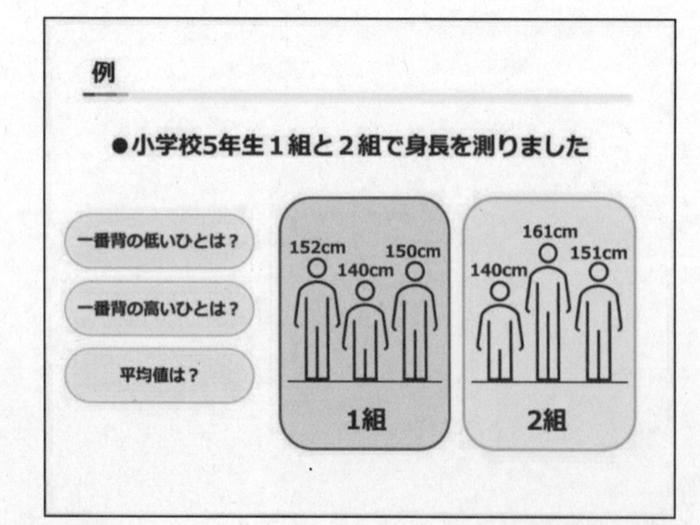

- 例として、小学校５年生１組と２組とで身長を測ることを考えてみると、クラス内の身長のデータはその人数分の値として記録できる。
- 一番背の低い人や一番背の高い人はクラスに一人しかいないので、これらの値はクラスの身長を代表する値となる。
- クラスの身長の合計をクラスの人数で割り算することで得られる平均値も、クラスを代表する代表値になる。

代表値

- 代表値・・・複数個の値からなる量的データの特徴をとらえることができる代表的な量
- 複数個の値の傾向をとらえる

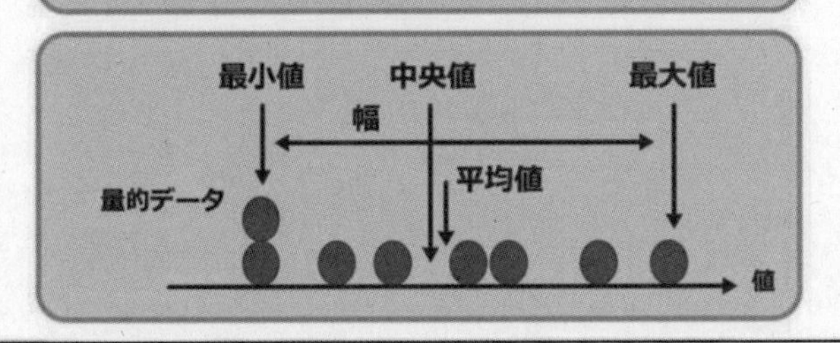

- データとは、複数の値の組として表現されるので、データを理解するためには値の集団としての特徴を捉えることが有効である。
- このような、集団としての特徴を捉えることができる量を代表値と呼ぶ。
- 代表値として、最も小さな値である最小値、最も大きな値である最大値、真ん中の値である中央値、最大値と最小値の間の幅、平均値などがある。

よく使われる代表値の例

- 最小値・・・データに含まれる値の中でもっとも小さな値
- 最大値・・・データに含まれる値の中でもっとも大きな値
- 平均値・・・データに含まれる値の総和をデータ数で割り算する
- 中央値・・・データに含まれる値を小さい順に並べたとき真ん中にくる値（データ数が偶数個と奇数個の場合で分ける）
- 最頻値・・・ヒストグラムに対して出現回数が最も大きな値（ヒストグラムとの関係は第3回で取り扱います）
- 分 散・・・データに含まれる値から平均値を引き算した値を2乗して総和を計算してデータ数で割り算する（第5回で取り扱います）

- よく使われる代表値として、次のものがある。

①　最小値とは、データに含まれる値の中で最も小さな値である。

②　最大値とは、データに含まれる値の中で最も大きな値である。

③　平均値とは、データに含まれる値の総和をデータ数で割り算して計算される。

④　中央値とは、データに含まれる値を小さい順に並べたときに真ん中にくる値である。データ数が偶数個の場合と奇数個の場合とで条件を分ける。

⑤　最頻値とは、データに含まれる値の中で出現回数が最も大きな値である。

⑥　分散とは、データに含まれる値から平均値を引き算した値を２乗して総和を計算し、データ数で割り算することで求められる。詳しくは第５回で取り扱う。

具体的な例

店舗名	商品販売数
A	51
B	23
C	31
D	32
E	12
F	42
G	21
H	12

8つの店舗での1か月内での商品販売数をまとめた量的データを考えます

- 具体的な例を使って、量的データの代表値を考えていく。
- 表に示すように、8つの店舗での1か月内での商品販売数をまとめた量的データを考える。

最小値

店舗名	商品販売数
E	12
H	12
G	21
B	23
C	31
D	32
F	42
A	51

8個の値のうち最も小さい値を見つけてみる

8個の値を小さい順に並べ替えてみる
12, 12, 21, 23, 31, 32, 42, 51

最小値は「12」とわかる

- 最小値を求めるには、8つの値のうち最も小さい値を見つける。
- 8つの値を小さい順に並べると 12, 12, 21, 23, 31, 32, 42, 51 のようになる。これから、最小値は 12 であることがわかる。

最大値

店舗名	商品販売数
E	12
H	12
G	21
B	23
C	31
D	32
F	42
A	51

8個の値のうち最も大きい値を見つけてみる

8個の値を小さい順に並べ替えてみる
12, 12, 21, 23, 31, 32, 42, 51

最大値は「51」とわかる

- 最大値を求めるには、8つの値のうち最も大きい値を見つける。
- 8つの値を小さい順に並べると 12, 12, 21, 23, 31, 32, 42, 51 になるので、最大値は 51 であることがわかる。

平均

店舗名	商品販売数
A	51
B	23
C	31
D	32
E	12
F	42
G	21
H	12

平均値とは総和をデータ数 n で割ることで得られる値

$$(\text{平均値})=\frac{1}{n}\sum_{i=1}^{n}x_i$$

$$\begin{aligned}(\text{平均値})&=(51+23+31+32+12\\&\quad+42+21+12)/8\\&=224/8\\&=28\end{aligned}$$

平均値

値

- 平均値とは、データの総和をデータ数で割り算することで得られる値である。
- ８つの値の総和を計算すると、224 となり、これをデータ数８で割ることで 28 が得られる。

中央値

店舗名	商品販売数
E	12
H	12
G	21
B	23
C	31
D	32
F	42
A	51

中央値は27

中央値とは 値を小さい順に並べたときに真ん中にくる値

データ数 n が奇数のとき、データは真ん中（$(n+1)/2$ 番目）の値

9個 | 1 | 2 | 3 | 4 | 5 | 6 | 7 | 8 | 9 |

データ数 n が偶数のとき、データは $(n/2)$ 番目の値と $(n/2+1)$ 番目の値の和を 2で割る

8個 | 1 | 2 | 3 | 4 | 5 | 6 | 7 | 8 |

{12, 12, 21, 23, 31, 32, 42, 51} より
(23+31)/2 = 27

- 中央値とは、値を小さい順に並べたときに真ん中にくる値である。
- データ数 n が奇数のとき、データの真ん中(n+1)/2 番目の値、データ数 n が偶数のとき、データの真ん中は２つあり、(n/2)番目の値と(n/2+1)番目の値となるので、この２数の平均値として計算される。
- この表の店舗数８は偶数なので、４番目と５番目に小さな値の和を計算して２で割ることで中央値が求められる。

最頻値

店舗名	商品販売数
E	12
H	12
G	21
B	23
C	31
D	32
F	42
A	51

最頻値とは最大の度数となる値のこと

度数とはそれぞれの値の個数がいくつあるかを数えたもの

値	12	21	23	31	32	42	51
度数	2	1	1	1	1	1	1

最頻値は 12 となる

- 最頻値とは、最大の度数となる値のことである。
- 例では、12 は２回、21 は１回、23 は１回、31 は１回…と 51 まで全て１回ずつ現れることから、最頻値は度数２の 12 となる。

今回のポイント

- 量的データに対するよく使われる代表値について説明しました
- 量的データの代表値として、最小値、最大値、中央値、平均値、最頻値について説明しました
- 具体的な例を使って代表値の算出方法を示しました

・ 量的データに対してよく使われる代表値について説明した。

・ 量的データの代表値として、最小値、最大値、中央値、平均値、最頻値について説明した。

・ 具体的な例をつかって代表値の算出方法を示した。

第3回　ヒストグラムと相対度数

ヒストグラムと相対度数

① ヒストグラムの作り方

② 累積相対度数

③ まとめ

・ 今回は、ヒストグラムの作り方と、相対度数、累積相対度数の関係について解説していく。

ヒストグラムと相対度数を理解する目的

量的データは複数個の値からなるので
全体的な特徴や偏りをとらえ視覚的に
理解する方法があると便利

量的データを度数分布表でとらえ
ヒストグラムで可視化することで
データを視覚的に理解しやすくなる

相対度数と累積相対度数を使うことで
量的データの特徴（全体像や偏り）が
量的に把握しやすくなる

・ 量的データは複数個の値からなるので、全体的な特徴や偏りを捉え、視覚的に理解する方法があると便利である。
・ そこで、量的データを分析する方法について、代表値に続き、ヒストグラムと相対度数を取り扱う。
・ 量的データを度数分布表で捉え、ヒストグラムで可視化することでデータを視覚的に理解しやすくなる。更に、相対度数と累積相対度数を使うことで、量的データの特徴（全体像や偏り）を量的に把握しやすくなる。

棒グラフとヒストグラムとの違い

棒グラフ

質的データの
項目ごとの度数に着目

個数

りんご	なし	みかん	かき	ぶどう	いちご	いちじく	すいか	メロン
3	5	12	14	12	31	23	2	1

ヒストグラム

量的データの
階級ごとの度数に着目

人数

0歳～10歳	11歳～20歳	21歳～30歳	31歳～40歳	41歳～50歳	51歳～60歳	61歳～70歳	71歳～80歳	81歳以上
3	50	13	41	20	12	31	5	1

・ 順序のない質的データに対して、項目ごとの個数を数え、度数を決定し、項目ごとに度数を棒グラフで表示すると全体の傾向がわかりやすくなる。
・ この方法を量的データに対して拡張した方法が、ヒストグラムである。
・ 量的データの階級ごとの度数に着目し、棒グラフで階級ごとの度数を表示すると、量的データの値の全体像や偏りを視覚的に直観で理解できるようになる。

量的データからのヒストグラムの作り方

ヒストグラムは量的データに対する**度数分布表**から作成されます

量的データの最大値と最小値の幅を、順序をもついくつかの等しい区間（**階級**）に分け、階級ごとの**度数**（階級に含まれるデータの数）を決定した**度数分布表**を作成します

量的データが離散変数か連続変数かによって階級の分け方に違いが生じます

- ヒストグラムは、量的データに対する度数分布表から作成される。
- 量的データの最大値と最小値の幅を、順序をもついくつかの等しい区間（階級）に分け、階級ごとの度数を決定した度数分布表を作成する。
- 量的データが離散変数か連続変数かによって階級の分け方に違いが生じる。

量的データからのヒストグラムの作り方

離散量
とびとびの値をそのまま階級に割り当てる
または、ある幅で分けて階級を割り当てる

連続量
連続値の区間をある幅（区間）を持ついくつかの部分に分け階級を決定する

- 離散量では、値がそのまま階級に割り当てられる。または、値をいくつかにまとめて階級を割り当てることもある。
- 連続量では、連続値の区間を、ある幅を持ついくつかの部分に分け階級を決定する。

度数分布表（離散量）

●取りえる値の出た個数を数えます

●偏りのないさいころを**100**回振って出た目の**度数**（回数）を数えました

●度数を度数の合計(**100**)で割り算して**相対度数**を求めます

出た目	1	2	3	4	5	6	合計
度数	14	18	19	16	20	13	100
相対度数	0.14	0.18	0.19	0.16	0.20	0.13	1.0

相対度数・・・各階級の度数が、全体でどれだけの割合にあたるかを示す値

- さいころの例で、離散量に対する度数分布表を作成する方法を考えてみる。さいころは１から６までの飛び飛びの値を取るので、それぞれの値が出た個数を数える。
- ここでは、偏りのないさいころを 100 回振って、出た目の度数を数える。
- 更に、度数を度数の合計で割り算することで相対度数を求める。
- 相対度数をみることで、各階級の度数が全体でどれだけの割合に当たるかを知ることができる。また、度数の合計が異なるデータの比較をすることにも使える。

ヒストグラムの作り方（離散量）

●度数分布の階級値を横軸に、
度数を縦軸にとって棒グラフを描く

階級	1	2	3	4	5	6
度数	14	18	19	16	20	13
相対度数	0.14	0.18	0.19	0.16	0.20	0.13

- 度数分布表からヒストグラムを描く方法について説明する。横軸に階級、縦軸に度数を取り、各階級の度数を棒グラフで示す。
- 階級1は14、階級2は18、階級3は19、階級4は16、階級5は20、階級6は13となる。

度数分布表（連続量）

50名のクラスの身長を10cm幅で分割します
度数から相対度数を計算します

身長	140cm 未満	140cm 以上 150cm 未満	150cm 以上 160cm 未満	160cm 以上 170cm 未満	170cm 以上 180cm 未満	180cm 以上
度数	2	4	12	21	10	1
相対度数	0.04	0.08	0.24	0.42	0.2	0.02

１０㎝ごとの区間の幅⇒階級の幅

- 次に、50 人の身長の量的データを例に、連続量に対する度数分布表を作成する方法について考える。
- 10cm ごとに 140cm から 180cm までを階級に分割する。この 10cm を階級の幅と呼ぶ。
- それぞれの区間に入る人数を数え、度数を度数の合計で割り算することで相対度数を求める。

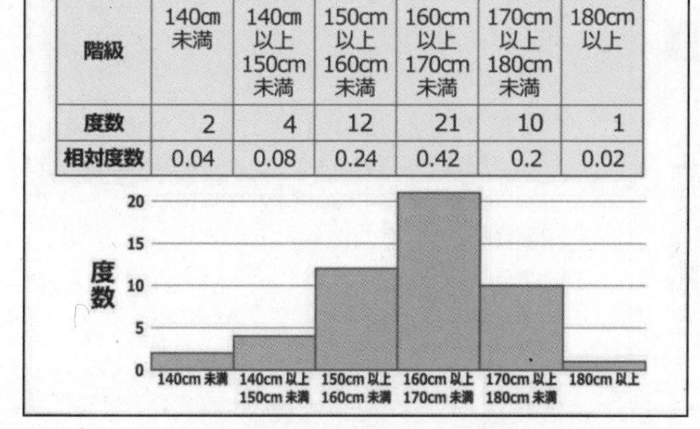

階級	140cm 未満	140cm 以上 150cm 未満	150cm 以上 160cm 未満	160cm 以上 170cm 未満	170cm 以上 180cm 未満	180cm 以上
度数	2	4	12	21	10	1
相対度数	0.04	0.08	0.24	0.42	0.2	0.02

- 身長の度数分布表からのヒストグラムの作り方はさいころの場合とほぼ同じだが、階級が連続量の区間になっている。
- 横軸に階級、縦軸に度数を取る。各階級の度数を棒グラフで示す。
- 階級 140cm 未満は２、階級 140cm 以上 150cm 未満は４、階級 150cm 以上 160cm 未満は 12、階級 160cm 以上 170cm 未満は 21、階級 170cm 以上 180cm 未満は 10、階級 180cm 以上は１となる。

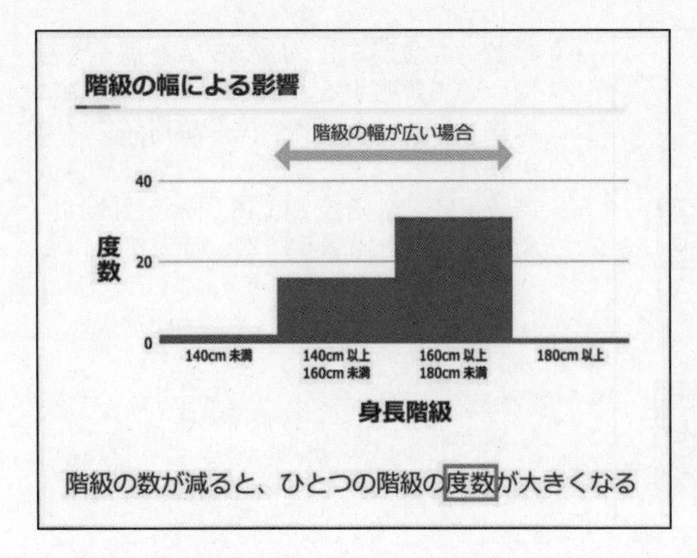

- 同じデータでも、階級の幅を変えるとヒストグラムの見え方が異なる。
- 階級の幅を広く取ると階級の数が減り、一つの階級の度数が大きくなる。広く取りすぎるとデータの散らばりがわかりづらくなる。

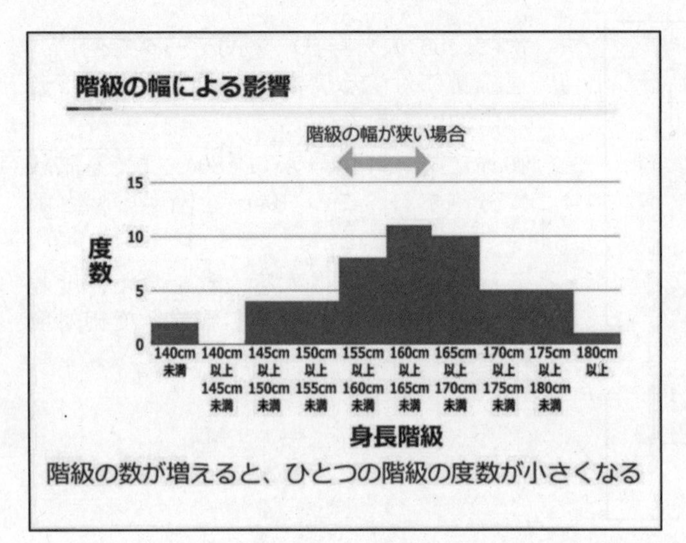

- 逆に、階級の幅を狭く取ると階級の数が増え、一つの階級の度数が小さくなる。狭く取りすぎると度数が０の階級が複数現れるようになる。

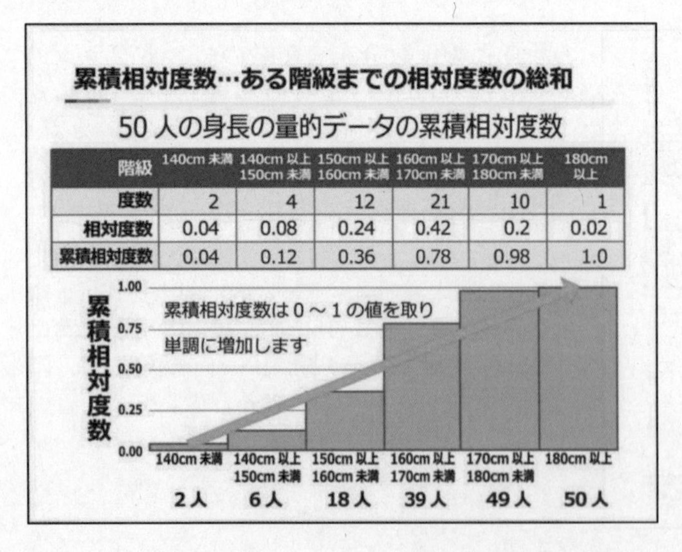

累積相対度数…ある階級までの相対度数の総和

50 人の身長の量的データの累積相対度数

階級	140cm 未満	140cm 以上 150cm 未満	150cm 以上 160cm 未満	160cm 以上 170cm 未満	170cm 以上 180cm 未満	180cm 以上
度数	2	4	12	21	10	1
相対度数	0.04	0.08	0.24	0.42	0.2	0.02
累積相対度数	0.04	0.12	0.36	0.78	0.98	1.0

- 次に、相対度数の、ある階級以下までの累積である、累積相対度数について説明する。
- 累積相対度数とは、ある階級までの相対度数の総和である。
- 累積相対度数は０以上１以下の値をとり、左から右に向かい単調に増加していく。この累積相対度数の形は、データの特徴を捉えるのに役立つ。

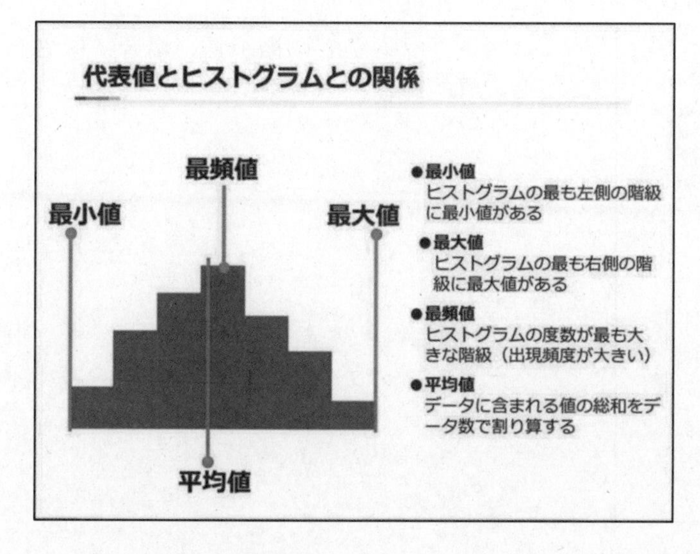

- 次に、代表値とヒストグラムの形状との関係を見ていく。
- 最小値はヒストグラムの左側の階級、最大値はヒストグラムの右側の階級にあることは、説明したとおりである。
- 最頻値は、ヒストグラムの度数最大の階級である。データ内で出現頻度が最も大きいことを意味する。
- 平均値は、データに含まれる値の総和をデータ数で割り算して求められる。一般に平均値と最頻値は異なる値となる。

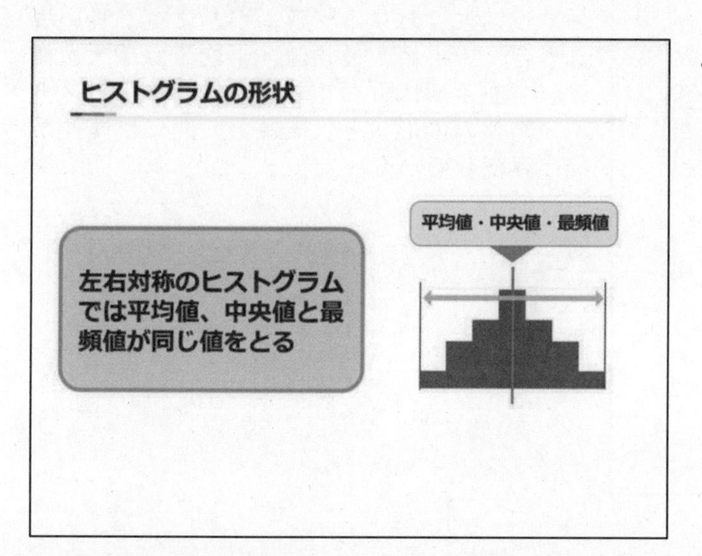

- 左右対称のヒストグラムでは、平均値、中央値、最頻値は同じ値を取る。

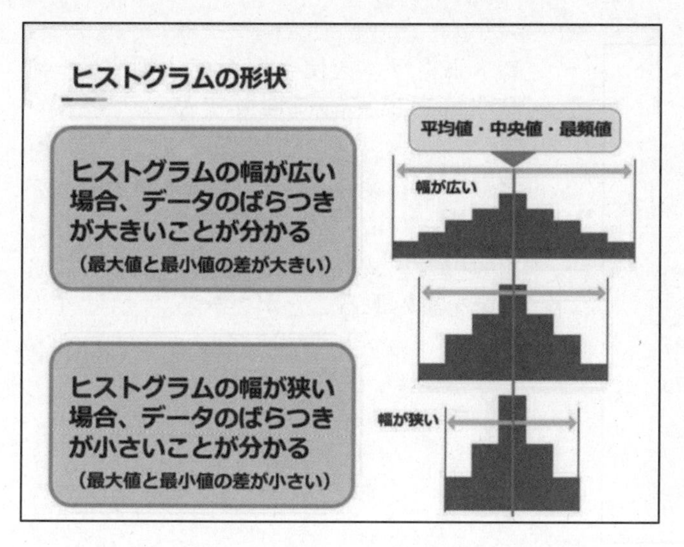

- ヒストグラムの幅が広い場合、データのばらつきが大きいことがわかる。
- 反対にヒストグラムの幅が小さい場合、データのばらつきが小さいことがわかる。

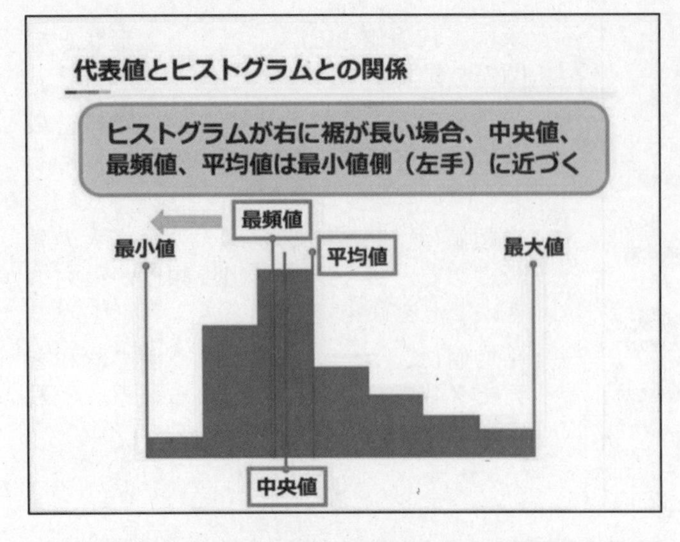

・ヒストグラムが右に裾が長い場合、中央値、最頻値、平均値は最小値側（左手）に近づく。

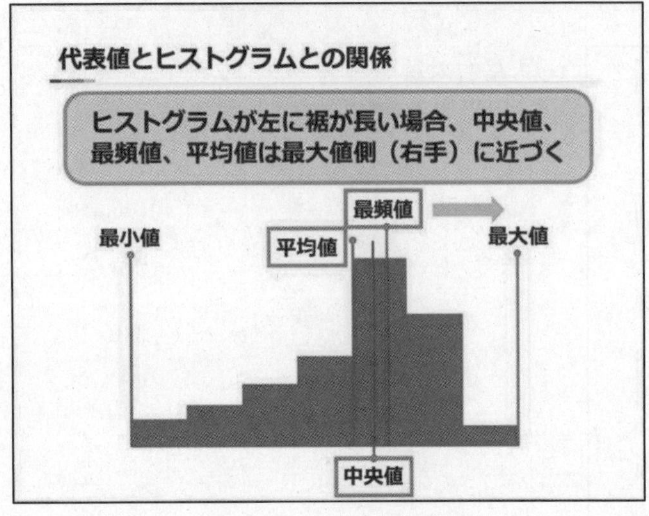

・反対に、ヒストグラムが左に裾が長い場合、中央値、最頻値、平均値は最大値側（右手）に近づく。このように、ヒストグラムの形状と代表値との間には関連が存在している。

今回のポイント

- ヒストグラムを使うことで量的データの性質を視覚的に理解することができる
- 度数の幅を変えると度数分布表とヒストグラムの見え方が変わる
- 早退度数と累積相対度数から、データの性質を読み取ることができます
- ヒストグラムの形状と代表値との間には関係がある

・ヒストグラムを使うことで、量的データの性質を視覚的に理解することができる。
・度数の幅を変えると、度数分布表とヒストグラムの見え方が変わる。
・相対度数と累積相対度数から、データの性質を読み取ることができる。
・ヒストグラムの形状と代表値との間には関係がある。

第４回　四分位・パーセンタイル・箱ひげ図

四分位・パーセンタイル・箱ひげ図

① 四分位・パーセンタイル

② 箱ひげ図

③ まとめ

- 今回は、四分位とパーセンタイル、箱ひげ図の関係について解説していく。

目的

量的データは複数個の値からなるので 全体的な特徴や偏りをとらえ、視覚的に理解する方法があると便利です

四分位とその拡張であるパーセンタイルを使うことで、量的データを順序的にとらえることができるようになります

量的データの代表値をまとめて可視化する「箱ひげ図」は、量的データを視覚的に理解するのに、ヒストグラムと異なる視点が得られます

- 量的データは複数個の値からなるので、全体的な特徴や偏りを捉え、視覚的に理解する方法があると便利である。
- 四分位とその拡張であるパーセンタイルを使うことで量的データを順序的に捉えることができるようになる。
- 更に、量的データの代表値をまとめて可視化する「箱ひげ図」は量的データを視覚的に理解するのに、ヒストグラムとは異なる視点が得られる。

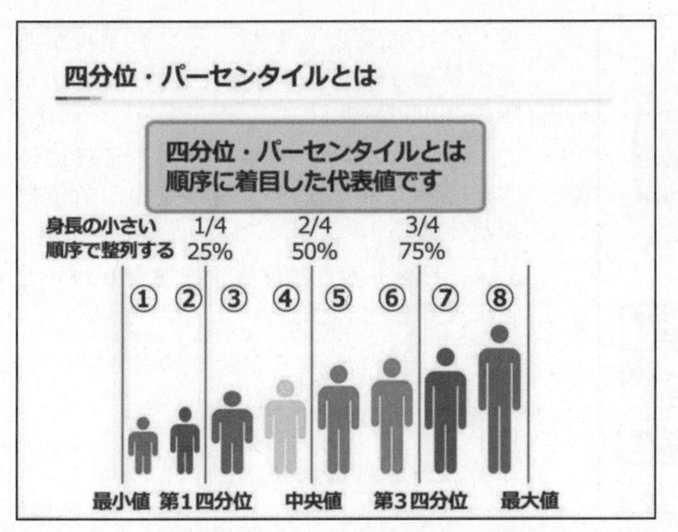

- 四分位・パーセンタイルとは、量的データの順序に着目した代表値の決め方である。
- 量的データを小さい順から大きい順に並べる並べ方は、誰がその手続きを行っても同じ結果なので、量的データを特徴付けるための順序は量的データの代表値として使える。
- 身長を小さい順序で整列していくと、この順序で１番目の順位の身長は最小値。最後の順位の身長は最大値となる。
- データの順序で全体の占める割合が四分の一、四分の二、四分の三のところが四分位であり、これをパーセントで０～100の順位を表現したものをパーセンタイルと言う。

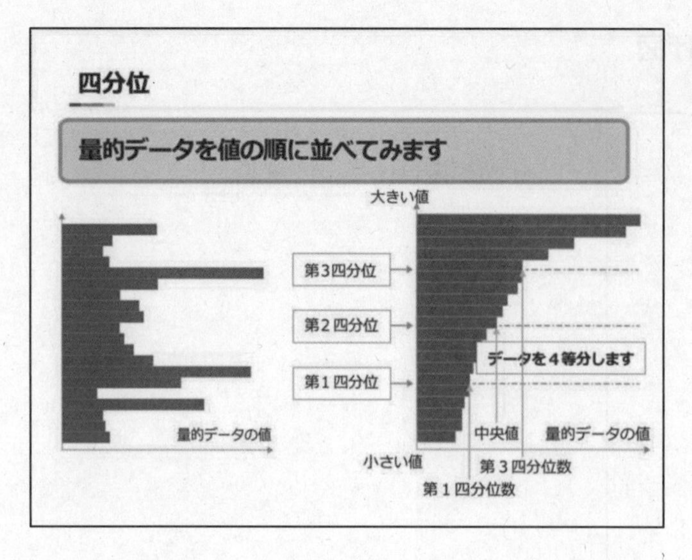

- 量的データの値を横軸としたデータを、小さい値が下側、大きい値が上側に来るように並べ替えをした上で、小さい値から大きい値に並べ、データを４等分にする。
- このときデータ数×四分の一番目を第１四分位、データ数×四分の二番目を第２四分位、データ数×四分の三番目を第３四分位と呼び、それぞれの値を第１四分位数、第２四分位数、第３四分位数と言う。
- 第２四分位数はこれまで代表値でよく登場した中央値と同じ値となる。

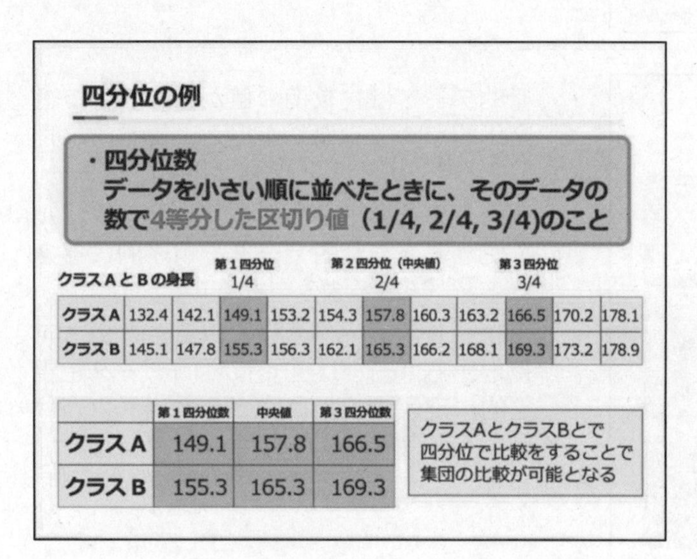

クラスA	132.4	142.1	149.1	153.2	154.3	157.8	160.3	163.2	166.5	170.2	178.1
クラスB	145.1	147.8	155.3	156.3	162.1	165.3	166.2	168.1	169.3	173.2	178.9

	第１四分位数	中央値	第３四分位数
クラスA	149.1	157.8	166.5
クラスB	155.3	165.3	169.3

- 四分位数を使うことで、異なる群（集団）に対する量的データを比較することができる。
- この例では、２つのクラスAとクラスBにある身長の量的データを基に、第１四分位数、中央値、第３四分位数の値を比較している。
- クラス A はクラス B に比較して第１四分位数、中央値、第３四分位数が小さいことから、クラス A はクラス B よりも全体的に身長が小さいと判断することができる。

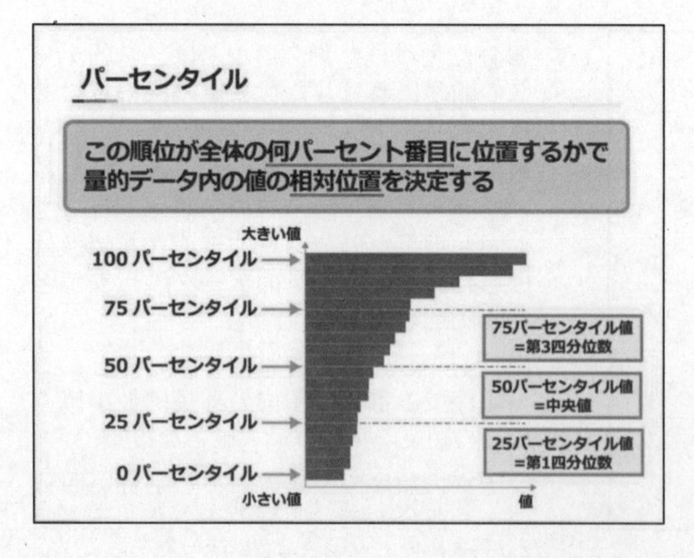

- 四分位の拡張としてパーセンタイルがある。値を小さい順に並べ、小さい値から順に順位付けを行う。
- この順位が全体の何パーセント番目に位置するかで量的データ内の値の相対位置を決定する。
- ｐパーセント番目に位置する値をｐパーセンタイル値という。

パーセンタイルの例

順位	1	2	3	4	5	6	7	8	9	10	11
パーセンタイル	9.1	18.2	27.3	36.4	45.5	54.5	63.6	72.7	81.8	90.9	100
クラスA	132.4	142.1	149.1	153.2	154.3	157.8	160.3	163.2	166.5	170.2	178.1
クラスB	145.1	147.8	155.3	156.3	162.1	165.3	166.2	168.1	169.3	173.2	178.9

- パーセンタイルの具体的な例として、先ほど四分位を示したときと同じクラス A とクラス B の身長順位のデータを見ていく。
  ① 0パーセンタイルから9.1パーセンタイルまでが最小値となる。
  ② 第1四分位は 18.2 パーセンタイルから 27.3 パーセンタイルまでが対応。
  ③ 中央値は45.5パーセンタイルから54.5パーセンタイルの値が対応。
  ④ 第3四分位は 72.7 パーセンタイルから 81.8 パーセンタイルの値が対応。

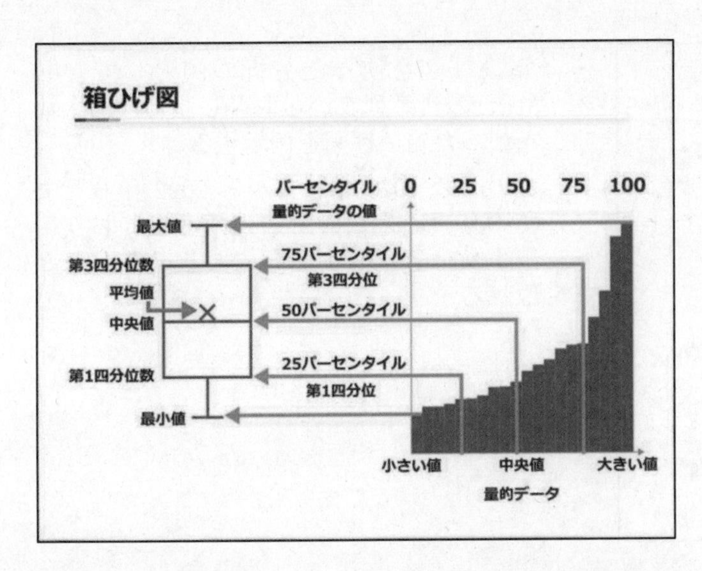

- 箱ひげ図は、6つの代表値（最小値、第1四分位数、中央値、第3四分位数、最大値及び平均値）を一つの図として可視化する方法である。
- 第1四分位数を下側、第3四分位数を上側とする箱と、箱内の横線を中央値、×を平均値で示す。
- また、最小値を下側のひげ、最大値を上側のひげとして表示する。

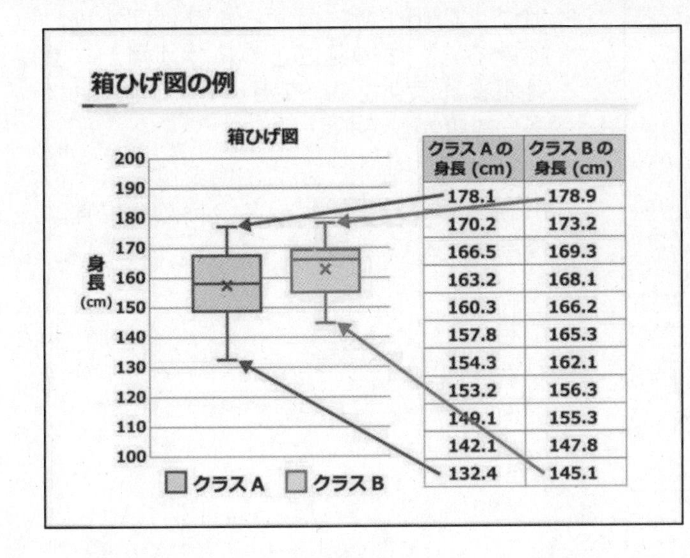

クラスAの身長 (cm)	クラスBの身長 (cm)
178.1	178.9
170.2	173.2
166.5	169.3
163.2	168.1
160.3	166.2
157.8	165.3
154.3	162.1
153.2	156.3
149.1	155.3
142.1	147.8
132.4	145.1

- クラス A とクラス B の身長データに対する箱ひげ図を描いてみる。青色がクラスAの箱ひげ図、赤色がクラス B の箱ひげ図である。
- クラス A の箱ひげ図の方がクラス B より下側にあり、下側のひげが伸びていることから、クラス A はクラス B に比べて全体的に身長が低いことが理解できる。
- 複数の値からなる量的データの特徴を比較するのに、箱ひげ図は優れている。

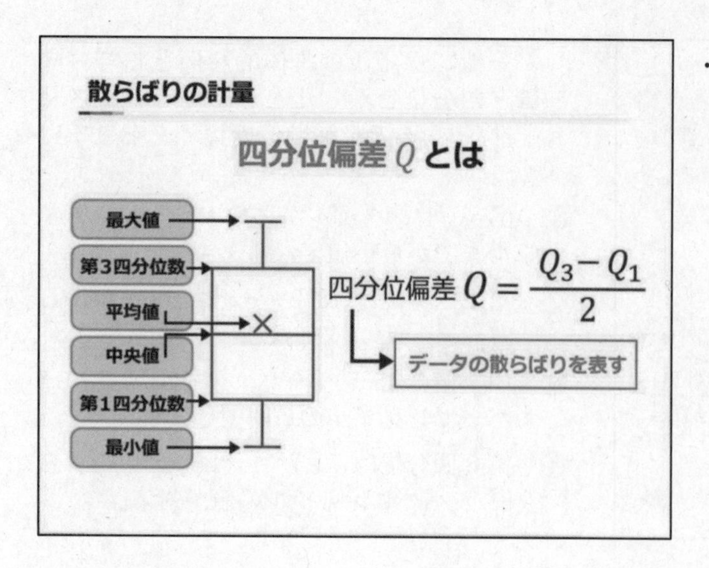

- 第３四分位数と第１四分位数の差を２で割った値は四分位偏差と呼ばれ、データの散らばりを表すために利用できる。

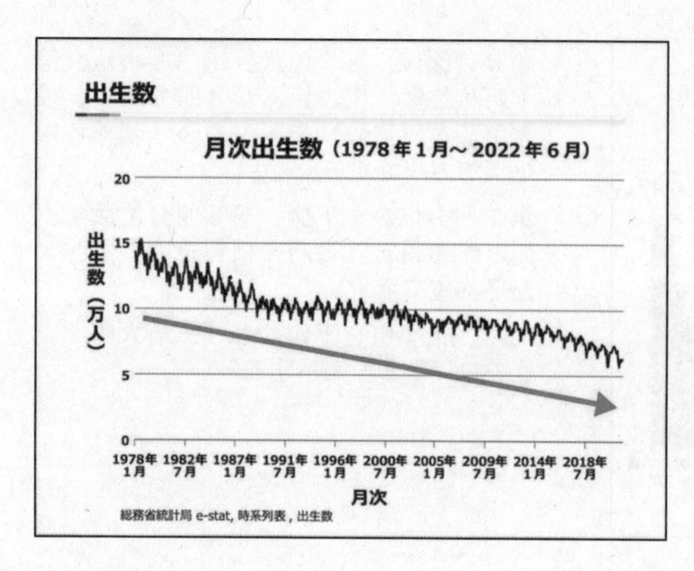

- 箱ひげ図を使った分析の例として、e-Stat の時系列表から取得した月次出生数を使った箱ひげ図を例示する。
- この図は 1978 年１月から 2022 年６月までの月次出生数の時系列を示しており、出生数は近年減少傾向であることが読み取れる。

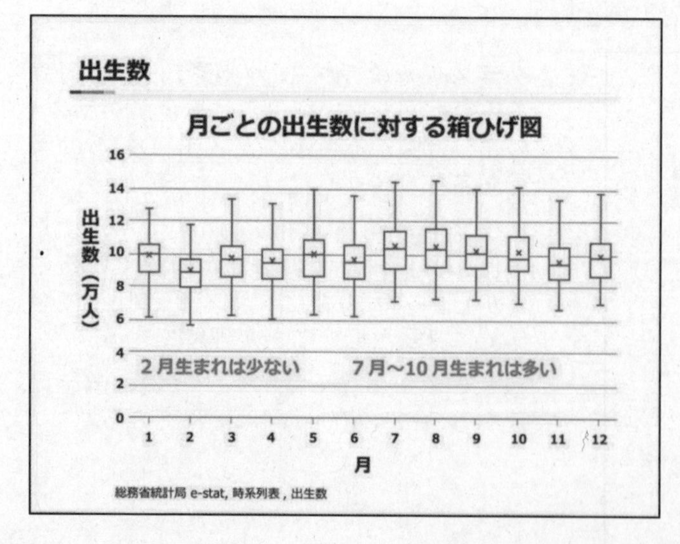

- 月ごとの出生数に対する箱ひげ図を描いてみると、この月ごとの箱ひげ図から２月生まれは少なく、７月～10 月生まれは多いことが読み取れる。
- 箱ひげ図を使うことで、代表値をまとめて図示して、量的データの特徴を視覚的に理解することができる。

今回のポイント

- 四分位とパーセンタイルは、値の順序に着目した代表値である
- 第2四分位数は中央値であり、50パーセンタイル値である
- 四分位を拡張したものが、パーセンタイルである
- 箱ひげ図を使うことで代表値をまとめて図示し、視覚的に量的データの集団としての特徴が、理解しやすくなる

- 四分位とパーセンタイルは、値の順序に着目した代表値の決め方である。
- 第２四分位数は中央値であり 50 パーセンタイル値である。
- 四分位を拡張したものがパーセンタイルである。
- 箱ひげ図を使うことで代表値をまとめて図示し、視覚的に量的データの集団としての特徴が理解しやすくなる。

第５回　分散・標準偏差

分散・標準偏差

① 分散・標準偏差の意味とその定義

② 計算方法と例題

③ まとめ

- 今回は、分散と標準偏差について、意味とその定義、そして計算方法と例題に分けて解説していく。

分散・標準偏差を理解する目的

分散・標準偏差は、量的データの散らばり具合を平均からの離れ具合として計算する方法であり、量的データの散らばり具合を数値的に理解することに役立つ

分散・標準偏差は、度数または相対度数から計算することができ、それらの値はヒストグラムの形と対応している

分散・標準偏差を使うことで、平均値だけではわからないデータの特徴を理解できるようになる

- 分散・標準偏差は、量的データの散らばり具合を平均からの離れ具合として計算する方法で、（量的データの散らばり具合を）数値的に理解することに役立つ。
- 分散・標準偏差は度数・相対度数からも計算することができ、さらに、この値はヒストグラムの形と対応している。
- 分散・標準偏差を使うことで、平均値だけではわからないデータの特徴を理解できるようになる。

平均

店舗名	商品販売数
A	51
B	23
C	31
D	32
E	12
F	42
G	21
H	12

平均

$$\mu = \frac{1}{n}\sum_{i=1}^{n} x_i$$

総和=224

μ=224/8

=28

- 分散・標準偏差の説明に入る前に、第２回で述べた代表値の一つである平均について、もう少し見ていく。
- 平均とは、データの総和をデータ数で割り算することで得られる値であり、この例では、８つの値の総和を計算すると224となり、これをデータ数８で割ることで平均28が得られた。

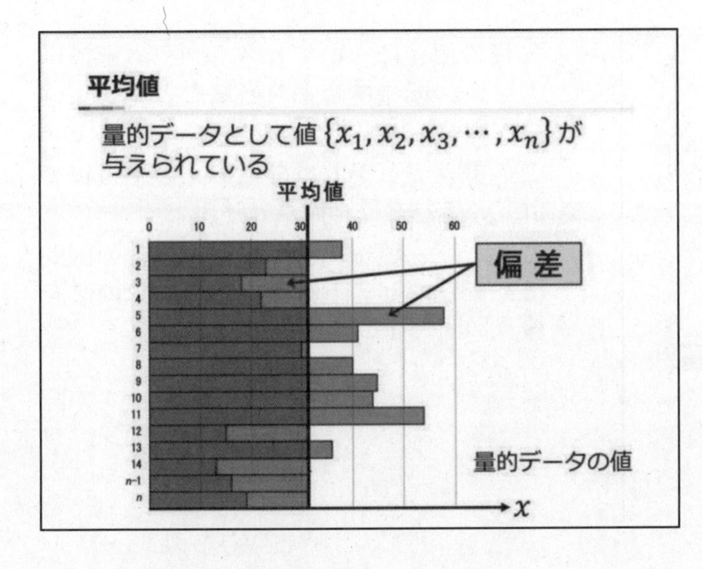

- 平均について異なる見方をし、データ数nの量的データ X_1、X_2、…、Xn が与えられているとする。
- 平均は量的データの総和をデータ数 n で割り算した値なので、平均値を中心として、量的データの値を正負に分けている。
- この分かれ方を、平均値の右側をプラス、左側をマイナスに対応させる。この量的データの値と平均値との差は「偏差」と呼ばれる。

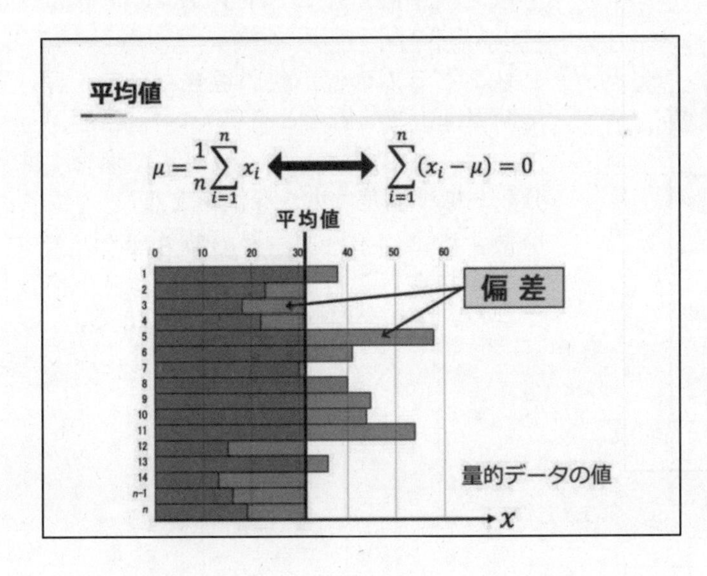

- 左側のマイナスの偏差の面積の合計と右側のプラスの偏差の面積の合計とがまったく一致する値を、平均値と定義することができる。
- この時、総和をデータ数 n で割ることで平均値 μ が得られるが、量的データの値と平均値の差の総和、すなわち偏差の総和は常に0となる。
- では、大きな偏差の多いデータと、小さな偏差が多いデータを量的に把握するにはどうすればよいかを考えていく。

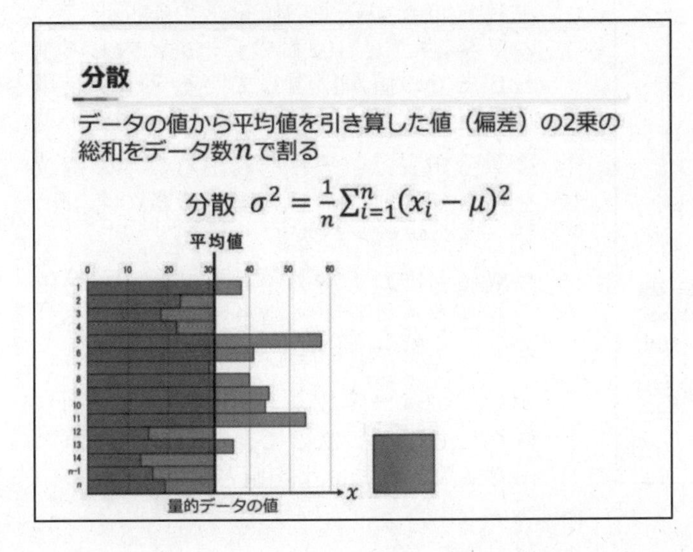

- 分散は、偏差の２乗の平均として定義される。
- マイナスの偏差の値の二乗とプラスの偏差の値の二乗を集め総和を計算し、データ数 n で割る。この値が分散となる。
- 分散はデータの広がり具合を量的に把握するのに役立つ。
- 分散は、０以上の値であり、量的データの平均からの乖離が大きいほどに大きな値を示すため、量的データの値の平均からの乖離（散らばり）の程度を示している。

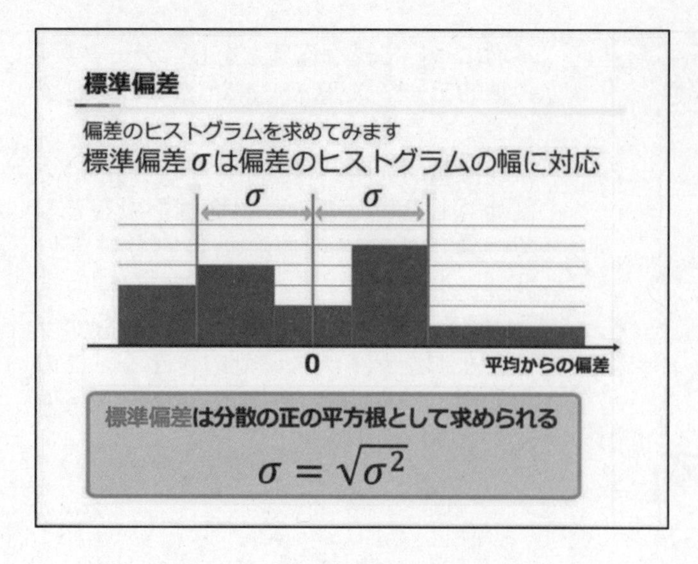

- 先程の偏差についてヒストグラムを描いていく。偏差は正と負の値をとるので、０の周りに値がある。
- この偏差の広がりは分散の正の平方根で計り、これを標準偏差と呼ぶ。
- ここで、－標準偏差～＋標準偏差の区間は、偏差のヒストグラムの約３分の２を覆う区間となる。

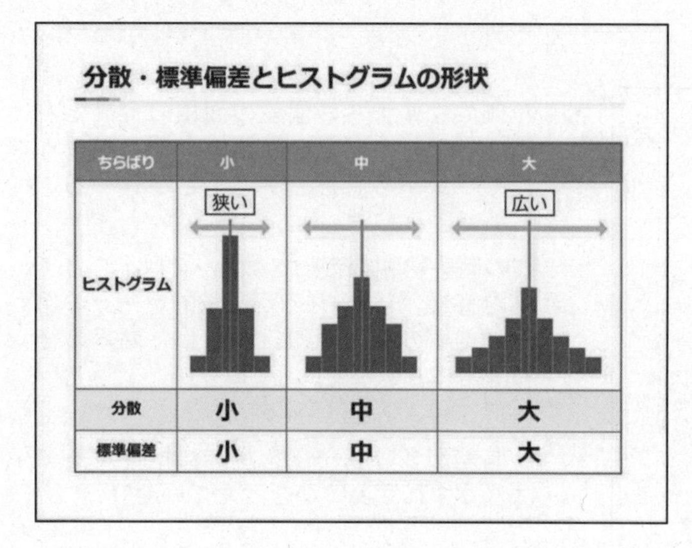

- 分散・標準偏差とヒストグラムの形状は対応している。
- ヒストグラムの幅が狭い場合、分散・標準偏差は小さな値をとる。
- 反対に、ヒストグラムの幅が広い場合、分散・標準偏差は大きな値をとる。
- 分散・標準偏差はデータの散らばりと対応しており、この値から量的にヒストグラムの広がりを理解することができる。

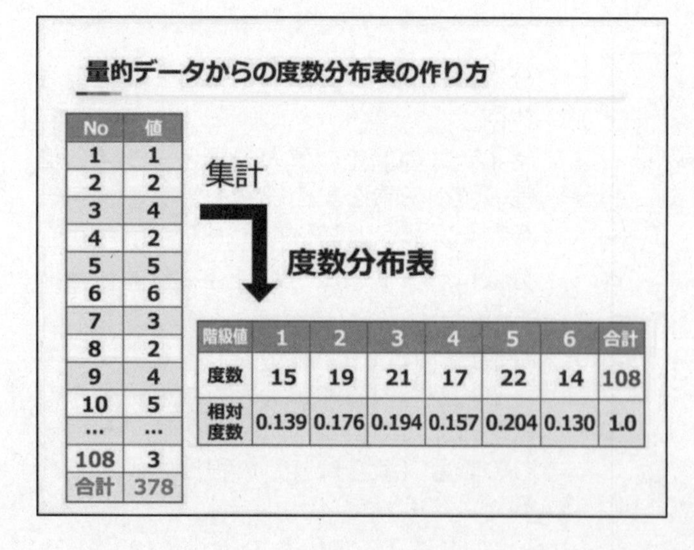

No	値
1	1
2	2
3	4
4	2
5	5
6	6
7	3
8	2
9	4
10	5
…	…
108	3
合計	378

階級値	1	2	3	4	5	6	合計
度数	15	19	21	17	22	14	108
相対度数	0.139	0.176	0.194	0.157	0.204	0.130	1.0

- 度数分布表から平均値を求める原理についてみるため、108個のデータに対して１～６までの値が出現しているデータを用意した。
- 度数分布表は、それぞれ出る数字の個数を数えて作成されるので、度数の合計はデータの個数となる。
- 階級値と度数の積の総和を計算すると値の合計となり、平均値は求めた値の合計をデータ数で割り算したものである。
- 相対度数は、度数をデータの個数で割り算したものだったので、結果、階級値×相対度数の総和は平均値となる。

分散＝（偏差の2乗）×（相対度数）の総和

（偏差の2乗の合計）＝（偏差の2乗）×（度数）の総和
（データ数）＝度数の合計
（分散）＝（偏差の2乗の合計）/（データ数）
（分散）＝（偏差の2乗）×（相対度数）の総和

度数分布表

階級値	1	2	3	4	5	6	合計
偏差の2乗	$(1-3.5)^2$	$(2-3.5)^2$	$(3-3.5)^2$	$(4-3.5)^2$	$(5-3.5)^2$	$(6-3.5)^2$	
度数	15	19	21	17	22	14	108
相対度数	0.139	0.176	0.194	0.157	0.204	0.130	1.0

・ 階級値を偏差の２乗に置き換えるだけで偏差の２乗の合計を計算することができる。
・ 偏差の２乗と度数の総和が偏差の２乗の合計となるので、分散は偏差の２乗の合計をデータの数で割り算することで得られる。
・ 相対度数を使うと、分散は偏差の２乗と相対度数の積の総和として計算ができる。

相対度数と平均・分散

平均 μ と分散 σ^2（σ：標準偏差）は
度数 d_i、相対度数 $f_i = \frac{d_i}{n}$（n はデータ数）
階級値 x_i から計算できる。

平均： $\mu = \frac{1}{n}\sum_{i=1}^{k} x_i d_i = \sum_{i=1}^{k} x_i f_i$

分散： $\sigma^2 = \frac{1}{n}\sum_{i=1}^{k} (x_i - \mu)^2 d_i = \sum_{i=1}^{k} (x_i - \mu)^2 f_i$

k は階級の数

・ 以上から平均と分散を、階級値と度数、または相対度数を使って次のように計算できることがわかった。

相対度数を使った計算の例

サイコロの目	1	2	3	4	5	6
度数	15	19	21	17	22	14
相対度数	0.139	0.176	0.194	0.157	0.204	0.130

$$\mu = \sum_{i=1}^{k} x_i f_i$$

x_i は、階級値（サイコロの目）
k は、階級の数（6）
f_i は、相対度数

平均 $\mu = 1\times0.139+2\times0.176+3\times0.194+4\times0.157+5\times0.204+6\times0.130 = \mathbf{3.5}$

・ サイコロを使って相対度数から平均と分散を計算する。
・ サイコロを 108 回振って出た目の回数から、度数分布表とそれぞれの相対度数を計算する。
・ サイコロの出る目と相対度数の積の総和が、平均値 3.5 となる。

相対度数を使った計算の例

サイコロの目	1	2	3	4	5	6
度数	15	19	21	17	22	14
相対度数	0.139	0.176	0.194	0.157	0.204	0.130

$$\mu = \sum_{i=1}^{k} x_i f_i \quad \sigma^2 = \sum_{i=1}^{k} (x_i - \mu)^2 f_i$$

x_i は、階級値（サイコロの目）
k は、階級の数（6）
f_i は、相対度数

分散 $\sigma^2=(1-3.5)^2\times0.139+(2-3.5)^2\times0.176+(3-3.5)^2\times0.194+(4-3.5)^2\times0.157+(5-3.5)^2\times0.204+(6-3.5)^2\times0.130=2.62037$

標準偏差 $\sigma = \sqrt{2.62037}=$**1.618**

- 同様に分散も出た目から平均値を引き算した値の2乗と相対度数の積の総和で求められ、2.62程度となる。
- 分散の正の平方根は、標準偏差とよばれ、この場合、1.618と求められる。

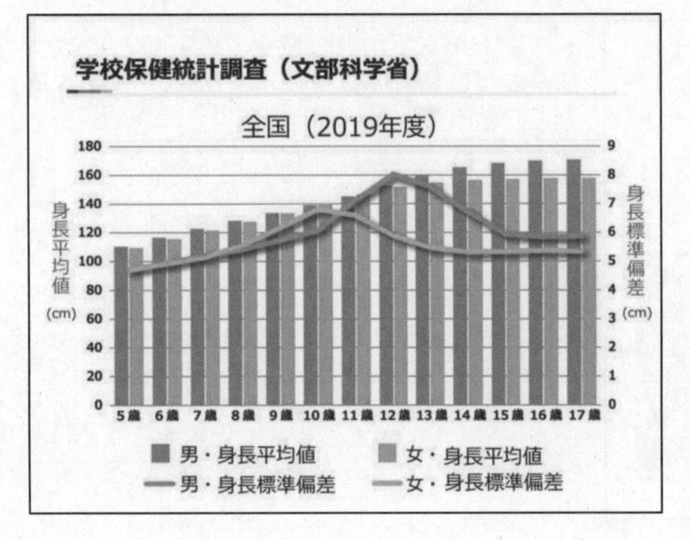

- 標準偏差を使った分析の例として、e-Stat時系列表から取得した、2019年度の文部科学省学校保健統計調査を取り上げる。
- 棒グラフは男性と女性の年齢ごとの身長平均値を、折れ線グラフは身長標準偏差を示している。
- 男性では11歳から14歳までで身長の標準偏差が増加しており、個人差がこの年齢で広がっている。他方、女性では9歳から11歳で身長の標準偏差が増加している。
- 以上から、男性と女性とで個人差が大きく、ばらつく年齢が2歳程度異なることがわかる。
- 平均値を見ても女性が9歳～11歳で男性よりも大きくなることから、女性のほうが男性よりも2歳ほど先に身長が伸びはじめている。

今回のポイント

- **分散・標準偏差の意味とその定義について述べた**
- **相対度数から平均と分散を計算する方法とその例を示した**

- 分散・標準偏差の意味とその定義について述べた。
- 相対度数から平均と分散を計算する方法とその例を示した。

第６回　相関関係

相関関係

① 散布図

② 相関係数

③ まとめ

・　今回は相関関係を、散布図と相関係数を用いて解説していく。

相関関係を理解する目的

２つの量的データの間には複数の典型的な関係のパターンが存在する

相関関係を理解することで、ある値ともう一つの値との関係から予測性を得ることができる

２つの量的データの相関関係を視覚的に理解できる方法が散布図

相関係数は２つの量的データの相関関係を数値的に理解できる

・　２つの量的データの間にはいくつかの典型的な相関関係のパターンが存在している。

・　相関関係を理解することで、ある値ともう一つの値との関係から予測性を得ることができる。

・　相関関係を視覚的に確認する方法として散布図を説明する。

・　また、相関係数により、２つの量的データの相関関係を数値的に求める方法についても説明する。

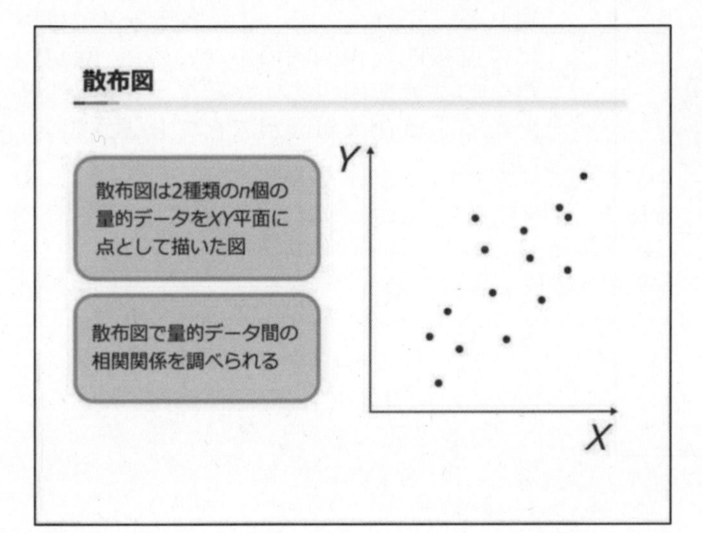

・　散布図は２種類のｎ個の量的データＸとＹをXY平面に点として描くことで作った図である。

・　この散布図によって、量的データ間の相関関係を調べることができる。

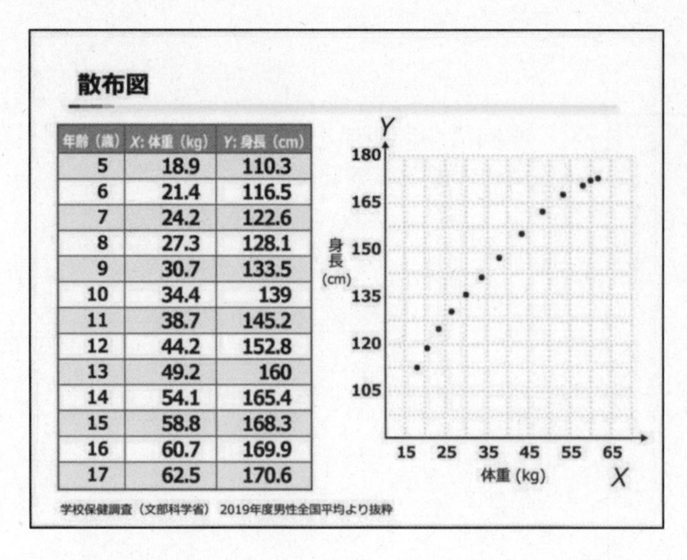

年齢（歳）	X: 体重（kg）	Y: 身長（cm）
5	18.9	110.3
6	21.4	116.5
7	24.2	122.6
8	27.3	128.1
9	30.7	133.5
10	34.4	139
11	38.7	145.2
12	44.2	152.8
13	49.2	160
14	54.1	165.4
15	58.8	168.3
16	60.7	169.9
17	62.5	170.6

- 具体的な例を使って散布図の描き方を確認していく。
- 文部科学省学校保健調査から、2019 年度全国平均値の男性平均体重と平均身長を、年齢ごとに取り出した。
- この表から、年齢ごとの平均体重と平均身長をそれぞれ XY 平面上に散布図として描いてみる。
- 表の X と Y の値を確認して、XY 平面上の升目の上に点を描いていき、これを繰り返すことで、散布図が完成する。

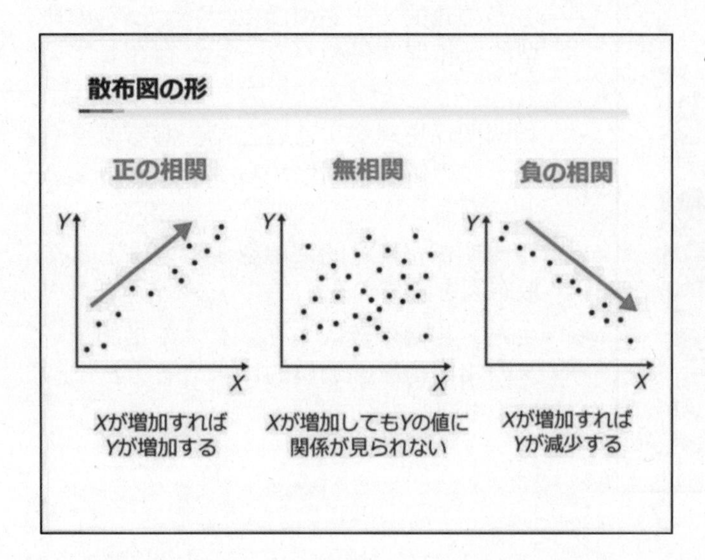

- 散布図は大きく３つのパターンがある。
  ① 正の相関：X が増加すると Y が増加するような右肩上がりの散布図となる。
  ② 無相関：X と Y との値に明確な関係性が認められない一様に広がった散布図になる。
  ③ 負の相関： X が増加すると Y が減少するという右肩下がりの散布図になる。

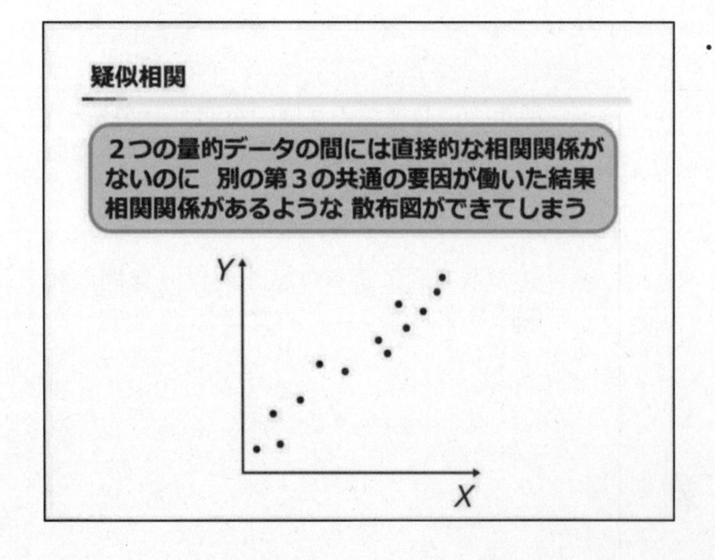

- 相関には疑似相関と呼ばれるものがよく現れる。これは、２つの量的データの間には直接的な相関関係がないのに、別の第３の共通要因が働いた結果、相関関係があるような散布図ができてしまうことである。

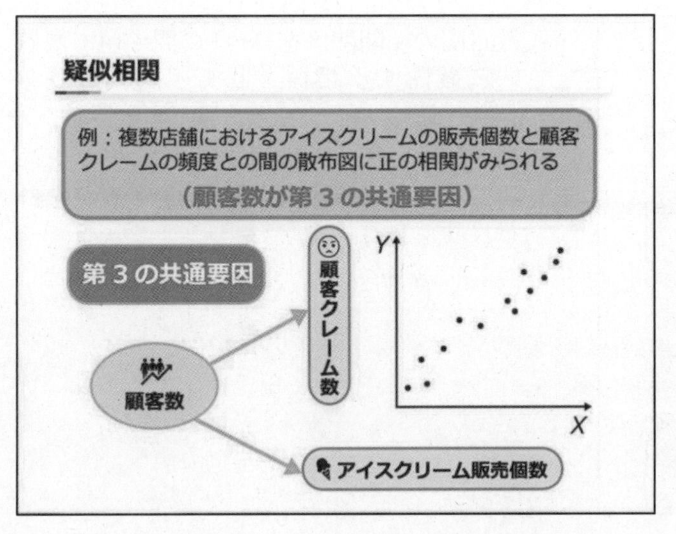

- 疑似相関として複数店舗におけるアイスクリームの販売個数と顧客クレームの頻度との間の散布図に正の相関が見られることが知られている
- この場合、店舗を訪れる顧客数が第３の共通要因としてはたらいている。
- 顧客数が多いとアイスクリーム販売数が増加し、また、顧客クレームも多くなるので、結果両者には相関関係があるような散布図となる。

SSDSE（教育用標準データセット）
SSDSE-A-2022

SSDSE (Standardized Statistical Data Set for Education)
https://www.nstac.go.jp/use/literacy/ssdse/

SSDSE（教育用標準データセット）は、データ分析のための汎用素材として、独立行政法人統計センターが作成・公開している統計データです。主要な公的統計を地域別に一覧できる表形式のデータセットで、直ちにデータ分析に利用することができます。

SSDSE-市区町村（SSDSE-A）

様々な分野の市区町村別データを集めたデータセットです。
（1741 市区町村 × 多分野 124 項目）

（出典）総務省統計局「統計でみる市区町村のすがた（社会・人口統計体系）2022」

- ここからは、SSDSE（教育用標準データセット）を用いて、相関関係を確認していく。
- SSDSEは、データサイエンス教育のための汎用素材として公開している統計データであり、主要な公的統計の地域別データを表形式に編集したもので、欠測データがないので、直ちにデータ分析に使用できる。
- SSDSE-Aは、様々な分野の市区町村別データを集めたデータセットで 124 種類の市区町村別データが含まれている。

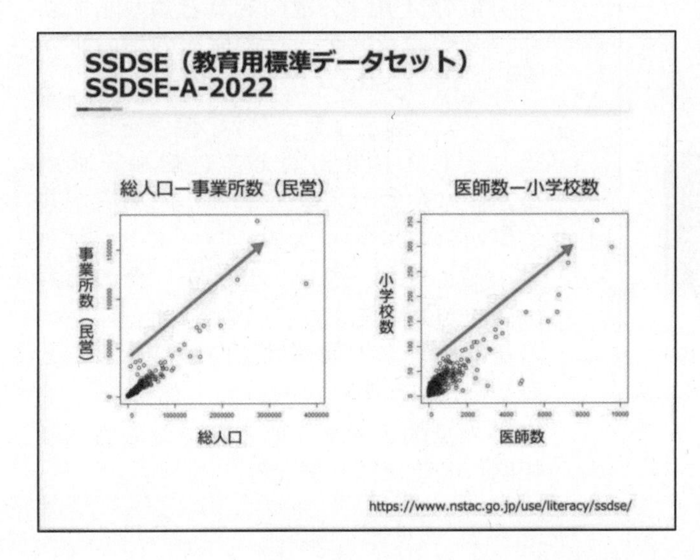

- この 2022 年データを使って、総人口と事業所数の散布図を描いてみると正の相関を確認することができる。
- また、医師数と小学校数について散布図を描いても同様に正の相関を確認することができる。
- 市区町村別の事業所数、医師数、小学校数など人口が少ない場合、小さな値を示すのに対して、人口が大きな市区町村では大きな値を示すことから正の相関が確認できる。

相関係数

相関係数

２つの量的データの間に線形的な関係があるかを計る尺度
-1から1の値をとる

$$r_{xy} = \frac{\mathrm{Cov}[X, Y]}{\sigma_x \sigma_y}$$

- 散布図の相関関係を-1～1の間の値で数値的に確認する指標として相関係数がある。
- 相関係数は２つの量的データ X と Y との間に線形的な関係がどの程度あるかを計る尺度である。

相関係数の求め方

量的データ(x_i, y_i)の共分散

$$\mathrm{Cov}[X, Y] = \frac{1}{n}\sum_{i=1}^{n}(x_i - \mu_x)(y_i - \mu_y)$$

をそれぞれの標準偏差

$$\sigma_x = \sqrt{\tfrac{1}{n}\textstyle\sum_{i=1}^{n}(x_i - \mu_x)^2}、\sigma_y = \sqrt{\tfrac{1}{n}\textstyle\sum_{i=1}^{n}(y_i - \mu_y)^2}$$

で標準化することで求める

- 相関係数は、２つの量的データの共分散をそれぞれの標準偏差で標準化することで求めることができる。

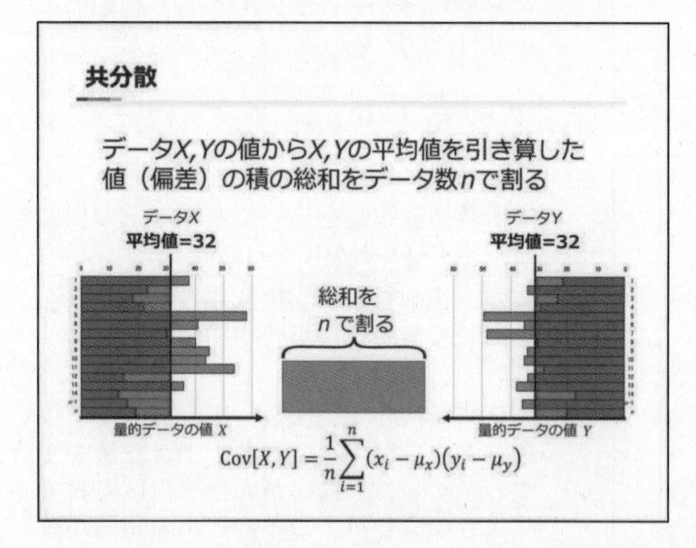

- ここで、共分散について詳しく見ていく。
- 共分散の計算は分散の計算と類似しており、２つの量的データの偏差の積の平均として定義される。
- データ X の偏差とデータ Y の偏差を集め、それぞれの積を計算して、総和を求める。これをデータ数 n で割ったものが共分散の値となる。
- 正の値のとき、２つの量的データの偏差は向きが揃っており、負の値のとき 2 つの量的データの偏差は逆向きであることを数値化したものである。
- ２つの量的データの偏差がでたらめ（無相関）の時ほぼ 0 となる。

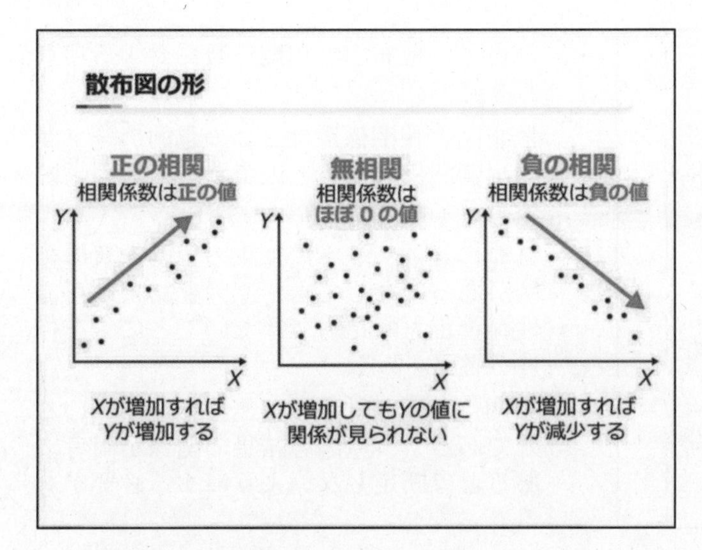

- 先ほどの散布図の形と相関係数の関係を確認しておく。
- 右肩上がりの正の相関の場合、相関係数は正の値となる。
- 無相関の場合相関係数はほぼ 0 の値を示す。
- また、右肩下がりの負の相関の場合、相関係数は負の値を取る。

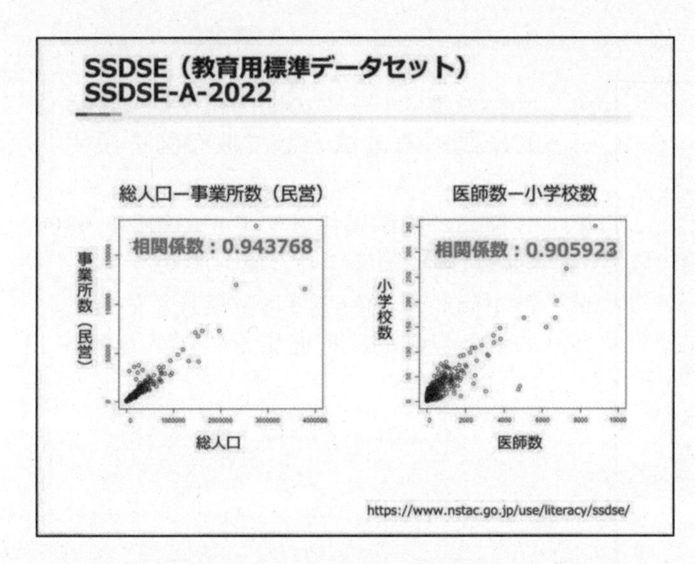

- 先ほど示した総人口と事業所数の散布図、医師数と小学校数の散布図に対応する相関係数は、それぞれ約 0.94、0.90 となる。
- SSDSE-A-2022 には 124 種類のデータが含まれているので、その組み合わせは約 1 万 5 千の組合せがある。
- 全ての散布図を描いて相関関係を目で見ることはとても大変だが、相関係数で数値化すれば、値として比較することで相関関係を確認することが可能となる。

SSDSE-A-2022から計算される相関係数の例

量的データ X	量的データ Y	相関係数
図書館数	市区町村財政　実質公債費比率	-0.178
飲食店数	市区町村財政　実質公債費比率	-0.135
漁業従業者数	外国人人口	-0.017
一般診療所数	公民館数	0.189
死亡数	義務教育学校数	0.235
世帯数	可住地面積	0.366
出生数	図書館数	0.701
可住地面積※	従業者数 農業・林業	0.753

※可住地面積・・・総面積から林野面積と主要湖沼面積を差し引いた居住可能な面積

- 次の表は、SSDSE-A-2022 から求めたいくつかの相関係数の例である。市区町村に対する量的データ間の相関係数は、色々な値を取ることがわかる。
- 例えば公共施設や商業施設数は実質公債費比率と負の相関を示すことがわかる。
- また、漁業従事者数は外国人人口とはほぼ無相関である一方で、可住地面積は農業・林業従業者数と正の相関を示している。人が住みえる土地面積が大きい市区町村に農業・林業に従事する人々が多いことがわかる。
- また、出生と図書館数が正の相関を示しているのに対して、死亡と義務教育学校数との間には弱い正の相関があることなども読み取れる。

注意点

散布図と相関係数は
2つの量的データ間の相関関係を見るためのもの
であって因果関係を示すものではありません

Y 正の相関 X
Y 負の相関 X

２つの量的データ間に
正の相関や負の相関が
あったとしても
因果関係があるとは
否定も断定もできない

- 最後に、散布図と相関係数に対する注意点を述べる。
- 散布図と相関係数は２つの量的データ間の相関関係を見るものであって、因果関係を示すものではない。
- ２つの量的データ間に正の相関や負の相関があったとしても、原因と結果の可能性が否定も断定もできないことに気を付ける必要がある。
- 相関は原因と結果の可能性を述べているのであって、原因と結果の関係が両者にあるとは断定しないようにする必要がある。

今回のポイント

- ２つの量的データの間の相関関係を視覚的に調べる方法として散布図を取り扱った
- 3つの相関関係（正の相関、無相関、負の相関）について述べた
- 散布図のパターンは相関係数により数値化することができる

- ２つの量的データの間の相関関係を視覚的に調べる方法として散布図を説明した。
- ３種類の相関関係として正の相関、無相関、負の相関について述べた。
- 散布図のパターンは相関係数を使うことにより数値的に把握することができることを述べた。

第７回　回帰分析

回帰分析

① 回帰直線とは？

② 計算例

③ まとめ

・　今回は、回帰直線についての解説と、実際の計算を行っていく。

回帰分析を理解する目的

回帰分析とは 与えられた散布図の関係性を説明する直線を１本引く分析手法

回帰直線により一方の値が与えられればもう一方の値の予測が可能

・　回帰分析とは、与えられた散布図の関係性を説明する直線を１本引く問題である。

・　２つの量的データの関係性をうまく説明できる回帰直線を使うと、一方の値が与えられたときにもう一方の値を予測することができるようになる。

回帰直線

回帰直線
2つの量的データの**散布図**に対して、全ての点に近い誤差を小さくする関係を示す直線

回帰直線を使うことで
*X*が与えられた場合に
*Y*の値がどの程度となるかを
予測できる

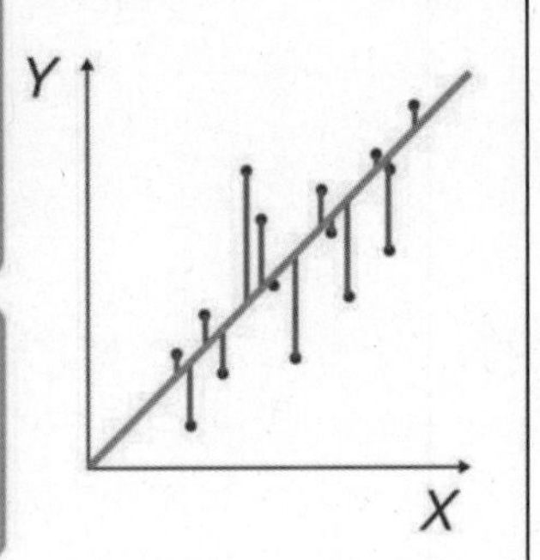

・　回帰直線はＹ切片ａ，傾きｂの直線の式として表現される。

・　数学的な導出過程についての説明は省くが、傾きｂは量的データＸとＹの共分散をＸの分散で割り算することで求められる。

・　また、Ｙ切片ａはデータＹの平均値から傾きｂとデータＸの平均値を引き算することで求めることができる。

相関係数

相関係数…２つの量的データ$(x_i, y_i)(i=1,\cdots,n)$との間に線形的な関係がどの程度あるかを計る尺度であり、-1から1の値をとる

$$r_{xy} = \frac{\mathrm{Cov}[X,Y]}{\sigma_x \sigma_y}$$

量的データ(x_i, y_i)の共分散

$$\mathrm{Cov}[X,Y] = \frac{1}{n}\sum_{i=1}^{n}(x_i - \mu_x)(y_i - \mu_y)$$

をそれぞれの標準偏差

$$\sigma_x = \sqrt{\frac{1}{n}\sum_{i=1}^{n}(x_i - \mu_x)^2}、\ \sigma_y = \sqrt{\frac{1}{n}\sum_{i=1}^{n}(y_i - \mu_y)^2}$$

で標準化することで求める

- 前回、散布図の相関関係を-1 から 1 の間の値で数値的に確認する指標として相関係数を扱った。
- 相関係数は２つの量的データ X と Y との間に線形的な関係がどの程度あるかを計る尺度であった。
- 相関係数は２つの量的データの共分散をそれぞれの標準偏差で割り算することで求められる値であった。

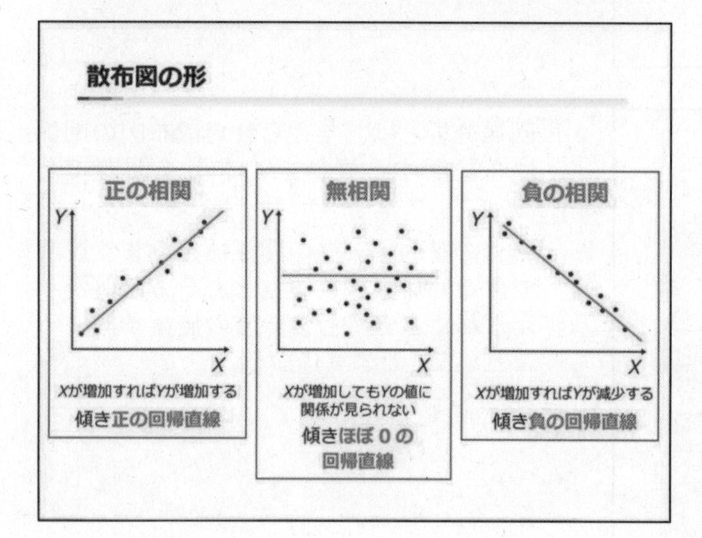

- 散布図の形と相関係数との間には大まかに３種類のパターンがあった。
  ① 右肩上がりの正の相関では、相関係数は正の値となった。
  ② 無相関では、相関係数はほぼ 0 の値を示した。
  ③ 右肩下がりの負の相関では、相関係数は負の値を取った。
- 回帰直線の傾きは相関係数の値と対応している。
  ① 正の相関の場合、傾きが正の回帰直線を描く。
  ② 無相関の場合、傾きがほぼ 0 の回帰直線となる。
  ③ 負の相関では、傾きが負の回帰直線が描かれる。

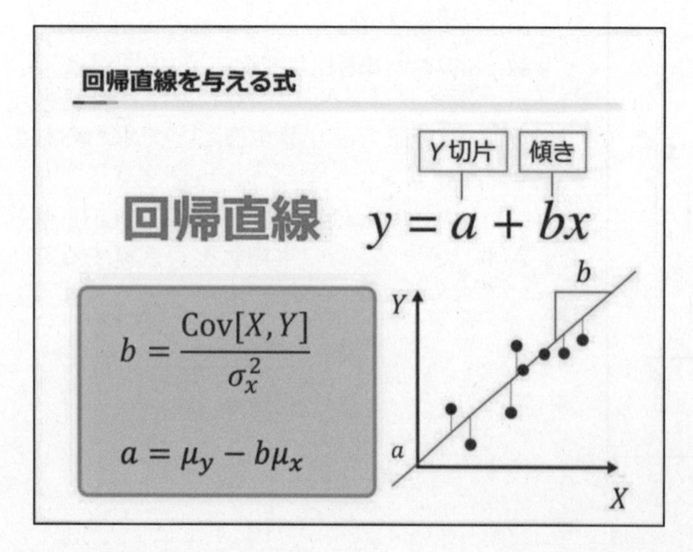

- 回帰直線はＹ切片 a，傾き b の直線の式として表現される。
- 数学的な導出過程についての説明は省略するが、傾き b は量的データ X と Y の共分散を X の分散で割り算することで求められる。
- また、Y 切片 a はデータ Y の平均値から傾き b とデータ X の平均値を引き算することで求めることができる。

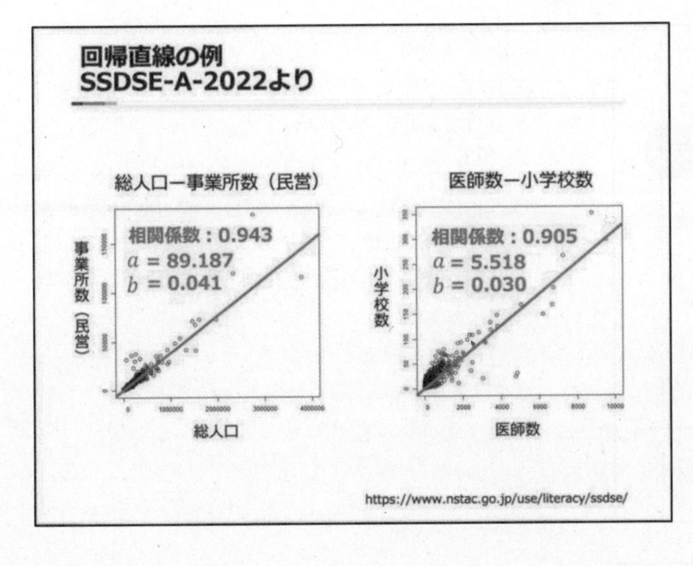

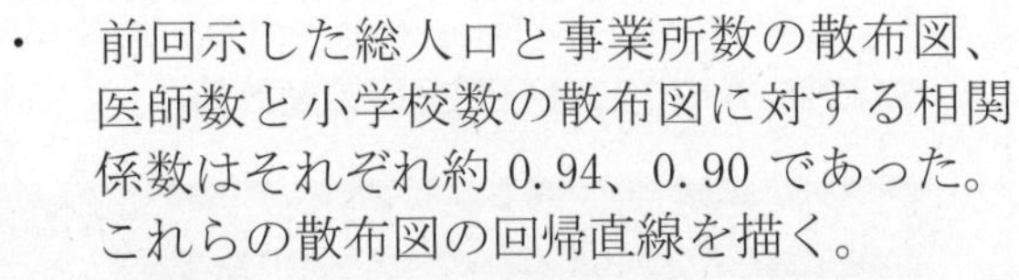

・ 前回示した総人口と事業所数の散布図、医師数と小学校数の散布図に対する相関係数はそれぞれ約 0.94、0.90 であった。これらの散布図の回帰直線を描く。

・ 赤線が、総人口と事業所数の散布図、医師数と小学校数の散布図に対応する回帰直線であり、相関係数が 1 に近く正の値をとるので、右型上がりの正の傾きをもつ直線が得られる。

・ 総人口と事業所数の散布図では、Y 切片 a は89.187、傾きbは0.041と求められる。

・ 医師数と小学校数の場合、Y 切片 a が 5.518、傾き b が 0.03 と得られる。

・ どちらも相関係数が 0.9 以上なので、正の相関を示しており右肩上がりの回帰直線が得られている。

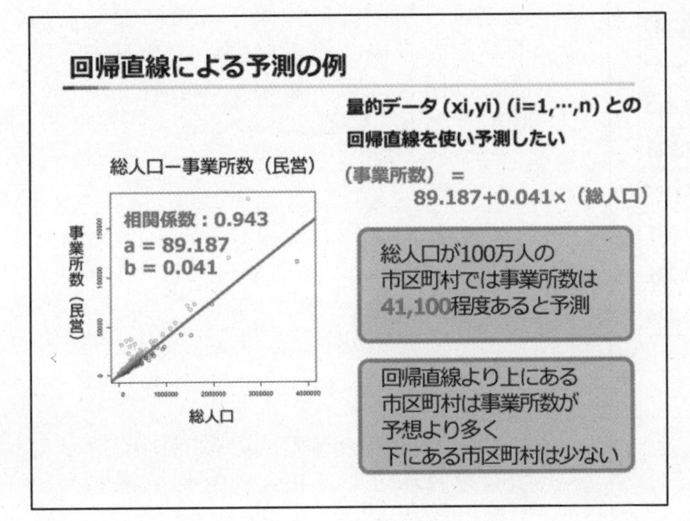

・ 関係数が 1 または-1 に近い正の相関性、または負の相関性を示す散布図に対する回帰直線を使って、一方の値から他方の値を予想することができる。

・ この図は総人口と事業所数との散布図とその回帰直線であり、回帰直線の式から、(事業所数)=89.187+0.041×(総人口)と求められるので、もし総人口が 100 万人の市区町村があると、事業所数は 41,100 程度存在すると見込まれることになる。

・ 回帰直線より上側にある市区町村は、事業所数が回帰直線で予想される値より多く存在しており、回帰直線より下側にある市区町村は予測される値より少ないと判断できる。

・ また回帰直線より上側にある市区町村は、事業所数が回帰直線で予測される値より多く存在しており、回帰直線より下側にある市区町村は予測される値より少ないと判断できる。

SSDSE-A-2022から回帰直線を計算

SSDSE-市区町村（SSDSE-A）

様々な分野の市区町村別データを集めたデータセットです。
（1741 市区町村 × 多分野 124 項目）

量的データ X 124 項目 × 量的データ Y 124 項目

Y X

約１万５千の組合せ

- SSDSE-A-2022 には 124 種類のデータが含まれているので、その組み合わせは約 1 万 5 千の組合せがあった。
- 全ての散布図に対して、回帰直線を求め、回帰係数 a と b を２つの量的データの組み合わせについて調べることにより、相関係数同様に関係性の理解が容易になる。

SSDSE-A-2022から計算される回帰直線の例

量的データ X	量的データ Y	相関係数	Y 切片	傾き
図書館数	市区町村財政　実質公債費比率	-0.178	7.842	-0.274
飲食店数	市区町村財政　実質公債費比率	-0.135	7.504	-5.7×10^{-4}
漁業従業者数	外国人人口	-0.017	1398	-9.240
一般診療所数	公民館数	0.189	40.71	2.328
死亡数	義務教育学校数	0.235	0.031	5.2×10^{-5}
世帯数	可住地面積	0.366	6061	0.031
出生数	図書館数	0.701	1.213	0.001
可住地面積※	従業者数 農業・林業	0.753	13.04	0.024

※可住地面積・・・総面積から林野面積と主要湖沼面積を差し引いた居住可能な面積

- 例えば、前回示した、SSDSD-A-2022 から２つの量的データに対する相関係数と回帰直線の Y 切片、傾きについて求めると、負の相関では、傾きは負になり右肩下がりの直線、正の相関係数を有する関係では傾きは正の値を示し右肩上がりの直線となっている。

今回のポイント

- 2つの量的データの間の散布図に対して傾向を直線としてとらえる回帰直線について取り扱った
- 回帰直線は3つの相関関係（正の相関、負の相関、無相関）に対して、それぞれ右肩上がり、右肩下がり、ほぼフラットの3つのパターンがある
- 正の相関、または負の相関がある散布図に対して、回帰直線を使い一方の値から他方の値を予測することができる

- ２つの量的データの間の散布図に対して傾向を直線として捉える回帰直線について扱った。
- 回帰直線は３つの相関関係（正の相関、負の相関、無相関）に対応して、それぞれ右肩あがり、右肩下がり、ほぼフラットの３つのパターンがある。
- 正の相関、または負の相関がある散布図に対して、回帰直線を使い、一方の値から他方の値を予測することができる。

第８回　標本分布

標本分布とは

① 標本調査と標本分布

② サイコロを例に確認

③ まとめ

・ 今回は、標本調査と標本分布について説明した後、さいころを例にその考え方を確認して行く。

標本分布を理解する目的

標本分布を知ることは
統計値のもつ不確実性を考慮して
意思決定を行う上での助けになる

標本分布により無作為に取り出した
部分観測によるデータ（標本）から
全体（母集団）の統計値についての
差異に対する手がかりが得られる

・ 標本分布を知ることは、有限のデータから計算される統計値のもつ不確実性を考慮して意思決定を行う上で、理解の助けになる。

・ 標本分布により、無作為に取り出した部分観測によるデータ（標本）から全体（母集団）の統計値についての差異に対する手がかりを得ることができる。

全てを調査することはとても困難である

人口推計　（2022年12月）

<総人口>　1億2484万人

総務省統計局（2022 年 12 月 20 日公表）

総務省統計局　https://www.stat.go.jp/data/jinsui/pdf/202212.pdf

・ 2022 年 12 月の日本の総人口は１億 2484 万人であったそうだが、日本人全てに質問をして調査することはとても大変なことである。

・ 人が一生の間で出会ったり、お話したり、すれ違う等の延べ人数が、おおよそ１億人とも言われることから、日本の全ての人に質問して調査することは、一人の一生以上の労力が必要な大変さと言える。

標本調査

全てを調査しなくても うまく取りだした部分からおおよその全体を推計できる

このような部分調査から全数を推測する方法を

標本調査

と呼びます

- そのため、全てを調査しなくても、うまく部分を取り出し、何人かに質問して調査することで、全体がおおよそどのようになっているかを推計することが通常行われている。
- このような一部の調査対象に対する調査の方法を「標本調査」と呼ぶ。
- 多くの公的統計や商業的な調査は、ほとんどが標本調査により行われている。

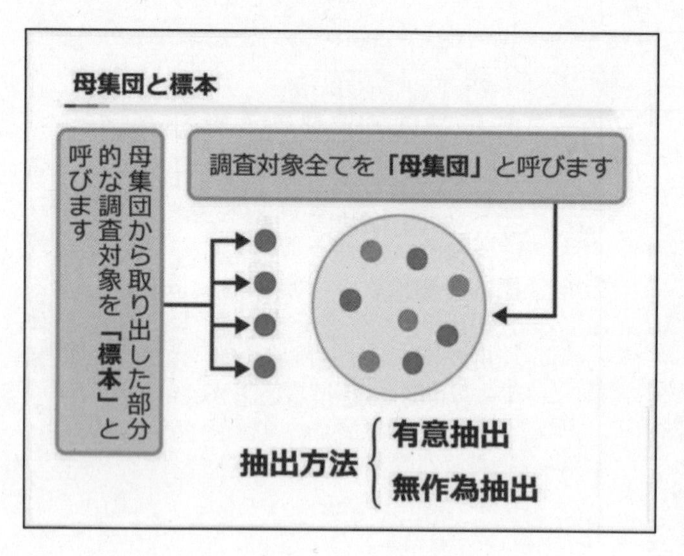

- 標本調査における調査対象全てを「母集団」、その母集団から取り出した部分的な調査対象を「標本」と呼ぶ。
- 標本の選び方にはいろいろな選び方があり、標本の選び方を抽出方法と言う。
- 抽出方法には、代表的や典型的と考えられる調査対象を抽出する有意抽出と、調査対象全ての名簿から乱数などでランダムに調査対象を決定する無作為抽出がある。

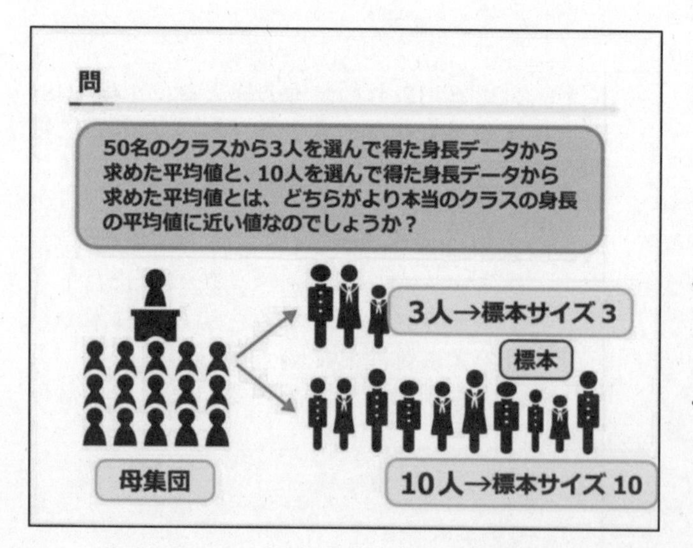

- ここで問題を簡単にするため、50 名のクラスから3人を選んで得た身長データから求めた平均値と、10 人を選んで得た身長データから求めた平均値とは、どちらがより本当のクラスの身長の平均値に近い値であるかについて考えてみる。
- ここで、50 人のクラスが母集団であり、3人または 10 人の選ばれた人たちは標本に対応している。
- そして、標本に含まれるデータ数を「標本サイズ」と呼ぶ。

実際にやってみよう

50人分の身長データ（cm）

168 161 170 150 163 165 157 152 165 151 157 151
159 168 158 156 163 171 166 172 172 169 154 154
156 161 152 152 156 170 151 167 158 170 162 156
154 170 157 165 158 157 168 153 161 154 169 162
169 159

平均　160.78cm　母平均

上記データからランダムに抽出（3人分）

167 156 165

平均　162.67cm　標本平均

上記データからランダムに抽出（10人分）

157 162 158 170 156
157 163 151 158 162

平均　159.4cm　標本平均

- 50人から3人や10人を取り出す選び方はいろいろある。また、3人で計算した身長の平均よりも10人で計算した身長の平均のほうがより正確な50人クラスの身長の平均値であるように感じる。
- ここで、標本から計算される平均を標本平均、50人のクラスの全員の身長から求められる平均を母平均と呼び区別する。

標本分布とは

同じ母集団から異なる標本を繰り返し無作為抽出して求めた統計量（平均値や比率）の度数分布やヒストグラムのことを**標本分布**と呼ぶ

度数

階級値

- 標本から計算される統計量（標本平均や標本比率）は、母集団の母数（母平均や母比率）の近似値であり、異なる標本に対しては、若干異なる値になる。
- 同じ母集団から、繰り返し調査をおこなって、異なる標本を得て、統計量を求めたとき、統計量（標本平均や標本比率）の度数分布表、または、そのヒストグラムのことを標本分布と呼ぶ。

母集団と標本

- 母集団・・・調査対象の全て
- 母数・・・・母平均や母比率など母集団に対して計算される値
- 標本・・・・調査対象全てから一部分を取り出したもの
- 標本サイズ・一度の標本の取り出しで得られるデータの数
- 標本数・・・繰り返し標本を取り出したときに得られる標本の総数
- 統計量・・・標本平均や標本比率など標本から計算される値
- 標本分布・・繰り返し標本を抽出して統計量を求めたとしたときの度数分布表またはヒストグラム

- ここまで出てきた用語の確認を行う。

① 母集団とは、調査対象の全て

② 母数とは、平均や比率など母集団に対して計算される値

③ 標本とは、調査対象全てから一部分を取り出したもの

④ 標本サイズは、一度の標本の取り出しで得られるデータの数

⑤ 標本数は、繰り返し標本を取り出したときに得られる標本の総数

⑥ 統計量とは、標本平均や標本比率など標本から計算される値

⑦ 標本分布とは、繰り返し標本を抽出して統計量を求めたとしたときの度数分布表またはヒストグラムのこと

サイコロで標本分布を確認

サイコロをふったときに出る目の平均値はいくらか？

理想的には等しい確率で1～6が出現するので
平均値は 3.5

3回サイコロをふって5, 3, 6が出た
平均値は 約4.6

10回サイコロをふって3, 5, 3, 2, 1, 4, 4, 2, 6, 5が出た
平均値は 3.5

少数のデータから求めた平均は母平均から乖離が大きく
データ数を増やすと正確な値に近づいていく

・ それでは、「さいころをふったときに出る目の平均値はいくらか？」を考えていく。

・ 理想的には等しい確率で１～６が出現するはずなので、平均値は 3.5 となる。

・ ３回さいころをふって５、３、６の場合、平均値は 4.6 となる。

・ 次に 10 回さいころをふって３、５、３、２、１、４、４、２、６、５が出た場合、平均値は 3.5 となる。

・ この例からは、少数のデータから求めた平均は母平均から乖離が大きく、データ数を増やすと正確な値に近づいていくことがわかる。

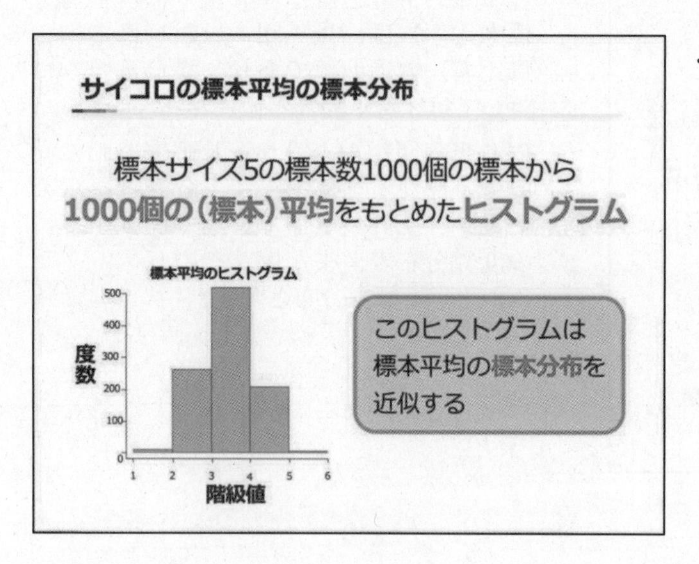

・ 標本サイズ５の標本数 1,000 個の標本から 1,000 個の平均を求めて、階級幅１として度数分布表を作成し、ヒストグラムを求めると、このヒストグラムは標本平均の標本分布を与えている。

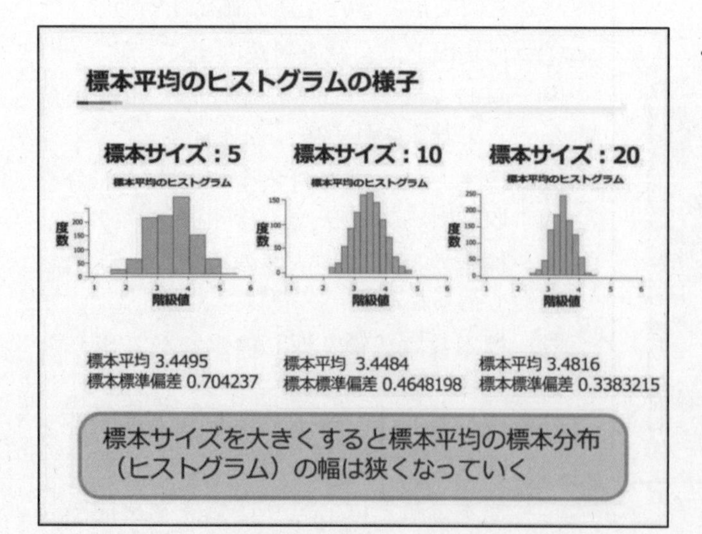

・ そして標本サイズ５、標本サイズ 10、標本サイズ 20 に対する標本平均のヒストグラムを比較すると、標本サイズを大きくするにつれて標本平均のヒストグラムの幅が狭くなっていくことがわかる。

標本平均の標本ヒストグラム

標本平均の標本分布（ヒストグラムで近似）は
標本サイズを大きくするにつれて散らばりが
小さくなり　ある一定の値に近づいていく

n=250

度数

階級値

- 次に、標本サイズを順次大きくしながら標本平均の標本分布を標本数 1,000 に対して計算する。
- 標本平均の標本分布（ヒストグラム）は、標本サイズを大きくするにつれて散らばりが小さくなり、ある一定の値に近づいていくことがわかる。

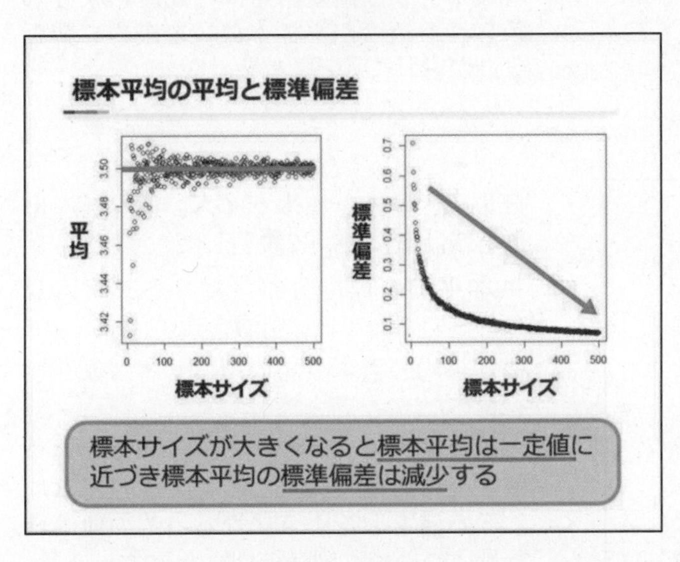

- 標本サイズを変化させながら標本数 1,000 の標本から計算される標本平均とその標準偏差を求めると、標本平均は標本サイズが大きいほど、ある一定の値、3.5 に近づき、その標準偏差は減少していくことが読み取れる。

標本から計算される標本平均の意味

データ数（標本サイズ）が小さなデータから
計算される統計量（平均や比率）は標準偏差の
大きな標本分布に従っている

データ数（標本サイズ）が大きなデータから
計算される統計量（平均や比率）は標準偏差の
小さな標本分布に従っている

データ数が増えるにつれ、標本平均が従う
標本分布の散らばり（標準偏差）は小さくなる

- さいころのシミュレーションの結果をまとめると、以下のことがわかった。

① データ数（標本サイズ）が小さなデータから計算される統計量（平均や比率）は、標準偏差の大きな標本分布に従っている。

② データ数（標本サイズ）が大きなデータから計算される統計量（平均や比率）は、標準偏差の小さな標本分布に従っている。

③ データ数が増えるにつれ、標本平均が従う標本分布の散らばり（標準偏差）は、小さくなる。

公的統計における調査統計の例

調査名	部局	調査対象数（標本サイズ）
令和３年 社会生活基本調査	総務省統計局	約９万１千世帯の 10 歳以上約 19 万人
家計調査	総務省統計局	２人以上 8076 世帯 +単身 673 世帯
個人企業経済調査	総務省統計局	約４万事業所
労働力調査	総務省統計局	約４万世帯の 15歳以上の者約10万人
国民生活基礎調査	厚生労働省	約30万世帯、約72万人

・　いくつかの公的統計において、標本サイズがどの程度であるかを見ていく。

①　社会生活基本調査では、約９万１千世帯の 10 歳以上約 19 万人

②　家計調査では、２人以上で 8,076 世帯、単身では 673 世帯

③　個人企業経済調査では、約４万事業所

④　労働力調査では、約４万世帯の 15 歳以上の者約 10 万人

⑤　国民生活基礎調査では、全国から無作為抽出された区画の全世帯を対象として約 30 万世帯、72 万人

・　公的統計における標本サイズには色々なものがあり、調査の手間と調査結果で求められる精度から標本分布を決めて調査設計がされている。

今回のポイント

- 母集団、標本と標本サイズ、標本数、母数と統計量について説明した
- 標本平均の標本分布（ヒストグラム）をサイコロを例に計算してみた
- 標本平均の標本分布（ヒストグラム）の標本サイズ依存性を調べた

・　母集団、標本と標本サイズ、標本数、母数と統計量について説明した。

・　標本平均の標本分布（ヒストグラム）を、さいころを例に計算した。

・　標本平均の標本分布の標本サイズ依存性を調べた。

・　標本サイズを大きくすると、標本平均の標本分布の幅は狭くなっていき、母平均に近い値を取るようになる。その他の統計量についても同様の性質を示す。

第９回　信頼区間

信頼区間

① サイコロで考える

② 信頼区間とは？

③ まとめ

- 今回は、信頼区間について、さいころを使った実験なども用いて解説していく。

信頼区間を理解する目的

標本を取り出したときに計算される統計量（例えば平均値や比率など）には標本分布がある

信頼区間は標本分布の平均からの標準偏差の幅で見積もられる

信頼区間を理解すると標本から計算される統計量の確からしさを量的に測定できるようになる

- 前回、標本を取り出したときに計算される統計量（例えば平均値や比率など）には、標本分布があることについて述べた。
- 信頼区間は、標本分布の平均からの標準偏差の幅で見積もられる、統計量の乖離の程度のことである。
- 信頼区間を理解すると、標本から計算される統計量の確からしさを量的に測定できるようになる。

標本から計算される比率の妥当性について

① 50打数12安打の打者の打率は、本当に2割4分と考えてもよいのでしょうか？

② 50名に商品Aについて調査し、12名が利用していると答えたときの普及率は本当に24%と考えてもよいのでしょうか？

- 標本から計算される比率の妥当性について、以下の問題で考えてみる。以下の二つの問は数学的には全く同じことを問うている。

① 50 打数 12 安打の打者の打率は、本当に２割４分と考えてよいのか。

② 50 名に商品 A について調査した時、12 名が利用していると答えたときの普及率は、本当に 24%と考えてもよいのか。

- これら質問に対する答えは、前回取り扱った標本分布と今回取り扱う信頼区間の知識を用いることで、考えることができる。

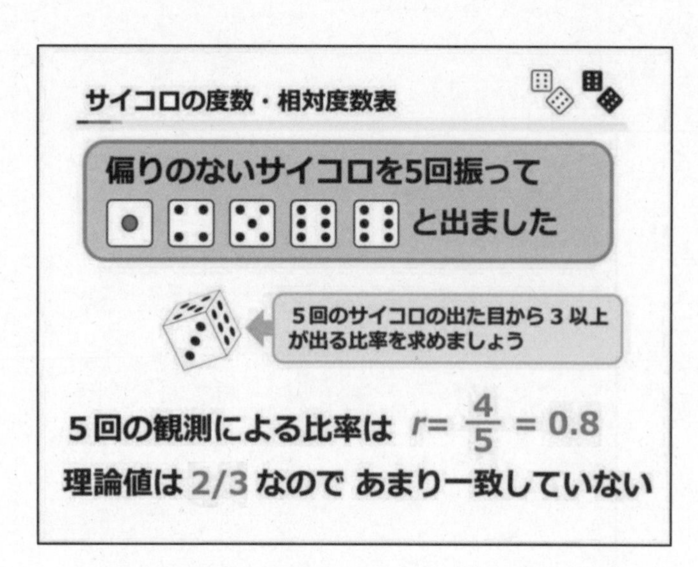

・ 偏りのないさいころを5回振って1、4、5、6、6と出たとして、3以上が出る比率をこの5回のさいころの出た目から求めてみる。

・ 5回の観測から得られる比率は、5回中4回出たことから0.8となる。

・ 実際には、1～6は等しい確率で出るので、3以上が出る確率は 2/3 になるはずだが、5回だけの測定ではあまり一致しないようである。

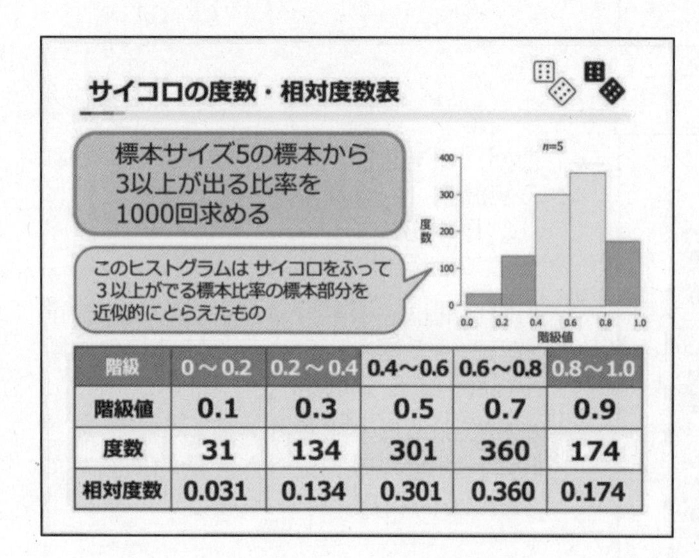

階級	0～0.2	0.2～0.4	0.4～0.6	0.6～0.8	0.8～1.0
階級値	0.1	0.3	0.5	0.7	0.9
度数	31	134	301	360	174
相対度数	0.031	0.134	0.301	0.360	0.174

・ 標本サイズ 5 の標本から3以上がでる比率を1,000回求めてみると、2/3周辺での比率が一段と高い頻度で得られていることがわかる。

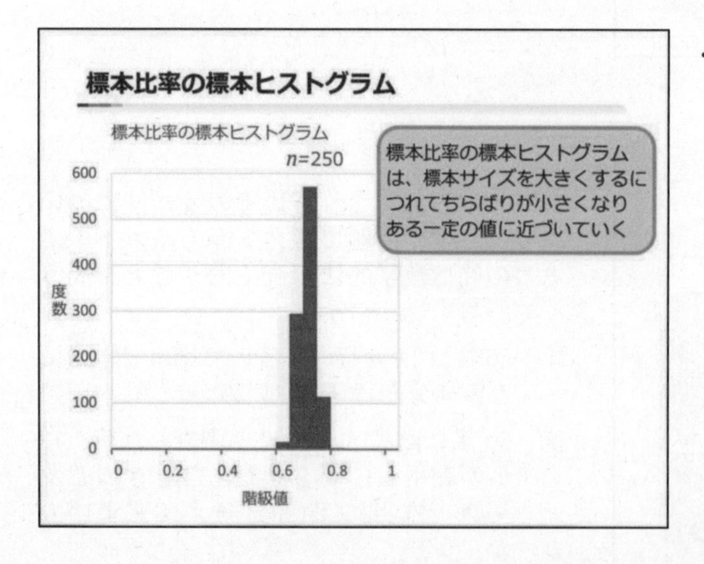

・ 次に標本サイズを増やしていくと、標本比率の標本ヒストグラムは標本サイズを大きくするにつれて散らばりが小さくなり、ある一定の値に近づいているように見える。

標本比率の平均と標準偏差

標本比率の平均は
標本サイズnに依存しない

標本比率の標準偏差は
標本サイズnが増加する
につれて減少する

2/3

標本比率の標本分布の標準偏差は真の比率（母比率）の信頼度を与える

- 標本サイズを変化させながら、3以上がでる比率の平均と標準偏差を計算してみると、標本比率の平均は標本サイズ n によらずほぼ一定の値を取っているが、標準偏差は標本サイズが増加するにつれて減少している。
- 標本比率の標準偏差は、真の比率と標本比率との誤差に対応している。

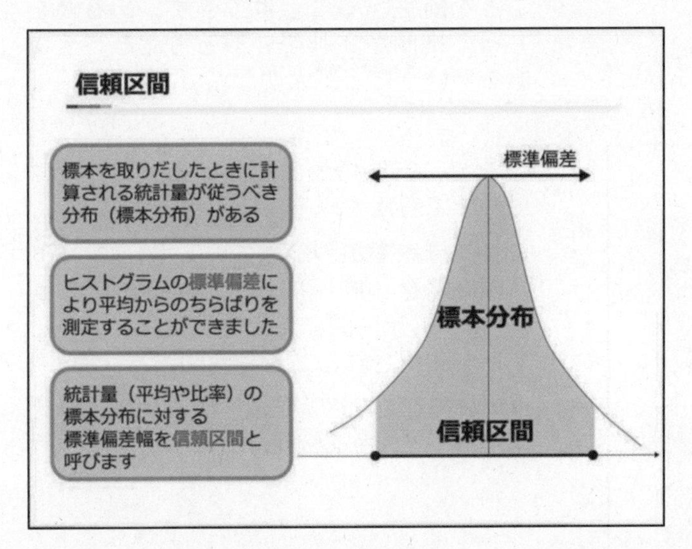

- 標本は、母集団の一部を取り出したものであるため、平均や比率などの統計量が従うべき分布（標本分布）がある。
- ヒストグラムの標準偏差により、平均からの散らばりを測定でき、この散らばりの幅は標本分布の標準偏差程度の広がりを持っている。
- この標本分布の標準偏差程度の区間を信頼区間と呼ぶ。特に標本分布において、平均のまわりに 95%の範囲におさまる区間を 95%信頼区間と呼ぶ。

標本比率の区間推定

95%信頼区間は正規分布の平均値から±1.96σであり、分散についても母比率pを標本比率$\hat{p}$で近似することにより、95%信頼区間は

$$\hat{p} - 1.96\sqrt{\frac{\hat{p}(1-\hat{p})}{n}} \leq p \leq \hat{p} + 1.96\sqrt{\frac{\hat{p}(1-\hat{p})}{n}}$$

と求められる
試行回数nが大きい場合、標本比率$\hat{p} = X/n$とすると、標本比率$\hat{p}$が従うべき標本分布は正規分布$N(p, p(1-p)/n)$で近似できる

- 詳細については割愛するが、数学的な計算により、標本比率の 95%信頼区間は次の不等式で求めることができる。

標本比率の信頼区間の例

50回コイン投げを行い、表が12回(裏が38回)出たとする。
この時の標本比率 $\hat{p}$ =0.24の95%信頼区間は

$$0.24 - 1.96\sqrt{\frac{0.24\times0.76}{50}} \le p \le 0.24 + 1.96\sqrt{\frac{0.24\times0.76}{50}}$$

$$0.122 \le p \le 0.358$$

50打数12安打の打者の打率は
95%信頼区間0.122～0.358である

50名に商品Aについて調査した時12名が利用
していると答えたときの普及率は
95%信頼区間0.122～0.358である

- この 95%信頼区間の式を使い、50 回のコイン投げを行った時に、表が 12 回（裏が 38 回）出た場合、つまり標本比率が 0.24 になる場合の、95%信頼区間を求めてみると、不等式の範囲は 0.122～0.358 となる。
- この信頼区間は最初に触れた、50 打数 12 安打の打者の打率と、50 名に商品 A について調査した時 12 名が利用していると答えたときの普及率が本当に 0.24 と言ってよいかという質問の答えになっている。
- 打率、普及率ともに、95％信頼区間 0.122～0.358 に入るといえる。
- 少数の標本から調べた統計量では完全なことを断定することはできず、ある幅をもって推測がされていると考えるべきであるということが大切な点である。

95%信頼区間の95%の意味

母比率が分かっている場合に
95%信頼区間を100回計算してみると
母比率は95回は95%信頼区間に
含まれることが確認される

(5回は95%信頼区間の外側に母比率がある)

- ここで、95%信頼区間の「95%」の意味について考えてみる。
- これは母比率がわかっている場合に、95%信頼区間を 100 回計算してみると、95 回は 95%信頼区間に母比率が含まれていることが確認されることを意味する。
- 反対に 5 回は 95%信頼区間の外側に母比率があることが認められる。

例

偏りのないコイン(母比率0.5)を100回投げて
表が出る回数と95%信頼区間の関係を調べてみる

- 表が41回～59回出る確率は約95%
- 標本比率0.41～0.59の場合、95%信頼区間は母比率0.5を含む

- 表が0回～40回または60回～100回出る確率は約5%
- 標本比率0～0.4または0.6～1の場合 95%信頼区間は母比率0.5を含まない

- なぜこのようなことが言えるかについて考えてみる。
- 偏りのないコイン（母比率 0.5）を 100 回投げて表がでる回数と 95%信頼区間の関係を調べてみる。
- 数学的な導出については省略するが、表が 41 回～59 回出る確率は約 95%である。標本比率は表が出た回数を 100 で割って求めるので、標本比率 0.41～0.59 の場合が対応する。
- この標本比率から計算される 95%信頼区間は、母比率である 0.5 を含む値となる。
- 他方、表が 0 回～40 回または 60 回～100 回出る確率は約 5%であり、標本比率 0～0.4 または 0.6～1 の場合、95%信頼区間は母比率 0.5 を含まない。

今回のポイント

- 統計量（平均や比率など）の標本分布から計算される標準偏差は信頼区間を代表する
- 標本比率の95%信頼区間について事例を述べた

- 統計量の標本分布から計算される標準偏差により、統計量の信頼区間を代表する考え方について解説した。
- 標本比率の 95％信頼区間について、事例を紹介した。

第３週：データの見方と表し方

第３週では、データの見方と表し方として、統計分析の実践として、日ごろ目にすることの多いデータの見方やグラフの使い方などを中心に学ぶ。各回の内容とその目標を以下に示す。

	内容	到達目標
第１回	統計表の見方	統計データの種類や統計表の形式について理解する。
第２回	比率の見方①　クロスセクションデータ	クロスセクションデータの分析として、比率の見方について理解する。
第３回	比率の見方②　使い方と注意点	比率を使った分析方法、比率を使う際の注意点について理解し、分析できるようになる。
第４回	時系列データの見方①	時系列データの観測頻度のほか、時系列データを比較するための指数化と実質化について理解する。
第５回	時系列データの見方②	時系列データには、トレンドと季節性という基本的な成分があること、季節調整などの分析方法について理解する。
第６回	グラフの選び方①	データをグラフで可視化する目的及び目的に応じたグラフの選び方について理解する。
第７回	グラフの選び方②	量的データの分布を観察・比較する方法として、ヒストグラム・箱ひげ図・散布図について理解する。
第８回	グラフを作る時・読む時の注意点	グラフを作る時、読む時に注意する点について理解する。

第１回　統計表の見方

統計データの分類

- 時系列データ
- クロスセクションデータ
- パネルデータ

・　統計データには様々な種類があり、ここでは、時系列データ、クロスセクションデータ、パネルデータについて紹介していく。

時系列データ

- 1つの項目について 時間に沿って 集めたデータ
- 時間に沿った変化を分析できる！

日本の人口（5年ごと）

西暦（年）	人口（総数）
1955	90,076,594
1960	94,301,623
1965	99,209,137
1970	104,665,171
1975	111,939,643
1980	117,060,396
1985	121,048,923
1990	123,611,167
1995	125,570,246
2000	126,925,843
2005	127,767,994
2010	128,057,352
2015	127,094,745
2020	126,146,099

データの出典：国勢調査（総務省統計局）

東京の気温　2022年9月（日ごと）

日	気温(℃)			日	気温(℃)		
	平均	最高	最低		平均	最高	最低
1	27.1	32.7	23.6	16	25.1	31.1	19.5
2	23.2	25.1	21.4	17	26.9	31.1	22.8
3	24.6	29.1	21.5	18	25.2	26.7	23.7
4	26.1	31.8	23.1	19	27.1	30.8	24.7
5	26.6	31.3	23.9	20	22.3	27.8	17.0
6	27.8	32.0	23.9	21	19.5	24.2	16.5
7	26.8	30.0	24.4	22	20.3	24.9	17.2
8	23.5	26.0	21.4	23	21.7	25.1	19.0
9	24.5	28.8	21.6	24	23.1	25.8	20.5
10	25.3	30.6	22.0	25	22.9	27.6	20.1
11	24.4	28.3	21.3	26	23.3	29.1	18.5
12	25.8	30.9	22.3	27	23.2	29.0	19.4
13	26.1	31.2	22.0	28	22.8	27.5	18.7
14	26.7	32.3	22.9	29	22.4	26.7	20.3
15	23.6	27.1	20.9	30	23.2	28.3	19.2

データの出典：気象庁

・　時系列データは、一つの項目について、時間に沿って集めたデータのことである。

・　例えば、日本の５年ごとの人口のデータや、2022 年９月の東京の毎日の気温データなどがあげられる。

・　時系列データは、時間に沿った変化を分析することが可能。

クロスセクションデータ

- ある時点における 場所・グループ別などに記録した複数の項目を集めた データ
- 時点を固定して 複数の項目間の分析ができる！

住宅・土地統計調査 平成30年　表番号1-1-1

時間軸(年次)	地域	総数	居住世帯あり	同居世帯なし	同居世帯あり	居住世帯なし	一時現在者のみ	空き家	二次的住宅	別荘
2018年	北海道	2,807,200	2,416,700	2,400,700	16,000	390,500	5,200	379,800	8,900	5,000
2018年	青森県	592,400	501,500	498,300	3,200	91,000	1,700	88,700	2,200	1,100
2018年	岩手県	579,300	483,600	481,800	1,800	95,700	1,800	93,500	3,500	2,000
2018年	宮城県	1,089,300	953,600	950,000	3,500	135,700	3,400	130,500	3,700	2,000
2018年	秋田県	445,700	383,800	381,600	2,100	61,900	600	60,800	1,200	600
2018年	山形県	449,000	393,200	392,200	1,100	55,700	1,100	54,200	1,700	700
2018年	福島県	861,300	731,100	727,900	3,200	130,200	5,600	123,500	5,500	3,300
2018年	茨城県	1,328,900	1,126,600	1,121,000	5,600	202,300	3,500	197,200	9,000	5,300
2018年	栃木県	926,700	761,400	757,000	4,400	165,400	3,200	160,700	16,300	14,600
2018年	群馬県	949,000	786,600	783,100	3,400	162,400	3,100	158,300	14,800	12,600
2018年	埼玉県	3,384,700	3,023,300	3,004,100	19,100	361,500	7,600	346,200	7,400	2,500
2018年	千葉県	3,029,800	2,635,200	2,622,000	13,200	394,600	6,600	382,500	23,600	17,600
2018年	東京都	7,671,600	6,805,500	6,762,600	42,900	866,100	47,200	809,900	9,300	1,500
⋮	⋮	⋮	⋮	⋮	⋮	⋮	⋮	⋮	⋮	⋮

データの出典：住宅・土地統計調査（総務省統計局）

・　クロスセクションデータは、ある時点における場所・グループ別などに記録した複数の項目を集めたデータのこと。

・　例えば、この表は平成 30 年、西暦で 2018 年の都道府県別の住宅の状況、居住世帯のあり、なしなどについて記録した統計表である。

・　2018 年という一時点で、グループ別の複数の項目が集まっている。時点を固定して、複数の項目間の違いや関係を分析することが可能。

パネルデータ

- 同一の調査対象（標本）について複数の項目を継続的に調べて記録したデータ
  - ⇨ クロスセクションデータを各主体ごとに時系列方向に拡大したデータ
- 項目間の関係を時系列に沿って分析できる！

複数の個人に記録してもらった家計簿のデータ

ID	年月	居住地	収入	支出	…
100123	2020.1	北海道	35万	30万	
100123	2020.2	北海道	36万	32万	
⋮	⋮	⋮	⋮	⋮	…
100124	2020.1	北海道	27万	29万	
100124	2020.2	北海道	26万	25万	
⋮	⋮	⋮	⋮	⋮	…

都道府県の複数項目からなるデータ

都道府県	年	人口	世帯数	出生数	…
北海道	2001				
北海道	2002				
⋮	⋮	⋮	⋮	⋮	…
青森県	2001				
青森県	2002				
⋮	⋮	⋮	⋮	⋮	…

- パネルデータは、同一の調査対象について複数の項目を継続的に調べて記録したデータのこと。
- 言い換えると、クロスセクションデータを主体ごと（左の表では ID ごと、右の表では都道府県ごと）に、時系列方向に拡大したデータである。
- 例えば、複数の個人に記録してもらった家計簿のデータや、ある企業の複数項目からなる業績を時系列データにしてまとめたものなどがパネルデータである。
- 都道府県別時系列データも、一種のパネルデータであり、項目間の関係を時系列に沿って分析することができる。

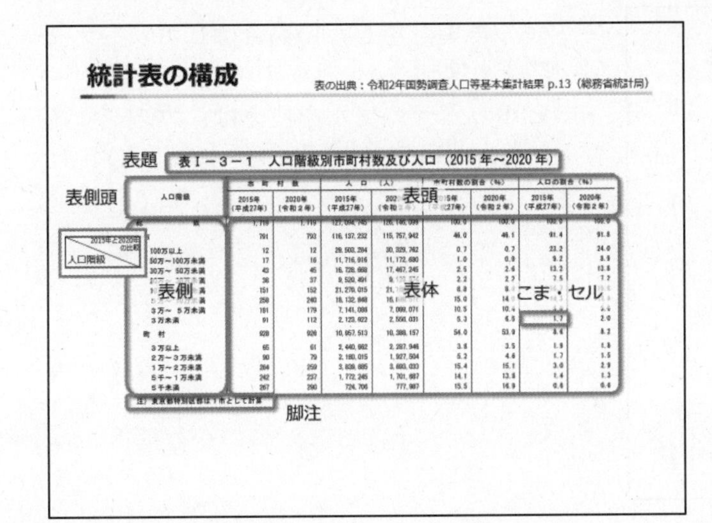

- 一般的な統計表の構成は以下のとおり。

① 一番上に書かれている「表題」は、統計表の内容を示すものである。

② 統計表の上部の見出しの部分を「表頭」、左側の見出しの部分を「表側」という。

③ 表の左上は表側頭とよばれ、表側の項目のタイトルを示す部分である。表側頭を斜線で二分し、左下半分に表側の分類名称を、右上半分に表頭の分類名称を記載する場合もある。

④ 実際にデータが入っているこの部分を、「表体」と呼ぶ。特に、表体の中の一つの値が入る部分を「こま」や「セル」と呼ぶ。

⑤ 表の下に書かれた、統計表や統計表中の個々の値に対する補足説明を脚注という。この補足説明が表題の下に書かれることもあるが、その場合は、表注という。

表の読み方

例：北海道札幌市の総人口が知りたい

令和２年国勢調査（総務省統計局）　都道府県・市区町村別の主な結果
注）※マークの項目については、「参考表：令和２年国勢調査に関する不詳補完結果」の結果数値を掲載している。

地域				総人口（男女別）			2015年の人
都道府県名	都道府県・市区町村名	都道府県・市区町村名（英語）	市などの別（地域識別コード）	総数（人）	男（人）	女（人）	
00_全国	00000_全国	Japan	a	[illegible]	61,349,581	64,796,518	
01_北海道	01000_北海道	Hokkaido	a	[illegible]	2,465,088	2,759,526	
01_北海道	01100_札幌市	[illegible]		1,973,395	918,682	1,054,713	
01_北海道	01101_札幌市中央区	Sapporo-shi Chuo-ku	0	[illegible]	112,853	135,827	
01_北海道	01102_札幌市北区	Sapporo-shi Kita-ku	0	289,323	136,596	152,727	
01_北海道	01103_札幌市東区	Sapporo-shi Higashi-ku	0	265,379	126,023	139,356	
01_北海道	01104_札幌市白石区	Sapporo-shi Shiroishi-ku	0	211,835	100,062	111,773	

- 表の読み方の例として、この表題「令和２年国勢調査の都道府県・市区町村別の主な結果」のクロスセクションデータから、北海道札幌市の総人口が知りたいときを考える。
- この場合、表側の「01_北海道」「01100_札幌市」から右に見ていき、表頭の「総人口（男女別）」「総数」から下に見る。表頭と表側が交差するセル「1,973,395」が、北海道札幌市の総人口を示している。

EXCELで表を再集計したいときに便利な方法

オートフィルター

都道府県名

- 次に、表を再集計したい場合に便利な方法として、Excelのオートフィルターを使った方法を紹介する。
- 左図は、国勢調査 令和2年都道府県・市区町村別の主な結果の統計表である。以下の手順で、各都道府県の人口総数のみが表示される。

① 都道府県名の列で「全国」のチェックを外す。

② 市などの別の列で「a」 のみを選択する。

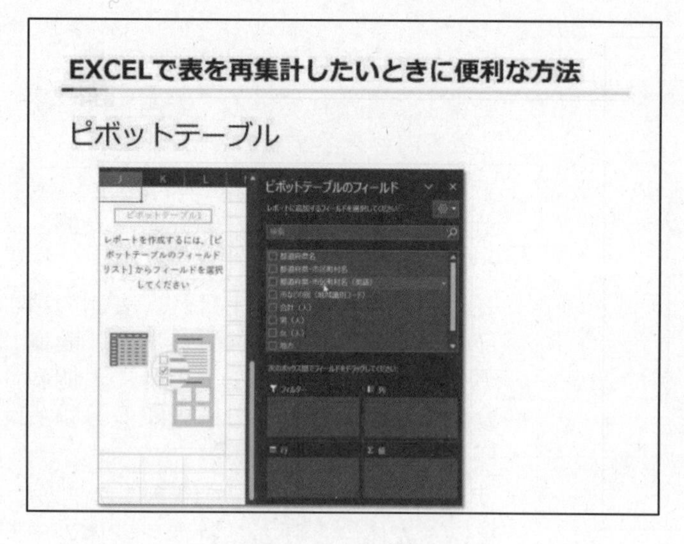

- 表の再集計をしたい場合はピボットテーブルも便利。
- ピボットテーブルを使えば、カスタマイズした集計を簡単に行うことができる。

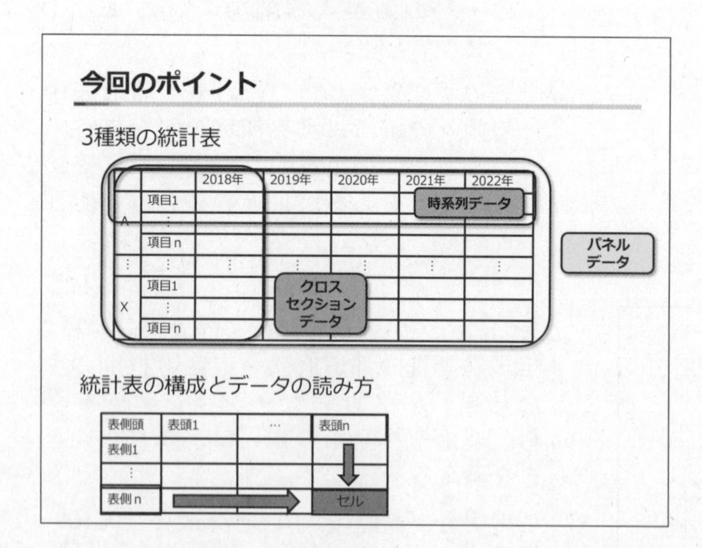

- 今回は、3種類の統計表を紹介した。

① 項目を固定して、時点が変化する時系列データ。

② 時点を固定して、項目が変化するクロスセクションデータ。

③ 対象を固定して、時系列データとクロスセクションデータを合わせたパネルデータ。

- データを読むときは、表頭と表側を確認してクロスしたセルのデータを読む。

第２回　比率の見方　クロスセクションデータ

比率の見方-クロスセクションデータ-

① 構成比

② 相対比

- クロスセクションデータの分析として、比率の見方について紹介する。
- 比率には、構成比と相対比の２種類がある。分母分子の関係によって名前が異なるので、これについて紹介していく。

クロスセクションデータ

データの出典：(独)統計センター「SSDSE-E-2022」

SSDSE-E-2022v2	prefecture	A1101	A1102	A1301	A1302	A1303	A1700	A4101	A4103	…
	年度	2020	2020	2020	2020	2020	2020	2020	2019	…
地域コード	都道府県	総人口	日本人人口	15歳未満人口	15～64歳人口	65歳以上人口	外国人人口	出生数	合計特殊出生率	…
R00000	全国	126,146,099	121,541,155	14,955,692	72,922,764	35,335,805	2,402,460	840,835	1.36	…
R01000	北海道	5,224,614	5,151,366	555,804	2,945,727	1,664,023	34,321	29,523	1.24	…
R02000	青森県	1,237,984	1,224,334	129,112	676,167	412,943	5,409	6,837	1.38	…
R03000	岩手県	1,210,534	1,194,745	132,447	658,816	404,359	6,937	6,718	1.35	…
R04000	宮城県	2,301,996	2,242,701	268,428	1,346,845	638,984	19,453	14,480	1.23	…
R05000	秋田県	959,502	950,192	92,673	500,687	357,568	3,651	4,499	1.33	…
R06000	山形県	1,068,027	1,056,617	120,086	578,819	359,554	7,149	6,217	1.4	…
R07000	福島県	1,833,152	1,797,450	206,152	1,020,241	572,825	12,868	11,215	1.47	…
R08000	茨城県	2,867,009	2,763,432	333,741	1,638,165	839,907	57,819	17,389	1.39	…
R09000	栃木県	1,933,146	1,869,256	227,553	1,115,611	554,381	37,408	11,808	1.39	…
R10000	群馬県	1,939,110	1,860,213	224,304	1,096,231	576,729	53,432	11,660	1.4	…
R11000	埼玉県	7,344,765	7,055,679	858,384	4,335,188	1,934,994	161,439	47,328	1.27	…
R12000	千葉県	6,284,480	6,040,814	734,496	3,715,691	1,699,991	142,177	40,168	1.28	…
R13000	東京都	14,047,594	13,233,213	1,566,840	8,944,193	3,107,822	483,372	99,661	1.15	…
R14000	神奈川県	9,237,337	8,876,834	1,085,763	5,628,918	2,308,578	195,535	60,865	1.28	…
R15000	新潟県	2,201,272	2,168,416	247,480	1,210,917	715,935	15,028	12,981	1.38	…
⋮	⋮	⋮	⋮	⋮	⋮	⋮	⋮	⋮	⋮	

時点を固定して、複数項目についてまとめたデータ

- 第１回で紹介したとおり、クロスセクションデータは、時点を固定して、複数項目についてまとめたデータのことである。

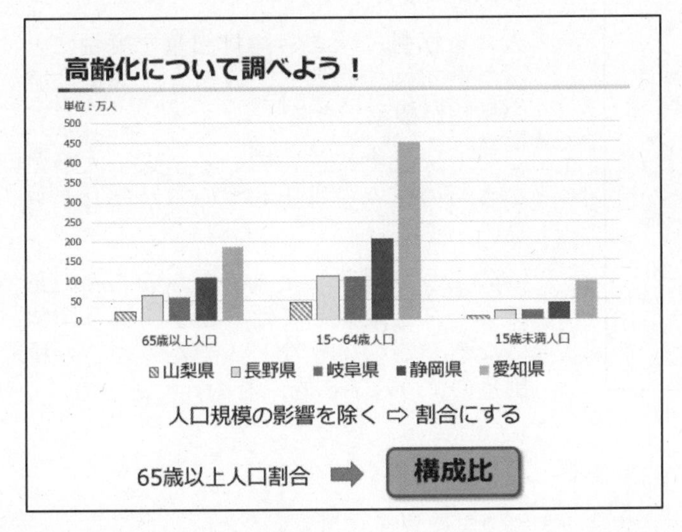

- 今回は例として、高齢化について、山梨県、長野県、岐阜県、静岡県、愛知県の比較をしようという場面を考える。
- 65 歳以上人口を比べると愛知県が一番高齢者の数が多いが、高齢化が進んでいるといえるかというと、一概にこのデータだけでは言えない。
- それは、人口が多いと高齢者数も多いからである。実際に 15～64 歳人口や０～15 歳未満人口も観察してみると、両方とも愛知県が一番多い。したがって、人口の規模の影響を除くために、人口で割った「割合」にするのが良い。
- このような 65 歳以上人口割合のようなものを「構成比」という。

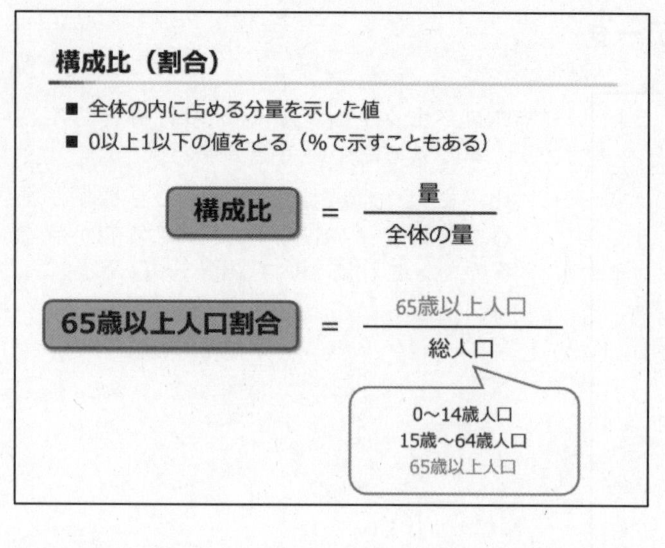

- 構成比は割合とも呼ばれ、全体のうちに占める分量を示した値のこと。0以上1以下の値をとる（100倍して%で示すこともある）。
- 65 歳以上人口割合であれば、65 歳以上人口を総人口で割ることにより求められる。

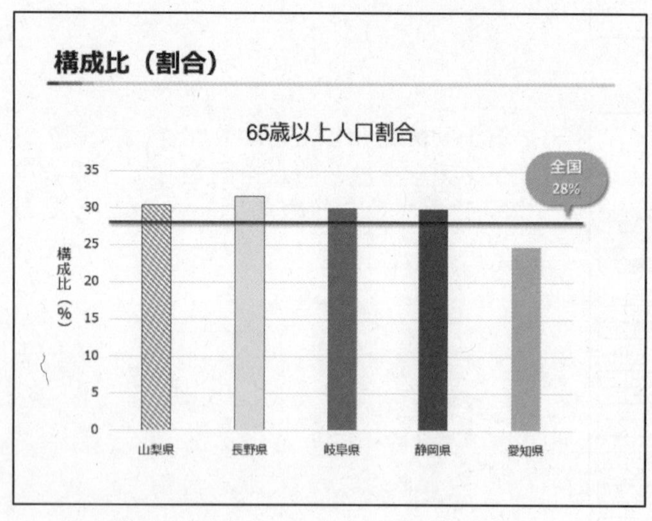

- 今回比較したデータを構成比にしてみると、65 歳以上人口が一番多かった愛知県の割合が一番低いということがわかる。また、全国の 65 歳以上人口割合は 28%なので、愛知県のみ、全国よりも低いことがわかる。

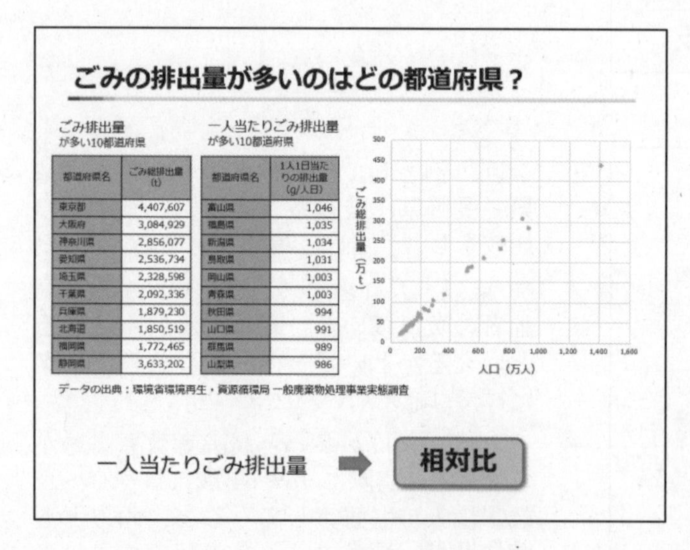

都道府県名	ごみ総排出量 (t)
東京都	4,407,607
大阪府	3,084,929
神奈川県	2,856,077
愛知県	2,536,734
埼玉県	2,328,598
千葉県	2,092,336
兵庫県	1,879,230
北海道	1,850,519
福岡県	1,772,465
静岡県	3,633,202

都道府県名	1人1日当たりの排出量 (g/人日)
富山県	1,046
福島県	1,035
新潟県	1,034
鳥取県	1,031
岡山県	1,003
青森県	1,003
秋田県	994
山口県	991
群馬県	989
山梨県	986

- 次に相対比について説明する。例として、ごみの排出量が多いのはどの都道府県かを考えていく。
- 人口を横軸に、ごみ総排出量を縦軸にとった散布図で観察してみると、非常に強い相関が観察できる。
- ただし、都会に住んでいる一人一人がたくさんのごみを排出しているかはわからない。
- このような場合、一人当たりのごみの量でデータを観察して比べると、違う印象になる。このような一人当たりのごみ排出量のようなものを「相対比」と言う。

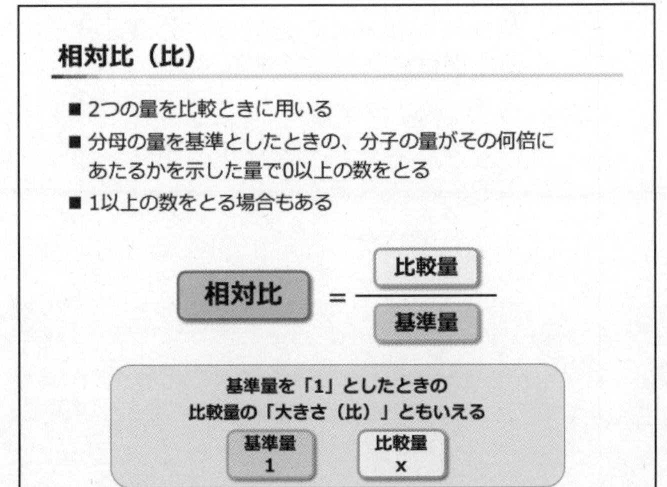

- 相対比は、２つの量を比較する時に用いる量で、比とも言う。
- 相対比は、分母の量を基準としたときの分子の量が分母の何倍に当たるのかを示した量になり、０以上の数をとる（したがって、構成比と違って、１以上をとる場合もある）。
- 言い換えると、基準量を１とした時の比較量の大きさ（比）と説明することもできる。

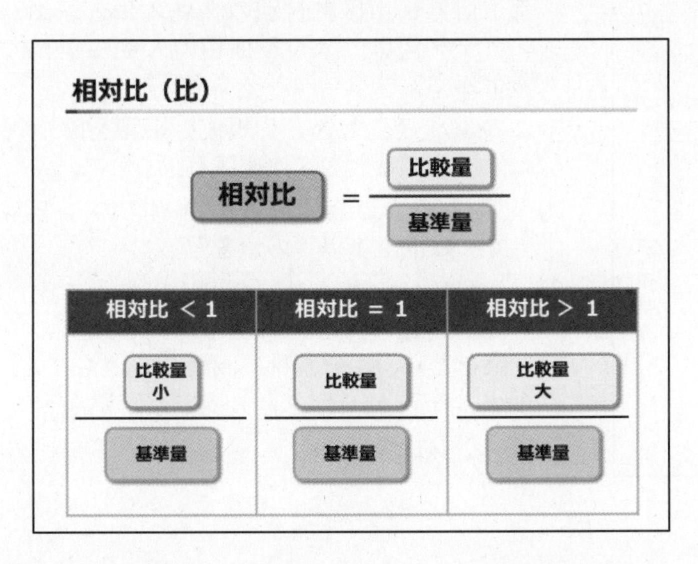

- 相対比が１の時、基準量と比較量は同じになる。
- １より小さいときは、比較量より基準量の方が大きく、逆に１より大きいときは、基準量より比較量の方が大きいことを示す。

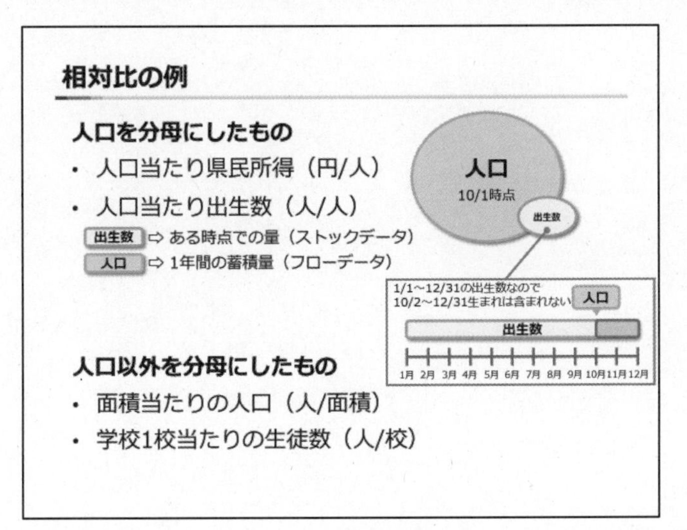

- 一人当たりゴミの量のように人口を分母にしたものには、人口当たり県民所得や人口当たり出生数がある。
- 人口以外を分母にしたものの例として、面積当たりの人口、すなわち人口密度や、１校当たりの生徒数などがあげられる。
- 人口当たり出生数は、構成比のように感じるかも知れないが、人口はある時点での量（ストックデータ）、出生数は１年間の蓄積量（フローデータ）であることから、厳密には内訳の一部でない部分を含む。

構成比と相対比の違い

分母と分子の対応関係によって決まる

- 分子が分母の内訳の一部 ⇨ **構成比**
- 分母と分子は別のもの ⇨ **相対比**

・　構成比と相対比の違いは、分母と分子の対応関係によって決まる。

・　分子が分母の内訳の一部のものが構成比で、そうでないものは相対比ということである。

今回のポイント

大きさや規模の違うものを比較するときには比率を用いる

構成比（割合）

- 全体に対する割合
- 0以上、1以下の値をとる

相対比（比）

- 基準量（分母）に対する比較量（分子）の比
- 0以上の値をとる
- 1より小さければ、基準量より小さい
- 1と等しい時、基準量と等しい
- 1より大きければ基準量よりも大きい

・　都道府県・市区町村別のクロスセクションデータには、人口や面積の大きさの影響を強く受けるものが多くある。

・　このような、大きさや規模の影響を除いた分析をするときに比率は有効。

①　構成比は、全体に対する割合のことで、0以上1以下の値をとる。

②　相対比は、基準量（分母）に対する比較量（分子）の比のことで、0以上の値をとり、1を基準に判断していく。

・　比率を使えるようになると、分析の幅が広がる。

第３回　比率の見方②　使い方と注意点

比率の見方②-使い方と注意点-

① 比率の使い方
- 相対比と構成比の使い方の例
- 特化係数

② 比率の注意点
- 分母の大きさ
- 比率の相関係数

- 比率の使い方として、相対比、構成比の例と、特化係数について解説する。
- 比率の注意点としては、分母の大きさと比率の相関係数について紹介する。

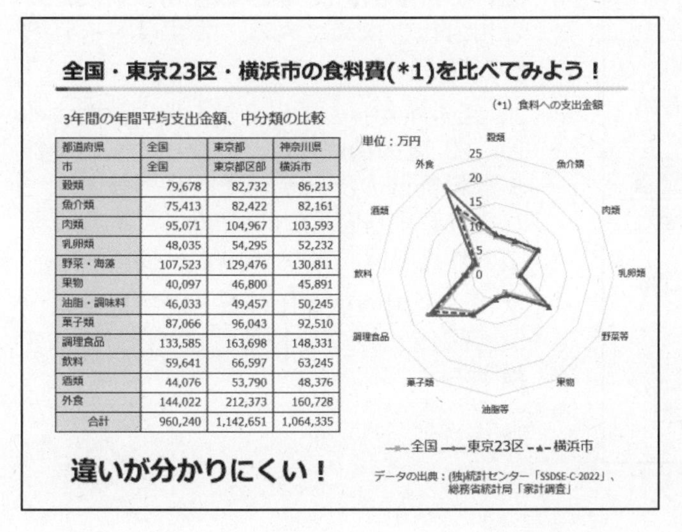

都道府県	全国	東京都	神奈川県
市	全国	東京都区部	横浜市
穀類	79,678	82,732	86,213
魚介類	75,413	82,422	82,161
肉類	95,071	104,967	103,593
乳卵類	48,035	54,295	52,232
野菜・海藻	107,523	129,476	130,811
果物	40,097	46,800	45,891
油脂・調味料	46,033	49,457	50,245
菓子類	87,066	96,043	92,510
調理食品	133,585	163,698	148,331
飲料	59,641	66,597	63,245
酒類	44,076	53,790	48,376
外食	144,022	212,373	160,728
合計	960,240	1,142,651	1,064,335

- 今回は例として、全国、東京都区部（23区）、横浜市の食料費を比べていく。
- 左図は、３年間の年間平均支出金額を穀類、魚介類、肉類など中分類別に比較をしたものである。23 区の外食への支出金額が多そうだが、違いがわかりにくい。
- そこで、比率を使って変換していく。

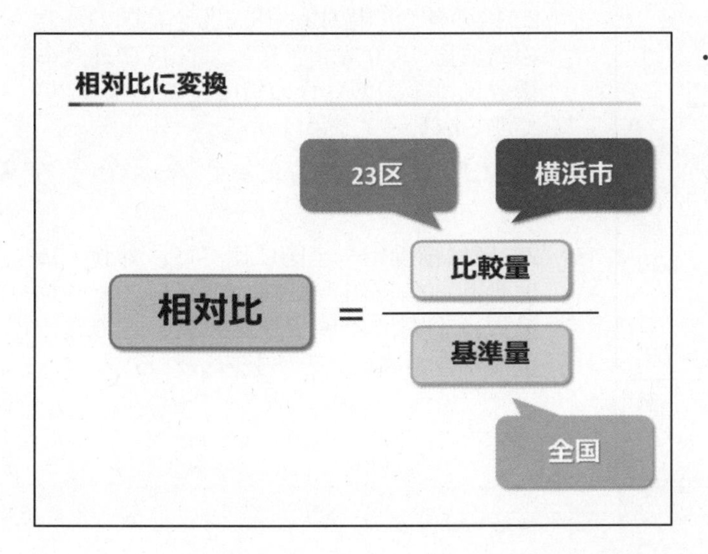

- 全国のデータを基準量、23 区、横浜市のデータを比較量として各項目の相対比を求めてみる。

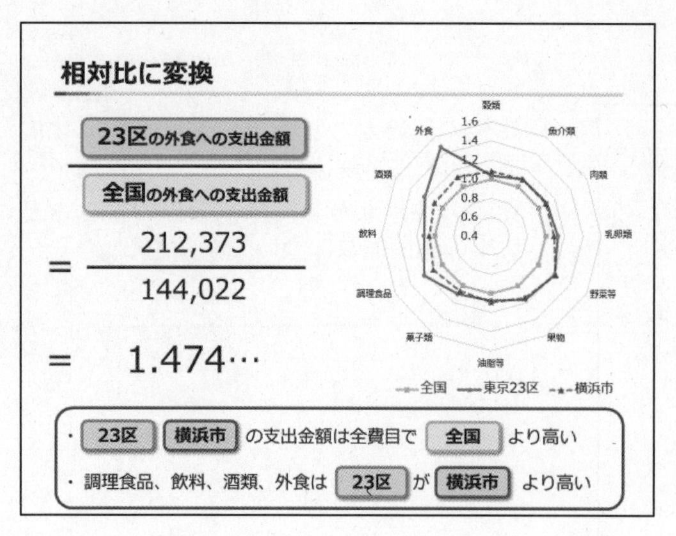

- 23 区の外食への支出金額を全国の値で割ると 23 区の外食への支出金額は、全国の約 1.48 倍であるということがわかる。
- 全国の値は、全部 1 となって基準量になる。
- これにより、23 区と横浜市の支出は、全費目について全国より高いということや、23 区と横浜市は、支出比は似ているが、調理食品・飲料・酒類・外食などについては 23 区の方が横浜市より高いということが読み取れるようになった。

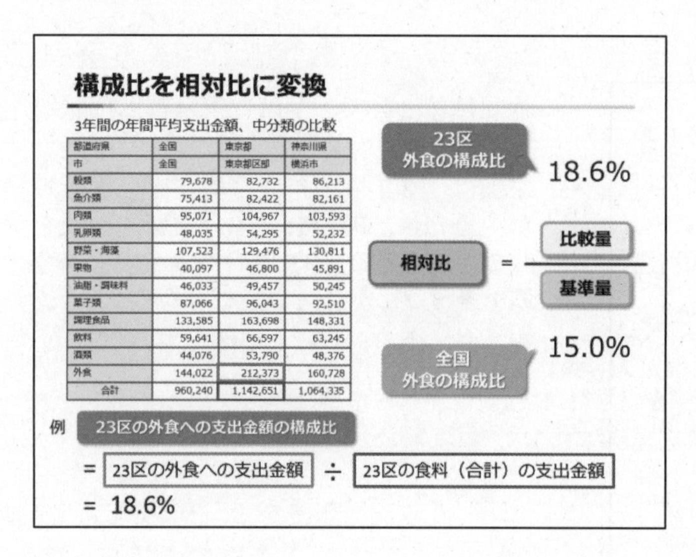

都道府県	全国	東京都	神奈川県
市	全国	東京都区部	横浜市
穀類	79,678	82,732	86,213
魚介類	75,413	82,422	82,161
肉類	95,071	104,967	103,593
乳卵類	48,035	54,295	52,232
野菜・海藻	107,523	129,476	130,811
果物	40,097	46,800	45,891
油脂・調味料	46,033	49,457	50,245
菓子類	87,066	96,043	92,510
調理食品	133,585	163,698	148,331
飲料	59,641	66,597	63,245
酒類	44,076	53,790	48,376
外食	144,022	212,373	160,728
合計	960,240	1,142,651	1,064,335

- 続いて、全国、23 区、横浜市の構成比から相対比を求めてみる。まずは、それぞれの構成比を求めていく。
- 23 区の外食への支出金額を例に説明すると、23 区の構成比は、外食への支出金額÷食料合計の支出金額で計算できる。これを計算すると 18.6%になる。同様に全国の外食の構成比は 15.0%となる。
- 次に、全国の構成比のデータを基準量、23 区のデータを比較量として相対比に変換する。

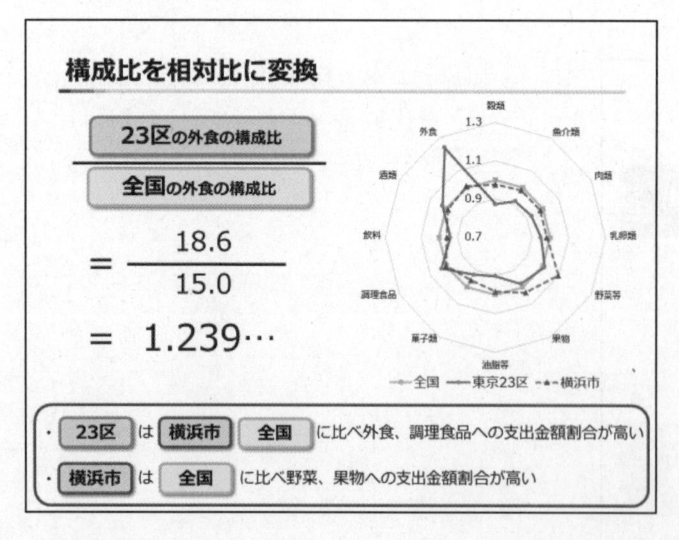

- 23 区の外食の構成比 18.6%を全国の外食の構成比 15.0%で割ると、23 区の外食の構成比は全国の外食の構成比の約 1.24 倍であるということがわかる。
- 構成比から相対比を求めてグラフにすると、左図のようになる。
- 23 区は横浜市や全国に比べて、外食・調理食品への支出金額割合が高いことや横浜市は全国に比べて野菜・果物への支出金額割合が高いことが読み取れる。

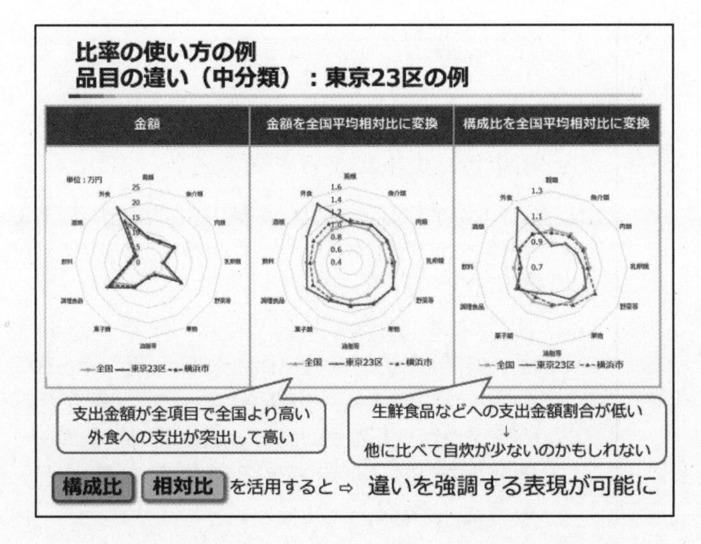

- これまでに紹介した三つを比較すると、
  ① 23 区に着目してみると、相対比にすることで、全項目で全国より高いことと外食への支出金額が突出して高いことが読み取れる。
  ② さらに構成比を相対比にすることで、生鮮食品などへの支出金額割合が低いことがわかり、自炊が少ないのかもしれないといった仮説を立てることが可能。
- このように構成比や相対比を活用すると、比較している項目の違いを強調するような表現が可能になる。

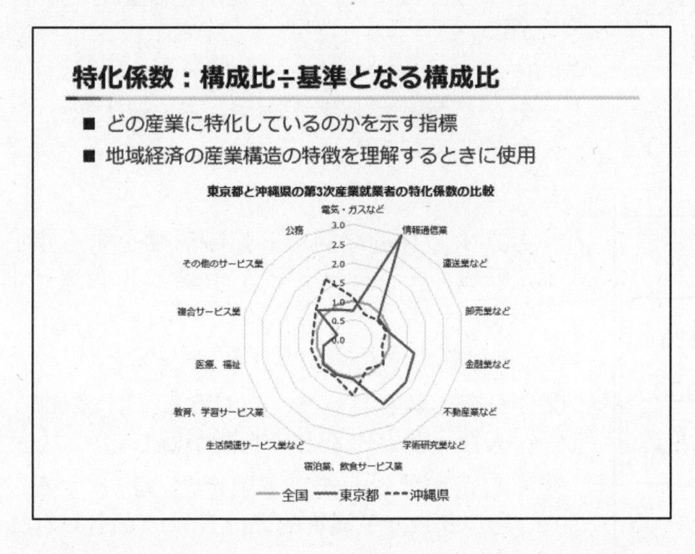

- 同様に、構成比を、基準となる構成比で割って相対比にしたものに特化係数がある。
- 特化係数は、どの産業に特化しているのかを示す指標のことで、地域経済の産業構造の特徴などを理解するときに使用する。
- このレーダーチャートは、第三次産業就業者割合が高い東京・沖縄の２県と全国に関して、第三次産業就業者の特化係数を比較したものである。
  ① 東京は、情報通信業の就業者割合が極めて高く、金融業、不動産業、学術研究業の割合も高い。
  ② 対して沖縄は、宿泊業、飲食サービス業、公務の就業者割合が高い。

  ことが読み取れ、第三次産業就業者割合が高くてもパターンは異なることがわかる。

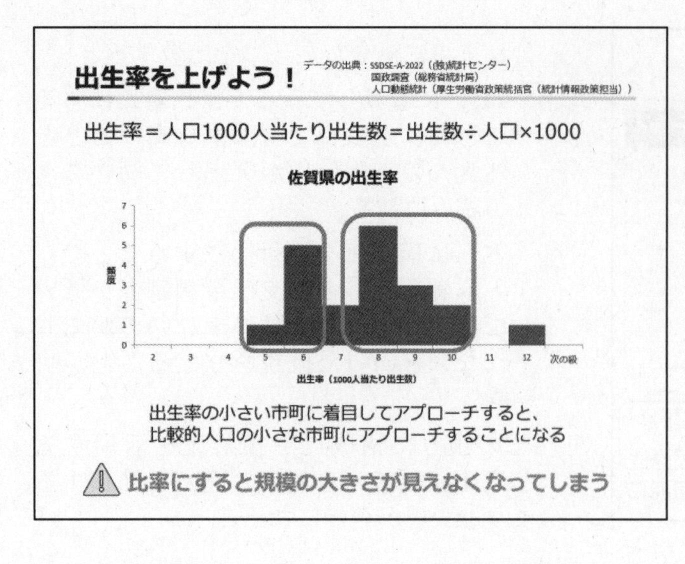

- 比率を使うときの注意点について紹介する。
- 例として、出生率（人口1000人当たりの出生数）を上げようと考える。
- 左のグラフは、佐賀県の市町別の出生率をヒストグラムで示しており、２山の分布になっている。
- 出生率を上げるということを考えた時に、出生率の小さい山に着目したくなるかもしれないが、出生率を大きく変えたいときは、人口の大きな都市にアプローチした方が、期待できる効果が大きいとも考えられる。
- そのため、単純に出生率の度数の大きいところではなく、人口規模を確認した方がよい。
- 比率にした場合には、規模の大きさが見えなくなってしまうので、その点には注意が必要である。

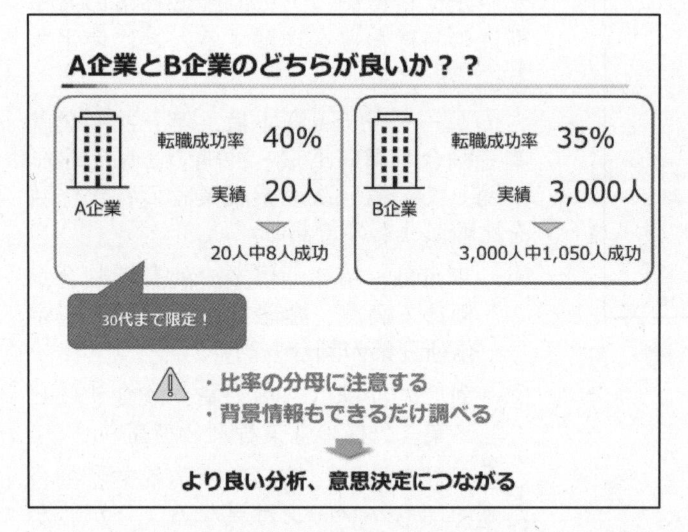

- もう少し身近な例で、転職活動をする際に転職エージェントをA企業とB企業どちらにしようかと考えたとする。

① Aは転職成功率40%、Bは35%だが、

② 分母の数を見ると、Aは20人、Bは3000人だったとすると、判断が難しい。

③ A企業は30代以下限定だったりすると、Bの方が実質的には良いのかも知れない。

- このように、比率の分母に注意すること以外にも、背景情報もできるだけ調べることが、よりよい分析や意思決定につながる。

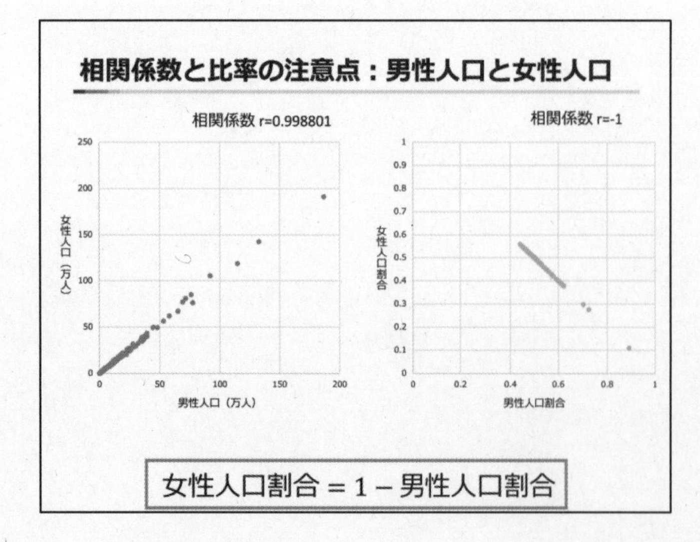

- 最後に相関係数と比率の注意点について紹介する。
- 例として、男性人口と女性人口の関係について調べたいという場面を考え、男性の人口と女性の人口を散布図にすると、このように非常に強い相関が観察される。
- 人口で割った構成比にして相関係数を求めると-1となり、ばらつきが一切なくなる。これは、女性人口割合は（1－男性人口割合）なので、必ずこの直線上にデータがプロットされる。

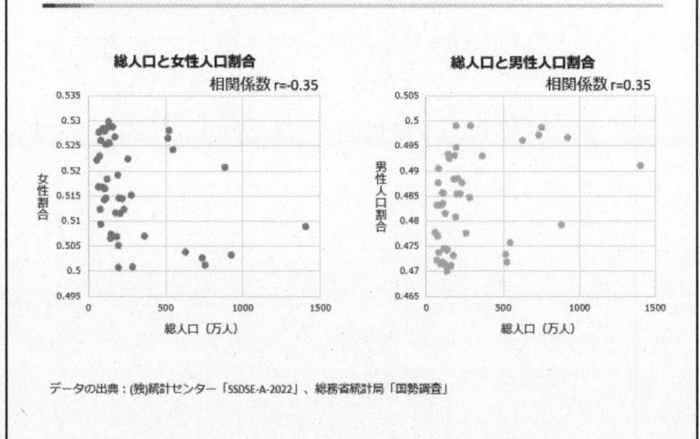

- 男性人口割合と女性人口割合のように、２つのデータを足すと一定数となるような場合は、必ず相関係数が-１となり、ばらつきが一切なくなる。
- このケースは、総人口と女性人口割合、総人口と男性人口割合の散布図の方がよい。

今回のポイント

比率の使い方の例

- 構成比と相対比を組み合わせると、データが語る事が変わる
- 構成比を相対比にしたものとして特化係数がある
- 特化係数は、地域の産業構造の把握に用いられる

比率の注意点

- 比率にすると、規模の影響を除いた分析が出来る一方で、規模の違いが観察できなくなる
- 比率の相関分析を行うときは、x+y=定数となる場合は、必ず相関係数が-1になってしまうので注意

- 比率の使い方の例として、相対比と構成比を組み合わせる例を紹介した。
- 次に、構成比を相対比にしたものの例として、地域の産業構造の把握によく用いられる特化係数を紹介した。
- 比率の注意点として、比率を用いると規模の影響を除いた分析が出来る一方で、規模の違いが観察できなくなることや、二つのデータを足したとき一定数となるような場合は、必ず相関係数が-1 になってしまうことが挙げられる。

第４回　時系列データの見方①

時系列データの見方①

① 時系列データと観測頻度

② 指数化

③ 実質化

- 今回は時系列データについておさらいした後、時系列データの変換方法として、指数化と実質化について紹介する。

時系列データ

- 1つの項目について 時間の流れに沿って 並べられたデータ
- 時間に沿った変化を分析できる！

日本の人口（5年ごと）

西暦（年）	人口（総数）
1955	90,076,594
1960	94,301,623
1965	99,209,137
1970	104,665,171
1975	111,939,643
1980	117,060,396
1985	121,048,923
1990	123,611,167
1995	125,570,246
2000	126,925,843
2005	127,767,994
2010	128,057,352
2015	127,094,745
2020	126,146,099

データの出典：国勢調査（総務省統計局）

東京の気温　2022年9月（日ごと）

日	気温(℃)			日	気温(℃)		
	平均	最高	最低		平均	最高	最低
1	27.1	32.7	23.6	16	25.1	31.1	19.5
2	23.2	25.1	21.4	17	26.9	31.1	22.8
3	24.6	29.1	21.5	18	25.2	26.7	23.7
4	26.1	31.8	23.1	19	27.1	30.8	24.7
5	26.6	31.3	23.9	20	22.3	27.8	17.0
6	27.8	32.0	23.9	21	19.5	24.2	16.5
7	26.8	30.0	24.4	22	20.3	24.9	17.2
8	23.5	26.0	21.4	23	21.7	25.1	19.0
9	24.5	28.8	21.6	24	23.1	25.8	20.5
10	25.3	30.6	22.0	25	22.9	27.6	20.1
11	24.4	28.3	21.3	26	23.3	29.1	18.5
12	25.8	30.9	22.3	27	23.2	29.0	19.4
13	26.1	31.2	22.0	28	22.8	27.5	18.7
14	26.7	32.3	22.9	29	22.4	26.7	20.3
15	23.6	27.1	20.9	30	23.2	28.3	19.2

データの出典：気象庁

- 時系列データは、一つの項目について、時間の流れに沿って並べられたデータのこと。
- 時系列データは、時間の流れにそってデータがどのように変わるのか、その傾向を読み取るために分析される。
- まずは、時系列データの観測頻度について解説していく。

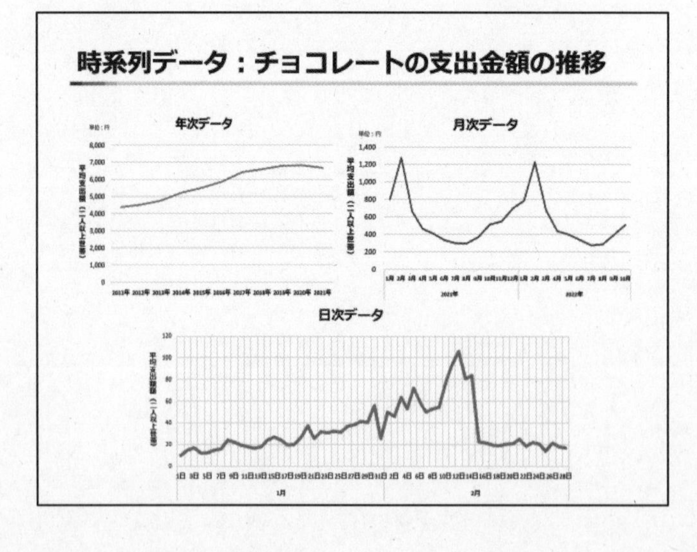

- これは、チョコレートの平均支出金額の推移を示した折れ線グラフである。

① 年ごとのデータ（年次データ）を見ると、2018 年頃まで年間支出金額が増えていて、ここ数年は横ばいから減少傾向。

② 月別のデータ（月次データ）を見ると、10 月から２月にかけて支出金額が増えて、２月に大きなピークがある。

③ 日別のデータ（日次データ）を見ると、１月１日から少しずつ支出金額が増えて、２月 14 日をすぎると大幅に減少している。

- 時間の区切りを変えると、見え方が大きく違うことがわかる。

時系列データの観測頻度

区分	間隔	データの例
年次データ	1年間	人口動態調査、学校基本調査
半期データ	半年	建築物リフォーム・リニューアル調査
四半期データ	3ヶ月	GDP、旅行・観光消費動向調査
月次データ	1ヶ月	労働力調査、消費動向調査、家計調査
週次データ	1週間	給油所小売価格調査
日次データ	1日	最高気温、株価

- このように時系列データの観測頻度には様々なものがある。
- １年に１回の年次データのほかにも、半年に１回の半期データ、３か月に１回の四半期データ、１週間に１回の週次データなどがある。
- 公的統計では、年次データ、四半期データ、月次データが多い。

データ区間の区切りに注意

年次データ

■ 暦年データ（Calendar Year）
- 1月～12月を1年間とするデータ

■ 年度データ（Fiscal Year）
- 年度開始月から12ヶ月を1年間とするデータ
- 各国で年度の開始月は異なる

例）会計年度
ヨーロッパ ⇨ 1月開始の国が多い
日本 ⇨ 4月開始
アメリカ ⇨ 10月開始

- データの間隔が同じであっても、期間が違うことがあるので、注意が必要。
- 年次データには、1月～12 月を1年とする暦年データと、年度開始月から1年間とする年度データがある。
- 暦年データはどの国でも同じだが、年度データは各国で年度の開始月が異なるので注意が必要である。会計年度を例にすると、ヨーロッパは1月開始の国が多く、日本は4月開始、アメリカは 10 月開始というように開始月が異なる。

データ区間の区切りに注意

半期データ
- 暦年データ（上半期：1月～6月、下半期：7月～12月）
- 年度データ（上半期：4月～9月、10月～3月）

月次データ
- 15日締め、20日締め、月末締めなど

- 同様に、半期データも、暦年を用いるときと、年度を用いるときとで、３か月ずれる。
- 月次データに関しては、公的統計にはないが、企業においては、15 日締め、20 日締め、月末締めなど締め日が異なるということがある。

食料費・電気代・医薬品費の傾向を観察しよう

支出金額（2000年～2021年）

減少傾向　増加傾向

傾向が観察しにくい

年間支出額（二人以上世帯）　単位：円

食料　電気代　医薬品

データの出典：家計調査（総務省統計局）

- 次は、時系列データを比較するときに使う、データの変換方法について紹介する。
- 例えば、食料費、電気代、医薬品費の傾向を観察したいと考え、折れ線グラフを作成した。
- 食料は2000年から2011年ごろまで減少、2011年以降2019年前まで増加、2020年からは減少かなといったことが読み取れるが、電気代や医薬品については、傾向が観察しにくい。

指数化

- 単位や桁などの異なる数値の動きを比較したいときに使う
- 任意の基準時点の値を100などの数値（基準値）に置き換え基準値から何倍異なるのか、**相対比**で観察する方法

$$\text{指数} = \frac{\text{比較年の値}}{\text{基準年の値}} \times 100$$

100：基準

指数＜100	指数＝100	指数＞100
比較年 小 / 基準年	比較年 / 基準年	比較年 大 / 基準年

- このような場面で使いたいのが指数化である。単位や桁などの異なる数値の動きを比較したいときに利用する。
- 指数化は、任意の基準時点の数値を100などの数値（基準値）に置き換え、各数値の動きを基準値からの相対比で観察する方法である（相対比に100を乗じた場合は、100が基準になる）。
- 指数が100よりも小さければ、基準年より比較年の値の方が小さく、100であれば同じ、100より大きければ、基準年より比較年の方が、値が大きいことを示す。

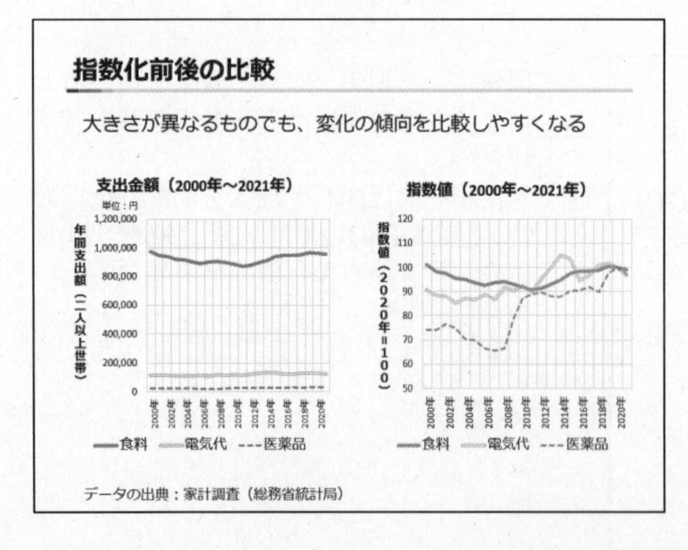

- 先ほどの食料・電気代・医薬品の原数値が左の折れ線グラフ、指数化したものが右のグラフである。
- 食料の比の変動が最も小さく、医薬品費の変動が大きいことがわかる。

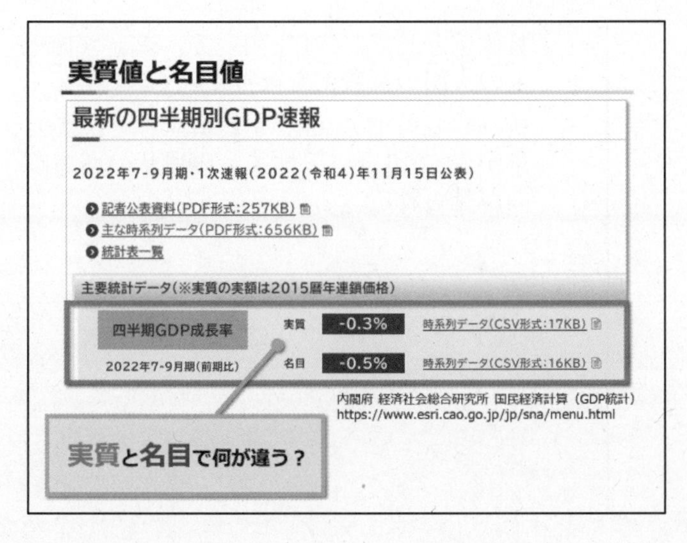

- 次に実質化について紹介する。
- 内閣府の経済社会総合研究所国民経済計算(GDP統計)のホームページを見ると、四半期 GDP 成長率について、実質と名目という値がある。
- それぞれ数値が異なる。この、実質と名目とで、何が違うのかについて説明する。

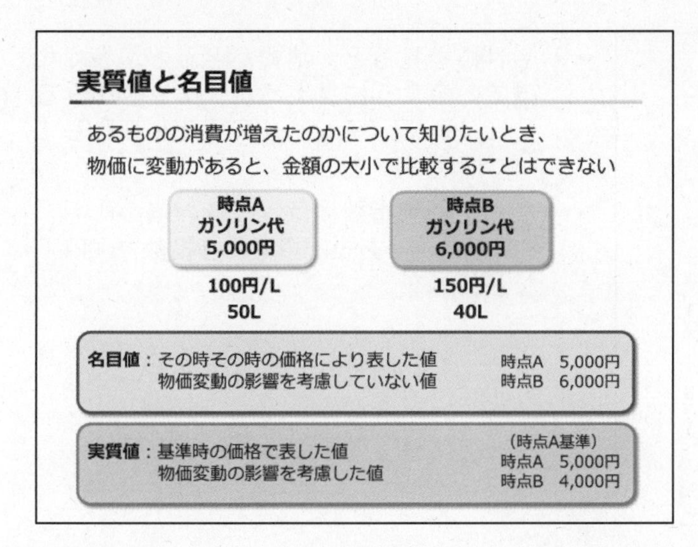

- あるものの消費が増えたのかについて知りたいとき、物価に変動があると、金額の大小で比較することができなくなる。
- 例えば、時点 A でのガソリン代が 5,000 円、時点 B では 6,000 円だった場合、払った金額は、時点 B の方が多い。
- ただ、1 リットル当たりの価格がこのように違った場合、時点 A では 50L、時点 B では 40L が消費されているということになる。
- その時その時の価格に表した、物価変動を考慮しない値を名目値と言う。
- 対して、物価変動の影響を考慮し、基準時点を設けて、基準時点の価格で表した値を実質値と言う。
- ガソリンの例をそのまま使うと、時点 A を基準とした時点 B の実質値は、40L×100 円/L=4,000 円ということになる。

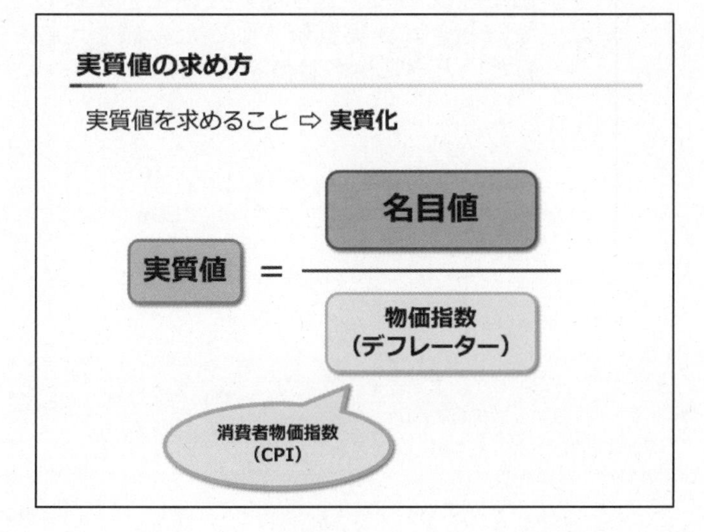

- 実質値を求めることを、実質化といい、実質化は、名目値を物価指数で割ることによって求められる。
- 物価指数とは、デフレーターとも呼ばれる。家計消費支出の場合、物価指数には、消費者物価指数(CPI)が用いられる。

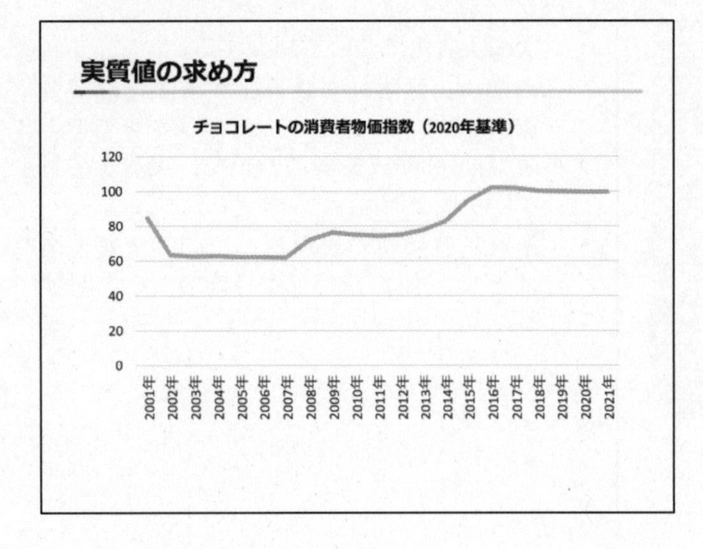

- 具体例として、CPIを用いて、チョコレートの支出の実質化を行っていく。
- チョコレートの CPI を観察すると、2002年から 2016 年ころまで、階段状の増加傾向が見られる。

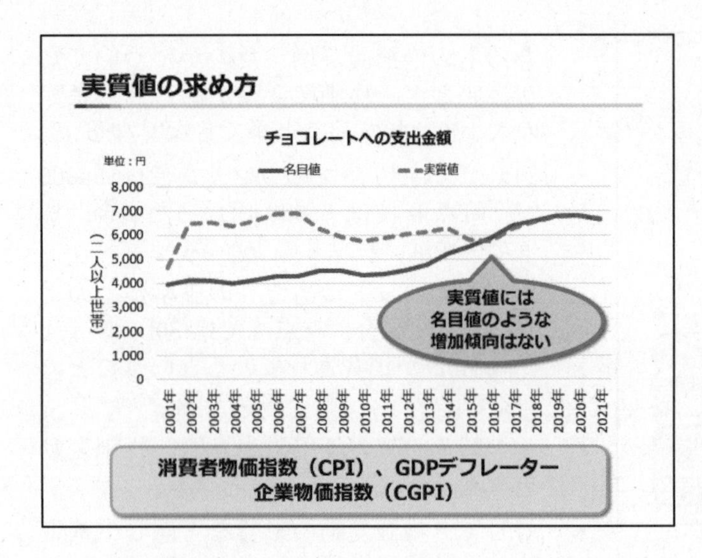

- 名目値を見ると、消費がどんどん多くなっているように見えるが、実質値をみると 1,500 円くらいの幅で上下に変動していて横ばいに見える。
- なお、物価指数には、CPI のほかにも、GDPデフレーター、企業物価指数（CGPI）などがある。

今回のポイント

時系列データについて

■ 観測頻度や集計期間がデータによって異なる

時系列データには次のような値がある

■ 指数値：大きさの違うものの比較に使われる

■ 実質値：価格の変動を除いた変化を比較したいとき

■ 名目値：動いた金額を比較したいとき

- 時系列データには様々な観測頻度があり、同じ観測頻度でも集計期間がデータによって異なることがある。
- 大きさの違うものの傾向を比較したいときには指数化を用いるのが便利である。
- 価格の変動の影響を除いた変化を比較したいときは、実質値、動いた金額を比較したいときには名目値を観察する。

第５回　時系列データの見方②

時系列データの見方②－発展編－

① 時系列データの主な構造
- トレンド
- 季節性（周期成分）

② 時系列データの分析方法
- 自己相関係数
- 対前年同月比
- 移動平均

・　今回は、時系列データの主な構造として、２つの成分を説明し、その後に時系列データの分析方法について紹介を行う。

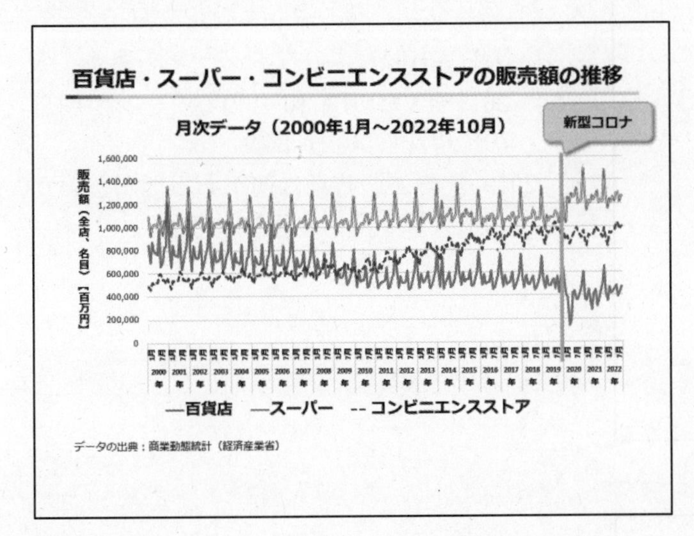

・　これは、百貨店・スーパー・コンビニエンスストアの販売額の 2000 年１月～2022 年 10 月までの月次データの推移を比較した折れ線グラフである。

・　傾きに着目すると、以下の内容がそれぞれ観察でき、このような傾きのことを「トレンド」と言う。

①　スーパーは傾きがほとんど横ばい

②　百貨店は傾きが右下がりの減少傾向

③　コンビニエンスストアは右上がりの増加傾向

・　コロナ禍前後で見ると、例えば、スーパーでは売上が急に上がっていることが観察でき、このような現象を「レベルシフト」という。

・　さらに細かく見ると、

①　同じようなギザギザの規則的なパターンがある。

②　百貨店とスーパーのパターンは似ているが、コンビニエンスストアは別のパターンである。

③　2020 年にコロナ禍が始まってから、百貨店やコンビニエンスストアではこれまでのパターンが変わった。

ことなどがわかる。

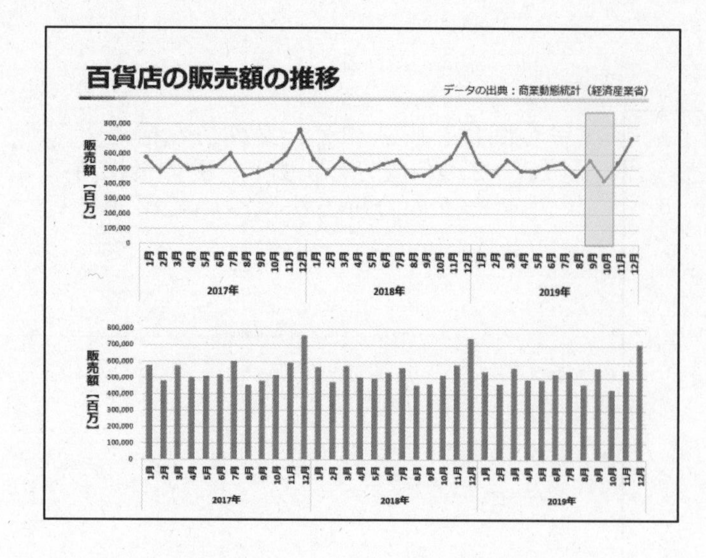

- 百貨店の販売額の2017年～2019年までの推移を示した折れ線グラフと棒グラフを見ていく。
  - ① 折れ線グラフでパターンを見てみると、12月の販売額が最も大きい。
  - ② 棒グラフを見ると、1月・3月・7月・11 月の販売額が他の月に比べて大きい。
  - ③ 折れ線グラフを見ると、2019 年9月・10月は、2017年、2018年とパターンが異なる。

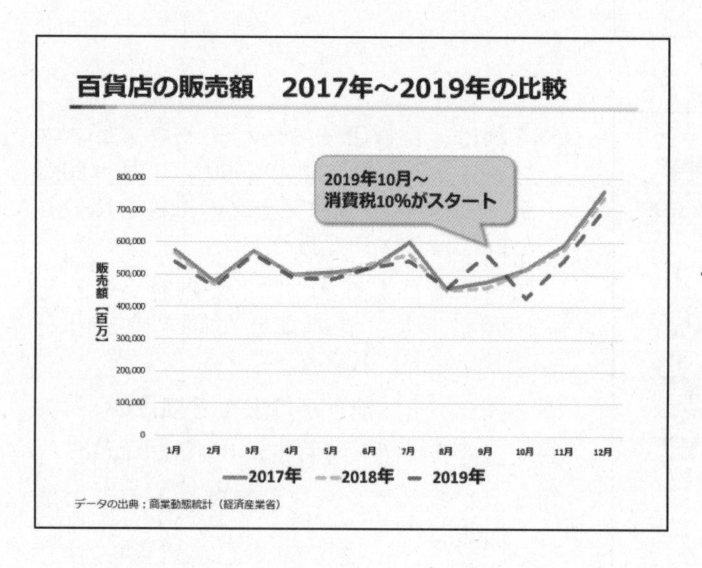

- 年ごとに系列を分けた折れ線グラフで比べてみると、以下のことがわかる。
  - ① 3年とも似たようなパターンがある。
  - ② 2019 年の9月・10 月のパターンが明らかにほかの2年と違う。
- 2019 年のこの時期に何があったかというと、消費税率の引き上げである。

百貨店の販売額　2017年～2019年の比較

季節成分：四季・月・週などによって
一定の期間で繰り返されるパターン

<例>

1年周期
- 気温（夏は気温が高く、冬は低い）
- チョコレート消費量（夏に少なく、秋から冬が多い、2月にピーク）

1週間周期
- 新型コロナウイルス陽性者数
  ⇨日曜日と月曜日の陽性者が少ない

- イレギュラーなイベントを除いて、一定の期間で繰り返されるパターンのことを季節成分と言う。
- 気温やチョコレート消費量などは、1年を周期とした季節成分があると言える。

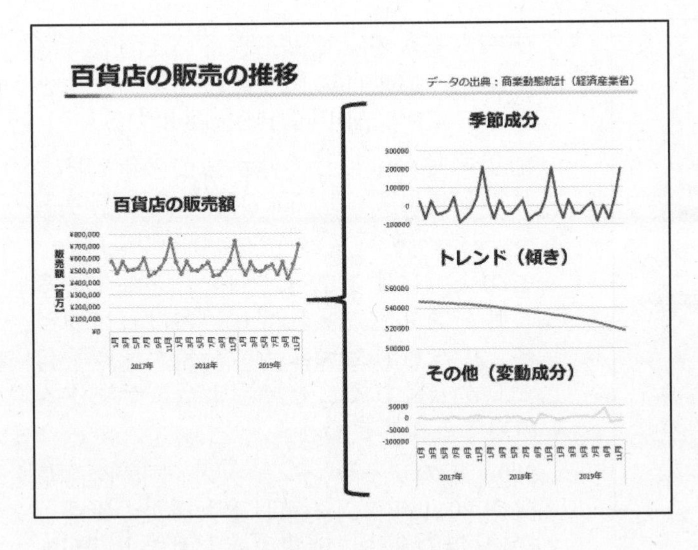

- このように、時系列データは、季節成分とトレンド（傾き）の成分とそれ以外の変動成分というように分けることができる。

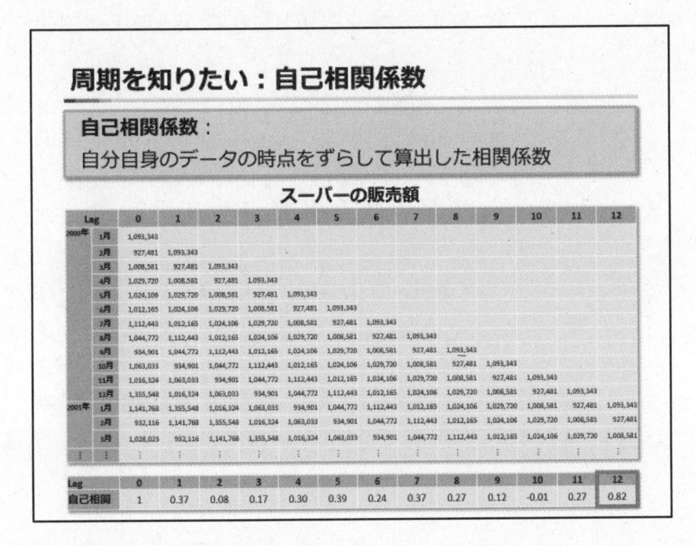

スーパーの販売額

Lag		0	1	2	3	4	5	6	7	8	9	10	11	12
2000年	1月	1,093,343												
	2月	927,481	1,093,343											
	3月	1,008,581	927,481	1,093,343										
	4月	1,029,720	1,008,581	927,481	1,093,343									
	5月	1,024,106	1,029,720	1,008,581	927,481	1,093,343								
	6月	1,012,165	1,024,106	1,029,720	1,008,581	927,481	1,093,343							
	7月	1,112,443	1,012,165	1,024,106	1,029,720	1,008,581	927,481	1,093,343						
	8月	1,044,772	1,112,443	1,012,165	1,024,106	1,029,720	1,008,581	927,481	1,093,343					
	9月	934,901	1,044,772	1,112,443	1,012,165	1,024,106	1,029,720	1,008,581	927,481	1,093,343				
	10月	1,063,033	934,901	1,044,772	1,112,443	1,012,165	1,024,106	1,029,720	1,008,581	927,481	1,093,343			
	11月	1,016,324	1,063,033	934,901	1,044,772	1,112,443	1,012,165	1,024,106	1,029,720	1,008,581	927,481	1,093,343		
	12月	1,355,548	1,016,324	1,063,033	934,901	1,044,772	1,112,443	1,012,165	1,024,106	1,029,720	1,008,581	927,481	1,093,343	
2001年	1月	1,141,768	1,355,548	1,016,324	1,063,033	934,901	1,044,772	1,112,443	1,012,165	1,024,106	1,029,720	1,008,581	927,481	1,093,343
	2月	932,116	1,141,768	1,355,548	1,016,324	1,063,033	934,901	1,044,772	1,112,443	1,012,165	1,024,106	1,029,720	1,008,581	927,481
	3月	1,028,023	932,116	1,141,768	1,355,548	1,016,324	1,063,033	934,901	1,044,772	1,112,443	1,012,165	1,024,106	1,029,720	1,008,581
⋮	⋮	⋮	⋮	⋮	⋮	⋮	⋮	⋮	⋮	⋮	⋮	⋮	⋮	⋮

Lag	0	1	2	3	4	5	6	7	8	9	10	11	12
自己相関	1	0.37	0.08	0.17	0.30	0.39	0.24	0.37	0.27	0.12	-0.01	0.27	0.82

- 季節成分の周期はグラフで眺めればわかることも多いが、定量的な判断をしたいときには、自分自身のデータの時点をずらして算出した相関係数のことである「自己相関係数」を用いる。
- スーパーの販売額を例に説明すると、ずらした時点の数を「ラグ」といい、１時点、この例だと１か月ずらしたら、ラグ１、２か月ずらしたらラグ２となり、数値をずらして相関係数を計算する。
- 計算を進めるとラグ 12 の時に、自己相関が最も高くなる。このことから、スーパーの販売額の例では 12 か月前のデータと極めて類似性が高いことがわかり、周期を推測することができる。

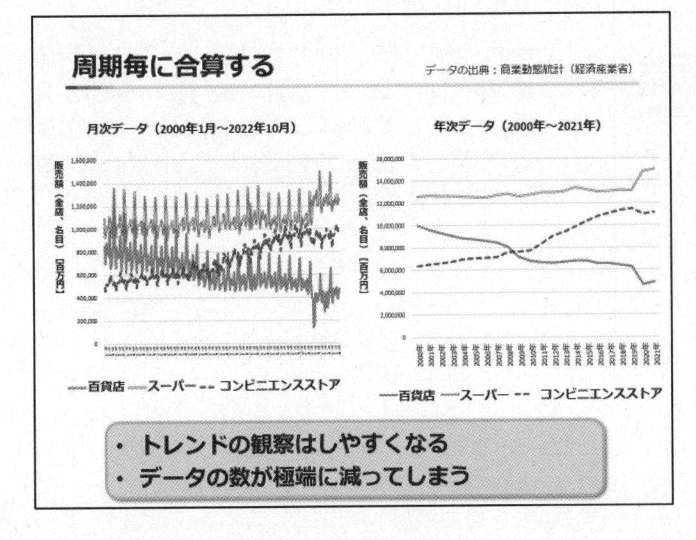

- 周期がわかったら、周期で合算することで、大まかなデータの傾向をみることができる
- この場合は、12 か月の周期なので、月次データを集計して年次データにする。すると、季節成分が取れてトレンドが見やすくなる。
- 一方で、沢山あったデータがかなり減ってしまうといった大きなデメリットがあるので、ほかの方法を考えてみる。

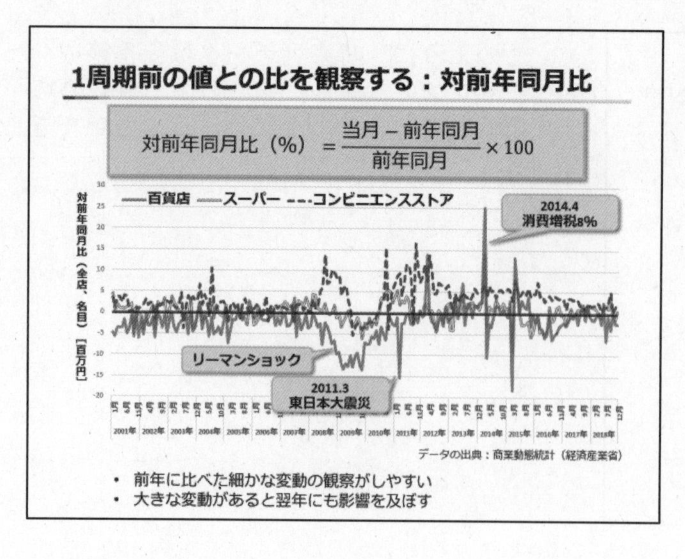

・ データをなるべく減らさないようにするには、１周期前の値と比較する方法もあり、ここでは前年同月比を紹介する。
・ 前年同月比は当月の値から前の年の同じ月の値を引いて、同じ月の値で割り算し、100をかけた数字のことである。
・ このようにすることで、当月と前年の同じ月が同じ値であれば０、多ければプラス、少なければマイナス、差が大きいほど０から離れる、というようにデータを読むことができる。
・ 2008年のリーマンショック：国際金融危機や2011年３月の東日本大震災の影響、2014年の８％に消費税率の引き上げがあったタイミングでの大きな変動がみてとれる。
・ 一方で、ちょうど１年後に逆のパターンの大きな変動が見られるので、前年同月比でデータを観察すると、大きな変動があった翌年にも影響があり、注意が必要。
・ ここでは比を取ったが、差を取った前年同月差を使うこともある。前年同月比は、足元の変化を詳しく見ることができるので、いろいろな出来事の影響を観察することができる。

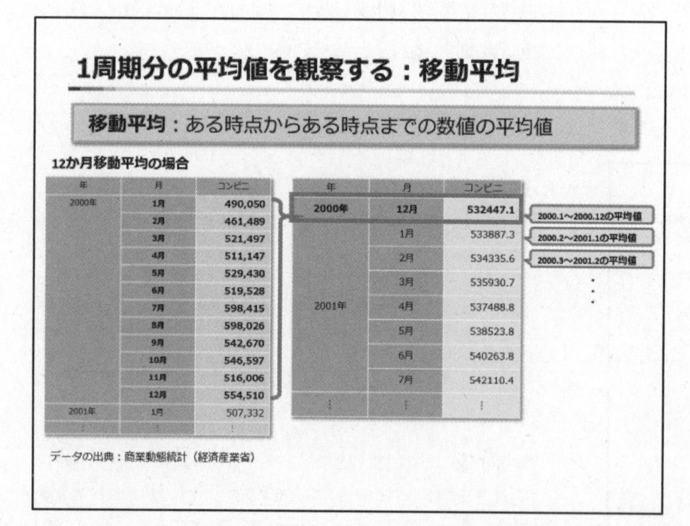

年	月	コンビニ
2000年	1月	490,050
	2月	461,489
	3月	521,497
	4月	511,147
	5月	529,430
	6月	519,528
	7月	598,415
	8月	598,026
	9月	542,670
	10月	546,597
	11月	516,006
	12月	554,510
2001年	1月	507,332
⋮	⋮	⋮

年	月	コンビニ
2000年	12月	532447.1
2001年	1月	533887.3
	2月	534335.6
	3月	535930.7
	4月	537488.8
	5月	538523.8
	6月	540263.8
	7月	542110.4
⋮	⋮	⋮

・ １周期分の平均値を観察する方法もあり、これを移動平均という。移動平均の計算方法はいくつかあるが、今回は、後方単純移動平均について紹介する。
・ 今回の例では、2000年１～12月の平均値を2000年12月の値にし、これをひと月ずつずらして計算していく（12月から過去にさかのぼっているので、後方単純移動平均と言う）。

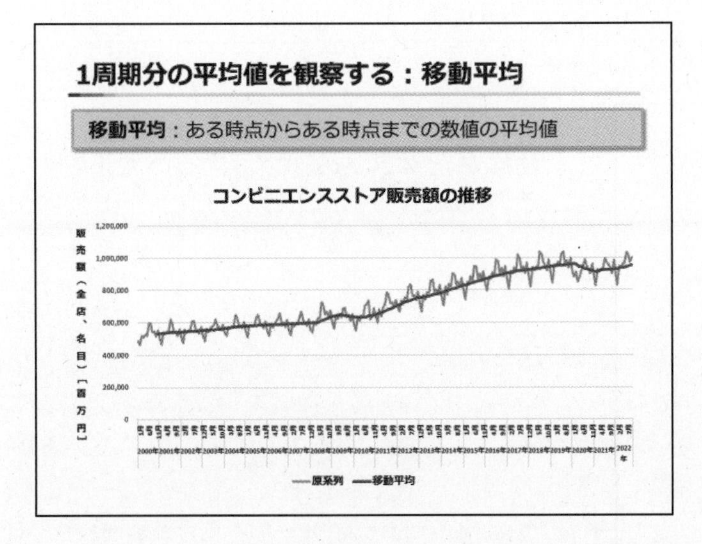

・　このように計算して求められた移動平均を、もとの系列に重ねたのが左図である。季節性が取れて、トレンドを観察しやすくなった。

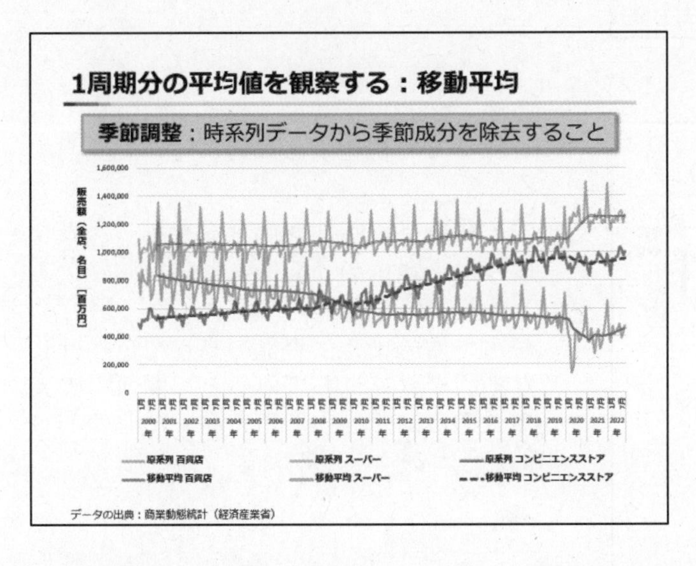

・　このように、時系列データから季節成分を除去することを、季節調整という。季節性の周期で移動平均をとることで、このように季節調整が可能となる。

今回のポイント

時系列データの主な成分

- 季節成分
- トレンド
- その他（変動成分）

時系列データの基本的な分析方法

- ■ 自己相関係数：周期を知る
- ■ 1周期前の比：対前年同月比
- ■ 移動平均：12か月移動平均

（対前年同月比・移動平均 → 季節調整法）

今回は、

①　時系列データの基本的な成分として、トレンドと季節成分があることを紹介した。

②　時系列データの基本的な分析方法として、自己相関係数、前年同月比、移動平均を紹介した。

・　前年同月比や移動平均は季節調整法の基本的な方法としても知られている。

・　時系列分析は、予測を目的に行うが、その際には、自己相関や移動平均などを組み合わせたモデルを使ったりもする。

第６回　グラフの選び方①

グラフの選び方①

① データをグラフで可視化する目的

② 量を比較したい

③ 傾向を観察したい

④ 構成比を観察したい

⑤ 構成比を比較したい

⑥ データを多角的に見たい

⑦ 表のまま観察したい

- データをグラフで可視化する目的、目的に応じたグラフの選び方について説明する。

データをグラフで可視化する目的
牛肉への支出金額（二人世帯以上・年平均額）

市	支出額	市	支出額
札幌市	13,277	大津市	38,835
青森市	14,678	京都市	39,581
盛岡市	11,127	大阪市	33,954
仙台市	15,195	神戸市	30,462
秋田市	14,980	奈良市	37,295
山形市	26,279	和歌山市	34,562
福島市	11,639	鳥取市	22,767
水戸市	13,708	松江市	20,283
宇都宮市	17,426	岡山市	23,084
前橋市	12,564	広島市	29,658
さいたま市	19,697	山口市	30,080
千葉市	20,127	徳島市	32,068
東京都区部	27,075	高松市	23,486
横浜市	23,980	松山市	26,083
新潟市	10,820	高知市	22,831
富山市	18,839	福岡市	26,414
金沢市	23,381	佐賀市	29,896
福井市	25,427	長崎市	22,859
甲府市	16,604	熊本市	26,570
長野市	12,596	大分市	28,090
岐阜市	23,852	宮崎市	23,533
静岡市	17,946	鹿児島市	25,605
名古屋市	22,756	那覇市	13,626
津市	32,799	単位：円	

データの出典：家計調査（総務省統計局）

- グラフで可視化する目的について説明する。
- 左の牛肉への年間支出金額を示した表を見ても、どこが高くて、どこが低いかすぐにわかる人は少ない。
- 一方で右のように金額の高さで色づけした地図グラフにしてみると、関西での支出金額が高く、山形市を除いた北の方が低いことが一目でわかる。

データをグラフで可視化する目的

- グラフの目的
  - ➢データが語る事を読み取る
  - ➢データで伝える

グラフは、データを介したコミュニケーションツール

目的にあったグラフを選び、正確に伝えたいことを伝えることが大切

- このようにグラフは、データをよりよく観察するために使われる。
- あるいは、自分が人にデータを使って説明したいときにも、相手にわかりやすく伝えることが可能。言い換えれば、グラフは、データを介したコミュニケーションツールである。
- データを介したコミュニケーションのために、目的に合ったグラフの選び方が重要。

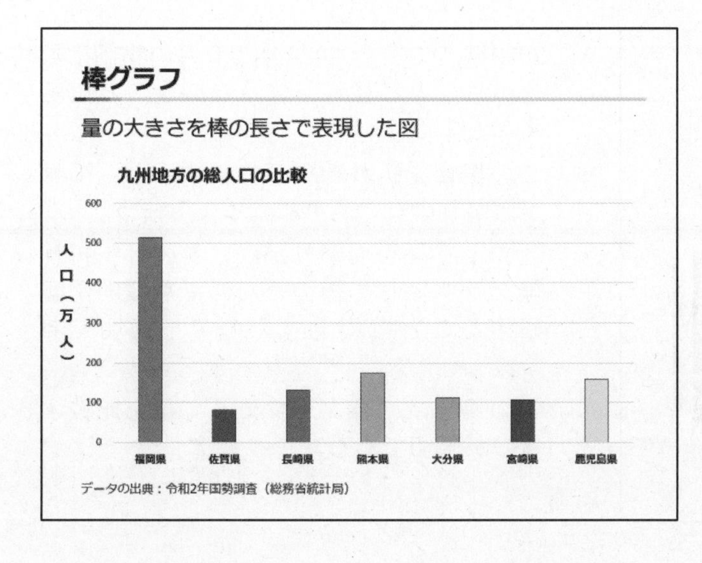

・　量を比較したいときは、量の大きさを棒の長さで表現した図である棒グラフを用いる。

・　この棒グラフは、九州地方の人口を比較した図である。福岡県がとても多くて、佐賀県が一番少ないことがわかる。

・　この棒グラフの書き方だと、福岡の次に人口が多いのは、熊本なのか鹿児島なのかはわかりにくい。

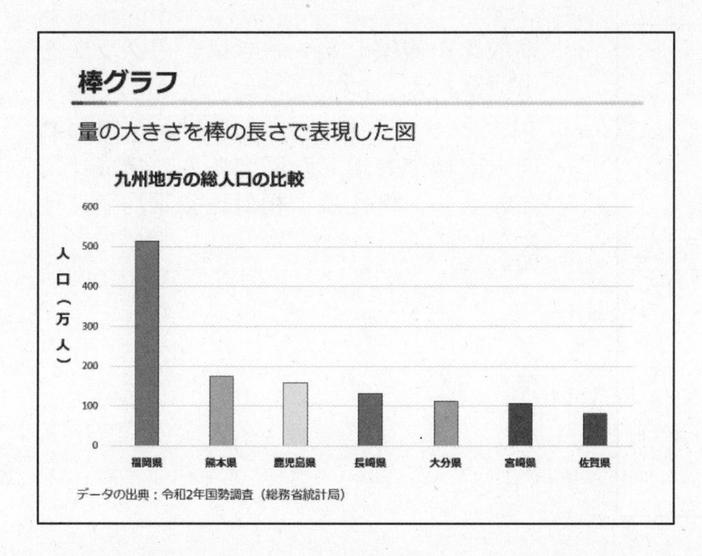

・　このような時には、大きい順で並び替えると、順序がわかりやすくなる。

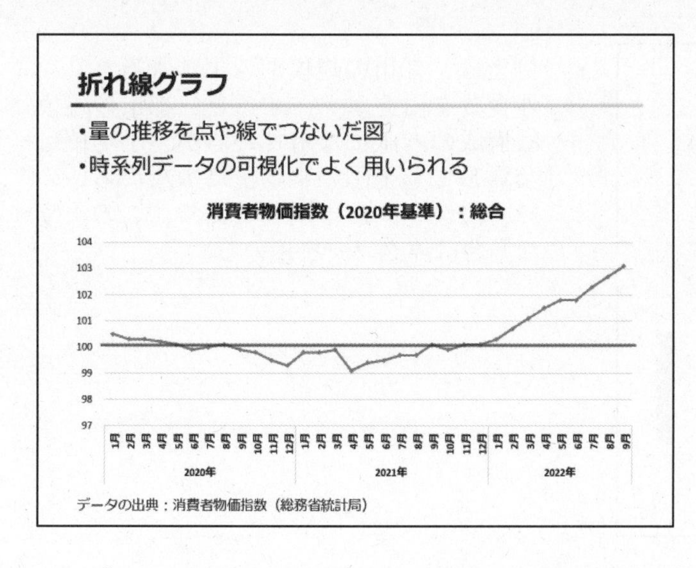

・　傾向を観察したいときは、折れ線グラフを用いる。

・　折れ線グラフは量の推移を点や線でつないだ図である。主に、時系列データの可視化に使われる。

・　この折れ線グラフは、2020 年１月から 2022 年９月までの消費者物価指数の動き、傾向を示したものであり、2021 年の夏頃からどんどん物価が上昇している傾向を観察することができる。

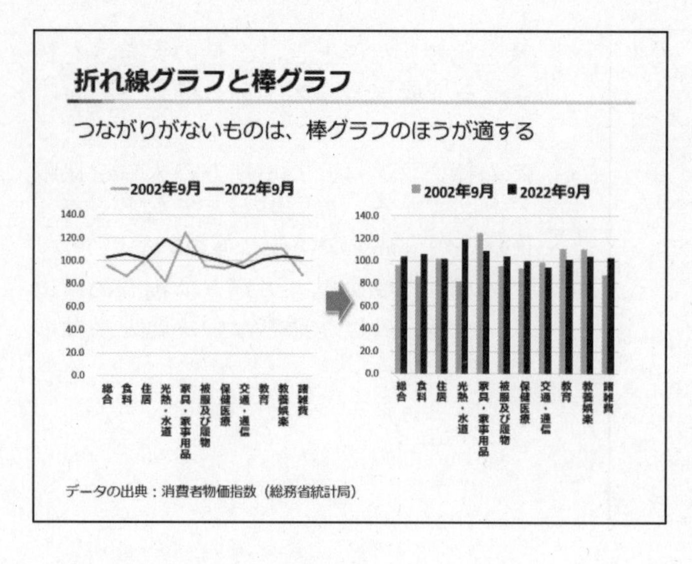

・ 2002年の９月と2022年の９月の物価指数を項目ごとに比較しようということを考えたとする。
・ この場合を折れ線グラフにすると、横軸が繋がりのないものになってしまう。
・ このようにつながりがないものは、折れ線グラフにして線でつないでも傾向を観察することはできないので不適切である。
・ この場合は、棒グラフにして量を比較するのが適切である。

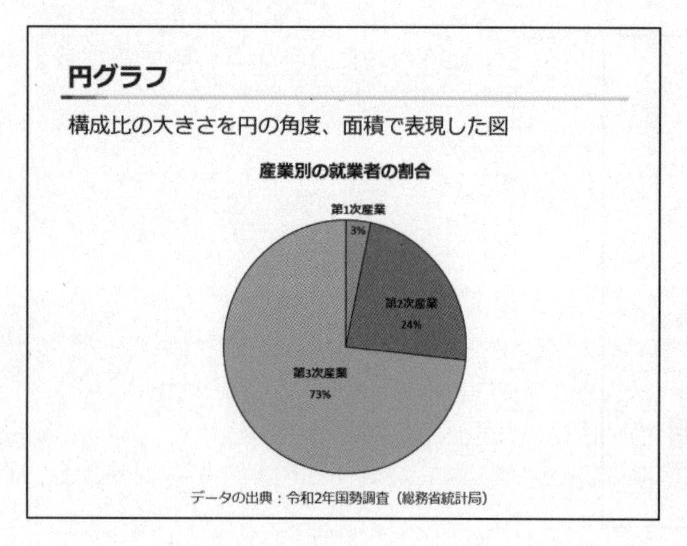

・ 構成比を観察したいときは、円グラフを用いる。
・ 円グラフは、構成比の大きさを円の角度・面積で表現した図であり、構成比でないもの、例えば、相対比や平均値に使えない。

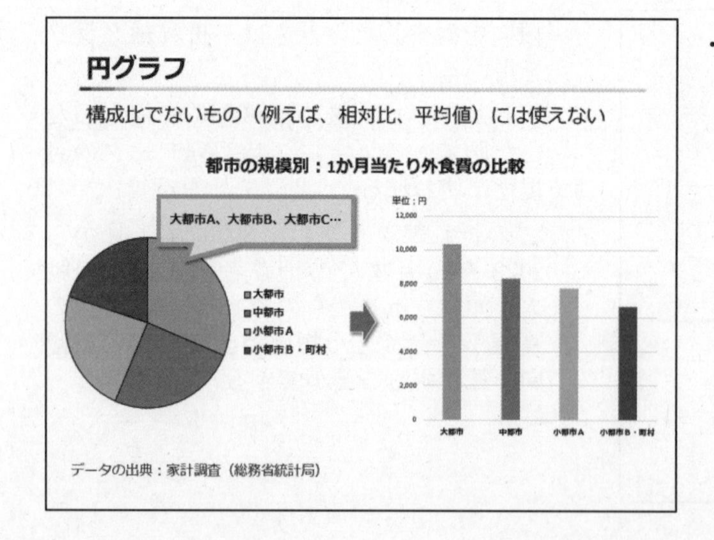

・ 例えば、都市の規模別の１か月当たりの外食費を円グラフにすると、都市の規模は構成の内訳になっているが、平均値は合算しても全国の平均値にはならないので、円グラフは不適切であり、このような場合は棒グラフを用いる。

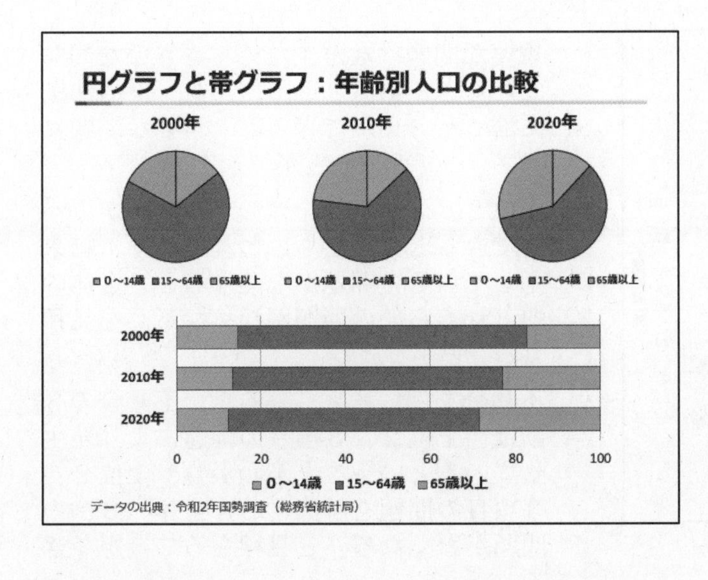

- 構成比の大きさを比較するときに、円グラフだと違いを比較しにくいので、構成比を比べたいときは、帯グラフを用いる。
- 上の円グラフと下の帯グラフは、年齢構成比の 2000 年、2010 年、2020 年の同じデータを可視化したものある。帯グラフの方が比較しやすいことがわかる。

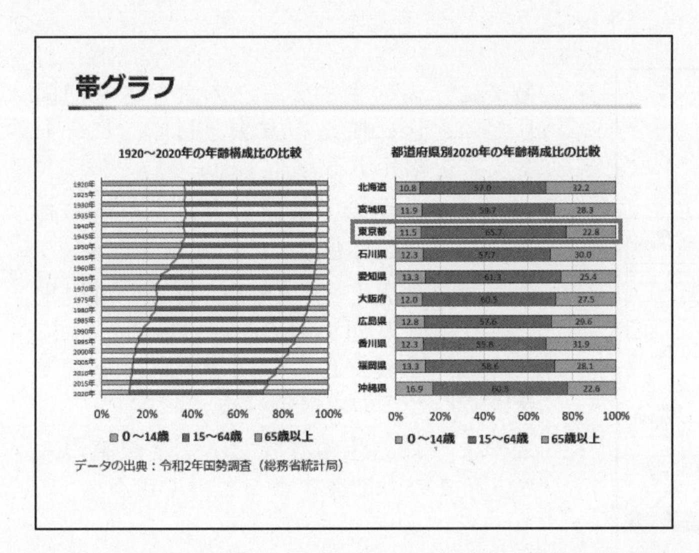

- 円グラフでは、このような多量の構成比を比較することは難しいが、帯グラフなら容易である。
- 左のグラフは 1920 年～2020 年の年齢構成比の帯グラフであるが、時系列の時は特に線を入れるとわかりやすくなる。
- 右のグラフは都市別の年齢構成比の帯グラフである。東京都の構成比を見てみると、真ん中の 15～64 歳人口が多そうだが、このままだと少し読みにくい。
- その場合には数値を併記すると、東京都の 15 歳～64 歳人口、いわゆる生産年齢人口の割合が他の地域に比べて高いことがわかる。

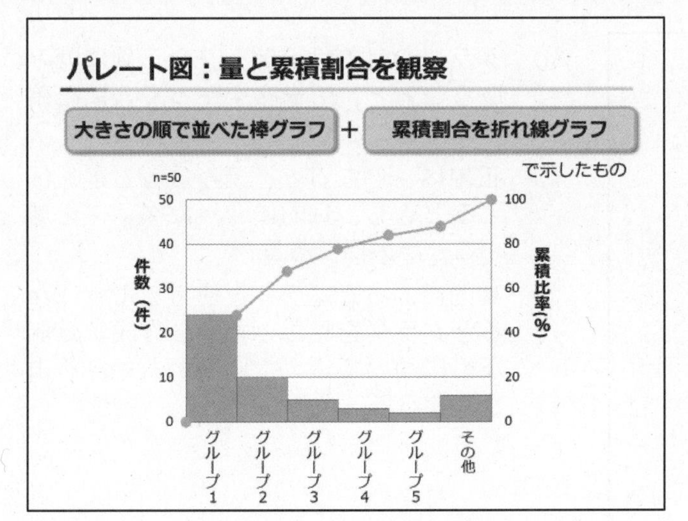

- データを多角的に観察したいときに使うグラフとして、ここでは、量と構成比の確認を一度に行えるパレート図を紹介する。
- パレート図は、あるものを構成する項目ごとの値を大きさの順で並べた棒グラフとその構成比の累積を表す折れ線グラフで示した図である。
- ビジネスシーンでも使われており、横軸には、「商品」や「故障毎の問題」などが来ることが多く、主力製品や重要問題を把握することができる。

パレート図：量と累積割合を観察

パレートの法則
（重要な問題は数少なく、ささいな問題はたくさんある）
に沿った分類ができると

重要な問題にアプローチ

（重点指向）

上位2,3項目で
全体の7～8割が
カバーできるとよい

n=50
件数（件）
累積比率（%）
50
40
30
20
10
0
100
80
60
40
20
0
グループ1
グループ2
グループ3
グループ4
グループ5
その他

- 重要な問題は数が少なく、ささいな問題はたくさんあるといったパレートの法則に沿った分類ができると、重要な問題にアプローチすることができる。
- 上位２、３項目で全体の７～８割がカバーできると良いともいわれており、結果として、その問題がなくなると、全体の内どれくらいの問題がなくなるかを見積もることができる。
- 不具合を例に考えてみると、不具合の８割は、上位２、３項目の問題により発生しているということがわかり、上位２、３項目の問題を解決すると全体の８割の問題がなくなる、と見積もることができる。

ヒートマップ

数値の大きさを色の濃淡で表したもの

例：相関係数表の可視化

	合計特殊出生率	1人当たり県民所得（平成23年基準）	1人1日当たりの排出量	消費支出（二人以上の世帯）	食料費（二人以上の世帯）
合計特殊出生率	1				
1人当たり県民所得（平成23年基準）	-0.49	1			
1人1日当たりの排出量	0.12	-0.22	1		
消費支出（二人以上の世帯）	-0.33	0.41	-0.15	1	
食料費（二人以上の世帯）	-0.66	0.66	-0.29	0.71	1

	合計特殊出生率	1人当たり県民所得（平成23年基準）	1人1日当たりの排出量	消費支出（二人以上の世帯）	食料費（二人以上の世帯）
合計特殊出生率	1				
1人当たり県民所得（平成23年基準）	-0.49	1			
1人1日当たりの排出量	0.12	-0.22	1		
消費支出（二人以上の世帯）	-0.33	0.41	-0.15	1	
食料費（二人以上の世帯）	-0.66	0.66	-0.29	0.71	1

データの出典：SSDSE-E-2022を基に算出

- 最後に、表のままデータの大きさを把握したいときに使える方法として、ヒートマップを紹介する。
- ヒートマップは、数値の大きさを色の濃淡などで表したものである。
- ここでは例として、相関係数表の可視化を行う。-1 に近いものを薄い色に、+1 に近いものを濃い色にしたヒートマップで表現するとこのようになる。
- このように、色の濃淡で示すと数値の大きさをざっと把握することができる。

今回のポイント

■ グラフにする目的は、
　・データを読み取ること
　・データで人に伝えること

■ 目的にあったグラフを選ぶこと
- 量を比較したい ⇨ **棒グラフ**
- 傾向を観察したい ⇨ **折れ線グラフ**
- 構成比を観察したい ⇨ **円グラフ**
- 構成比を比較したい ⇨ **帯グラフ**
- 多角的に観察したい ⇨ **複合グラフ**
- 表のまま観察したい ⇨ **ヒートマップ**

① グラフの目的は、データを正確に読み取ることと、データを使って人に正確に伝えることである。

② 正確に、となると、読み取るときも伝えるときも、目的に合ったグラフを選ぶことが大切である。

③ 目的にあったグラフを使えるようになるとグラフを見たときに、作成した側が何について伝えたいのかもわかるようになる。

第７回　グラフの選び方②

グラフの選び方②

量的データを観察するときに使う3つのグラフ

① 量的データの分布を観察したいとき

② 量的データの分布を比較したいとき

③ 2つの量的データの関係性や分布を観察したいとき

・　量的データを観察するときによく使う、3つのグラフについて紹介する。

質的データと量的データ

- **質的データ・・・文字で表現されるデータ**
  例）東京都、男性、犬、1m以上5m以下など
- **量的データ・・・値で表現されるデータ**
  例）3人、15カ月間、150cmなど
  - ◆ **間隔尺度・・・差に意味がある、負の値が許容される数値**
    例）温度、指標
  - ◆ **比例尺度・・・絶対0と比率に意味があり、負の値が許容されない数値**
    例）身長、体重

・　最初に、データの種類について復習する。

・　質的データは、文字で表現されるデータであり、一方、量的データというのは、値で表現されるデータのことで、間隔が一定で数値の差に意味がある間隔尺度と、0に意味があり、数値の差と数値の比率に意味のある比例尺度を合わせたデータであった。

・　前回は、質的データで分類された量や時系列データを観察、比較するためのグラフについて紹介したが、今回は量的データの分布を観察、比較するためのグラフについて紹介する。

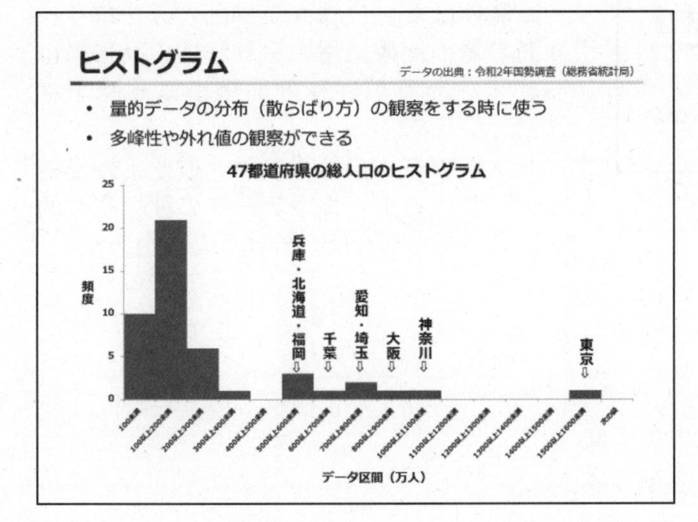

・　量的データの分布の観察はヒストグラムを用いる。

・　ヒストグラムでは、分布の形のほかに、山が２つ以上できる多峰性があるかどうかや、外れ値の観察ができる。

・　この図は47都道府県の総人口のヒストグラムであるが、山が２つあって、東京都は外れたところにあることや、上の方の山は、東京圏と言われる地域や地方の中心的な地域が並んでいることがわかる。

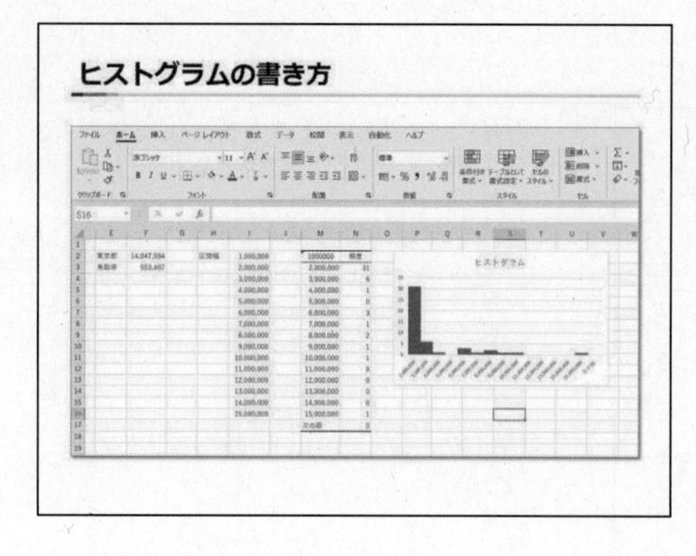

- Excelを用いたヒストグラムの書き方を紹介する。

① 区間幅を決める。

② 最大値と最小値を把握してから、区間を決めて入力する。

③ 分析ツールの中からヒストグラムを選択する。

※ 分析ツールがない場合は、ファイルの中のオプションを選択し、アドインから分析ツールを追加する。

④ 分析ツールでヒストグラムを選択し、入力範囲、データ区間、出力先を指定する。

⑤ 入力範囲指定時に、ラベル（項目名）も選んでいたときは、ラベルのところにチェックを入れる。

⑥ OK を押すと、度数分布表が出てくるので、これを選択して棒グラフを作成する。

⑦ 棒グラフの棒を選択して、右クリックでデータの書式設定を選択、系列のオプションの要素の間隔を０～５％の値にする。

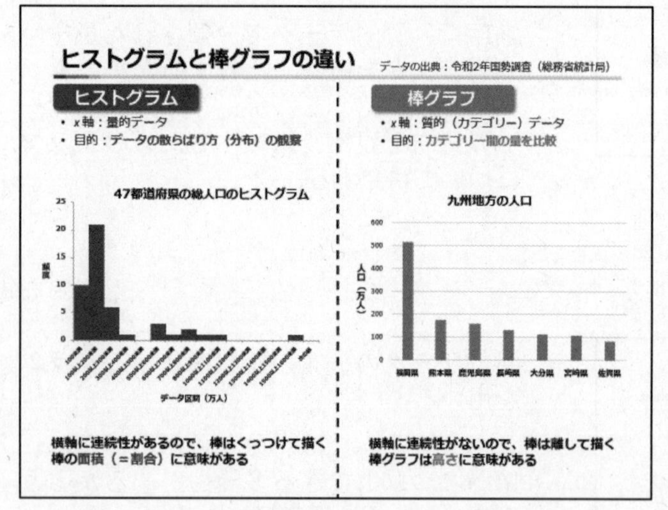

- ヒストグラムと棒グラフの違いについて説明する。
- ヒストグラムのｘ軸は量的データで、横軸に連続性がある。ヒストグラムは、データの散らばり方、分布の観察に用いられ、棒の面積が全体の割合を示している。
- 棒グラフのｘ軸は質的データで、横軸に連続性はない。棒グラフは、カテゴリー間の量の比較に用いられ、棒の高さには意味があるが、棒の面積には意味がない。
- ヒストグラムは棒グラフと似たような形をしているが、扱うデータの種類や目的によって正しく使い分ける必要がある。

箱ひげ図

データの出典：SSDSE-C-2022，家計調査（総務省統計局）

- 四分位数を用いた分布の比較
- 代表値や外れ値の観察に優れるが、多峰性は観察できない

年間支出額平均（2世帯以上）

単位：円

■りんご ■みかん ■ぶどう □バナナ

2次元表

市	りんご	みかん	ぶどう	バナナ
札幌市	5,205	4,906	2,604	5,424
青森市	8,914	3,238	1,968	5,244
盛岡市	8,659	4,162	2,703	5,435
仙台市	5,602	4,906	2,730	4,829
秋田市	8,970	4,759	2,610	5,215
山形市	6,281	4,481	3,734	4,896
福島市	7,212	4,186	2,529	5,219
⋮	⋮	⋮	⋮	⋮

- ヒストグラムも縦にならべれば比較ができるが、たくさんの分布の比較には適さない。
- 箱ひげ図は、四分位数を用いてデータの散らばりを表す。
- 箱ひげ図は、代表値や外れ値の観察がしやすいが、多峰性の観察はできない。

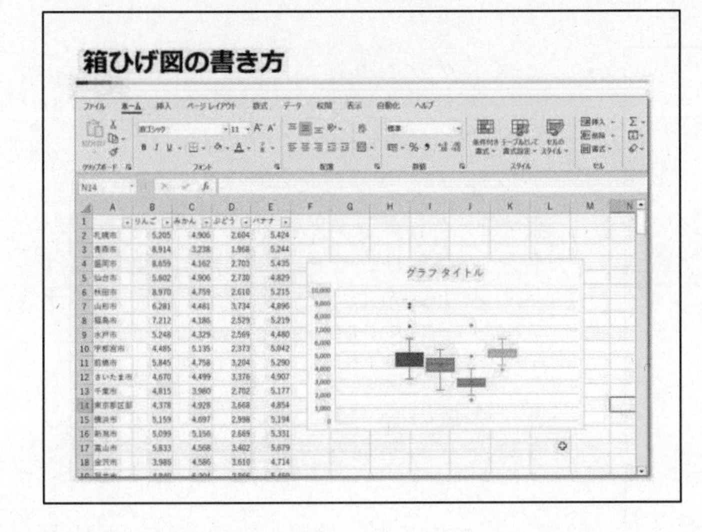

- Excelを用いた、箱ひげ図の書き方を紹介する。
  ① 箱ひげ図にしたいデータを選択する。
  ② 挿入タブからグラフの右のボックスをクリックして箱ひげ図を選ぶ。
  ③ 横軸の軸ラベルを選択して消す。
  ④ 右上のプラスをクリックして凡例にチェックを入れると、凡例が表示される。
  ※ ここで、右クリックをしてデータ系列の書式設定を選ぶと、内側のポイントを表示したり、外れ値の表示を意味する特異ポイント表示を表示したり、平均値を意味する平均マーカーの表示・非表示を選ぶことが可能（平均マーカーは×印で表示される）。

注：排他的な中央値と包括的な中央値

データ数が奇数の時に、四分位範囲（箱の幅）が変わる

排他的な中央値：中央値を含めず、第一・第三四分位数を算出

中央値

包括的な中央値：中央値を含めて、第一・第三四分位数を算出

- 四分位数計算で選択できる「包括的な中央値」と「排他的な中央値」については、少し複雑なので図を用いて説明する。
- ２つの違いは、データが奇数の時、中央値を含める四分位数を求めるか否かであり、含めるときが包括的、含めないときが排他的となる（Excelの初期設定は排他的な方法）。
- データサイズが大きい時は箱ひげ図の形はそこまで変わらないが、データサイズが小さい時は左の図のように、四分位範囲が変わってくるので、外れ値の出方などに影響する。

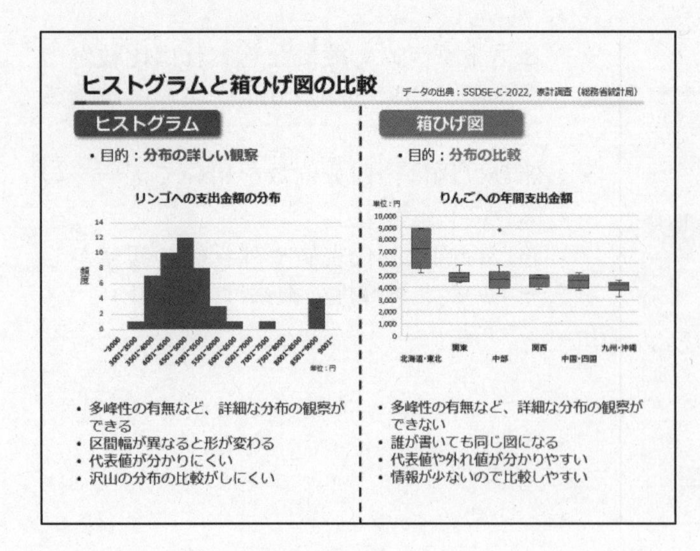

- ヒストグラムと箱ひげ図の違いを説明する。
- ヒストグラムは詳細な分布の形の観察ができるが、多量の分布の比較には適さない。
- 箱ひげ図は、その逆で、詳細な分布の形は観察できないが、多量の分布の比較には適している。

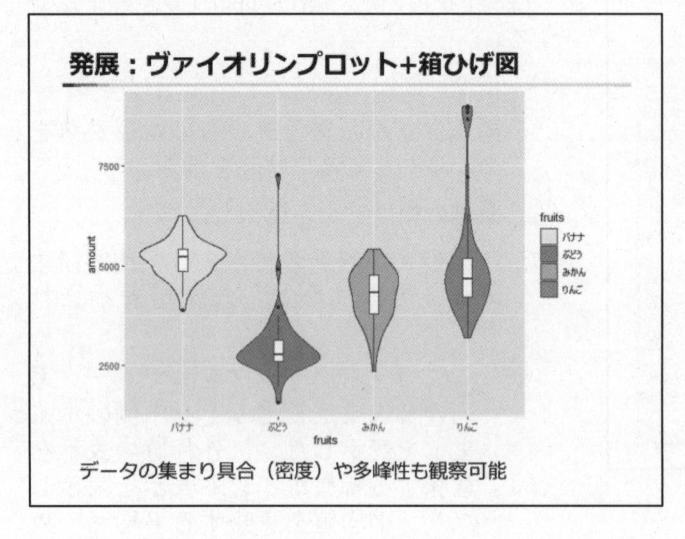

- ヒストグラムと箱ひげ図の長所を合わせた、バイオリンプロットに箱ひげ図を重ねた図をを紹介する。
- バイオリンプロットは、データの分布を表すヒストグラムを滑らかにしたようなグラフであり、データの分布によってはバイオリンのような形になるためバイオリンプロットと呼ばれている。
- バイオリンプロットと箱ひげ図を重ねると、多量の分布の比較ができ、多峰性の有無などの詳細な分布の観察もできるようになる。
- Excelで作ることは難しいのだが、よりよく分布を観察できる図として紹介した。

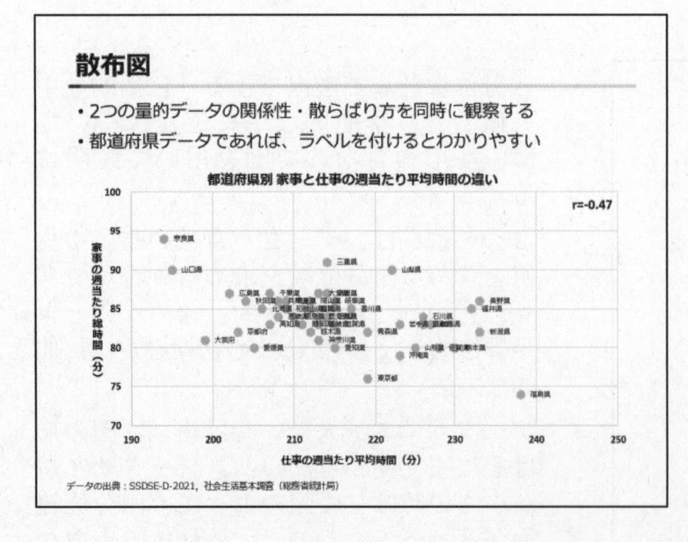

- 二つの量的データの関係性を観察したいときに使うグラフである、散布図を紹介する。
- 散布図は、２つの量的データを縦軸と横軸にそれぞれとり、データが当てはまるところに点を打って示すグラフであり、２つの量的データの関係性と散らばり方を同時に観察するのに非常に便利なグラフである。
- この散布図は都道府県別の家事時間と仕事時間の関係を示しており、家事の時間が長いと、仕事の時間は短いといった、負の相関を示している。

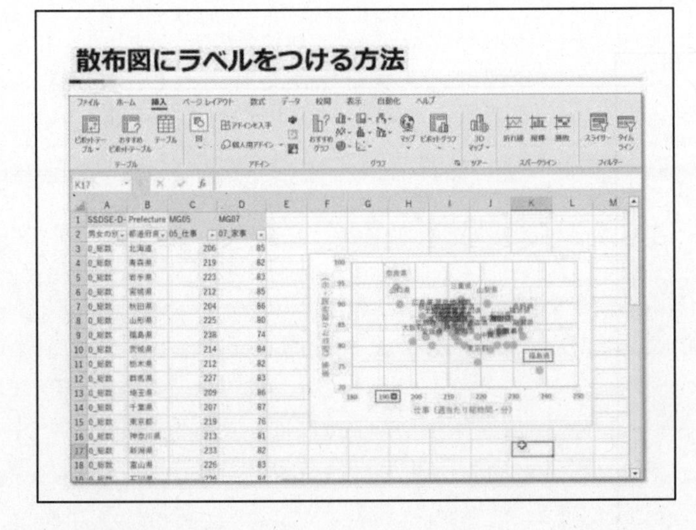

- 都道府県データであれば、ラベルを付けると傾向と異なる部分がグラフ上でみてとれるため、Excelで散布図にラベルをつける方法を紹介する。
  - ① 散布図を描いたら、右上の+をクリックし、データラベルを選択する。
  - ② 出てきた数値ラベルを右クリック、データラベルの書式設定を選ぶ。
  - ③ X値もしくはY値に入っているチェックを外して、セルの値にチェックをいれる。
  - ④ ラベルの範囲として、都道府県名を指定する。

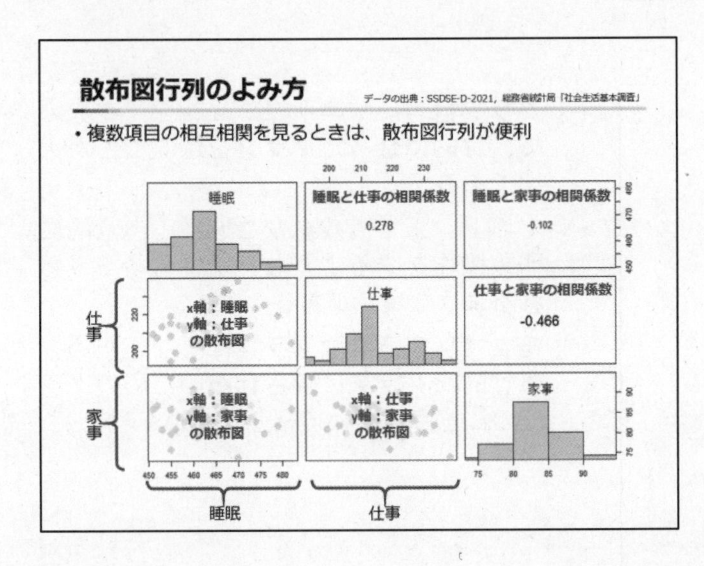

- このように散布図が表状に並んだ図を、散布図行列という。
- この場合は、左の列の横軸は睡眠、真ん中は仕事を示している。
- 例えば、左下の散布図は、x軸が睡眠、y軸が家事を示している。
- 対角線より上は相関係数を示している。このように複数の散布図を同時に観察することができる。

今回のポイント

量的データの分布の観察のための道具

- 量的データの分布を観察したいとき
  - ⇨ ヒストグラム
- 量的データの分布を比較したいとき
  - ⇨ 箱ひげ図
- 二つの量的データの関係性を見たいとき
  - ⇨ 散布図

- 今回は量的データの分布の観察の方法として、ヒストグラム・箱ひげ図・散布図を紹介した。

第８回　グラフを作る時・読む時の注意点

グラフを作る時・読む時の注意点

① 目的に合ったグラフを選ぶ
② 棒グラフは縦軸に注意
③ 項目の区間に注意
④ 第２軸に注意
⑤ 3Dグラフ
⑥ 絵グラフ
⑦ 地図グラフ
⑧ グラフのようでグラフでない図

・　今回は、グラフを作る時、そして、読む時に気をつけなければいけない点について、具体的な事例を交えて説明する。

データをグラフで可視化する目的

•グラフの目的
➤データが語る事を読み取る
➤データで伝える

グラフは コミュニケーションツール
⇨ 目的にあったグラフを選ぶことが大切

恣意的なグラフにしない
恣意的なグラフに騙されない
ための「グラフの注意点」

・　グラフはコミュニケーションツールなので、目的に合ったグラフを選ぶことが大切である。
・　しかし、とても残念なことに、恣意的に印象操作をするようなグラフも多くみられるような現状がある。
・　そこで、恣意的なグラフにしないため、恣意的なグラフに騙されないためのグラフの注意点について紹介していく。

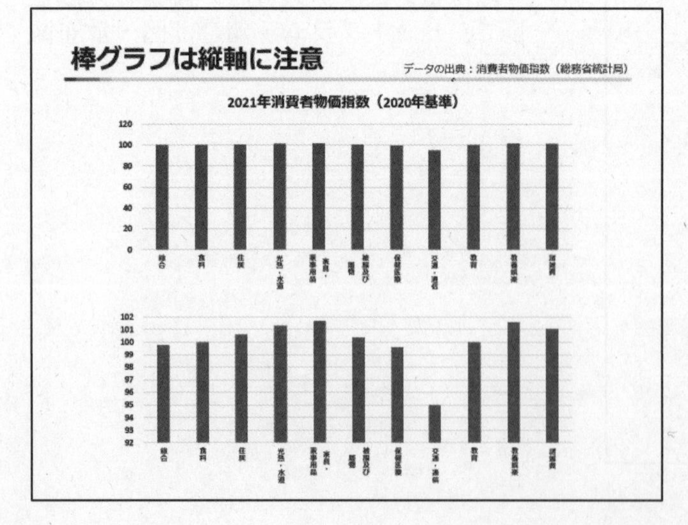

・　棒グラフは、縦軸に注意する必要がある。
・　これは、2021 年の消費者物価指数の 10 大費目を比べた棒グラフである。上と下は同じデータであるが、縦軸の取り方が異なる。
・　そのため、「交通・通信」の物価指数をみると、上の図と下の図では印象が全然異なる。
・　棒グラフは、０から始めることが基本である。０から始まっていない棒グラフを見たら、グラフでだまされていないか疑うことも必要である。

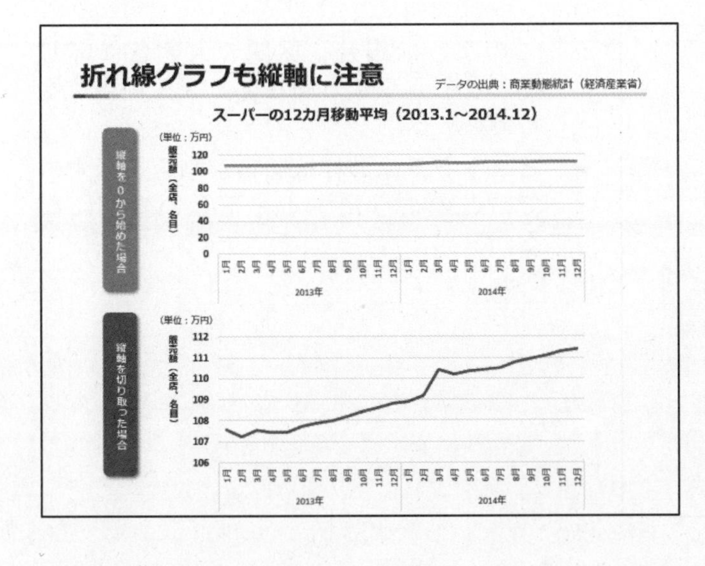

- 縦軸の取り方については、折れ線グラフでも同様の注意が必要である。０からとったときと、変化がある部分だけ切り取ったときとで、傾きが変わる。
- このデータに増加傾向があることは、下の図の方がわかりやすいが、下の図を使って「急成長」というような表現がされている場合は、正確な表現とは言えない。

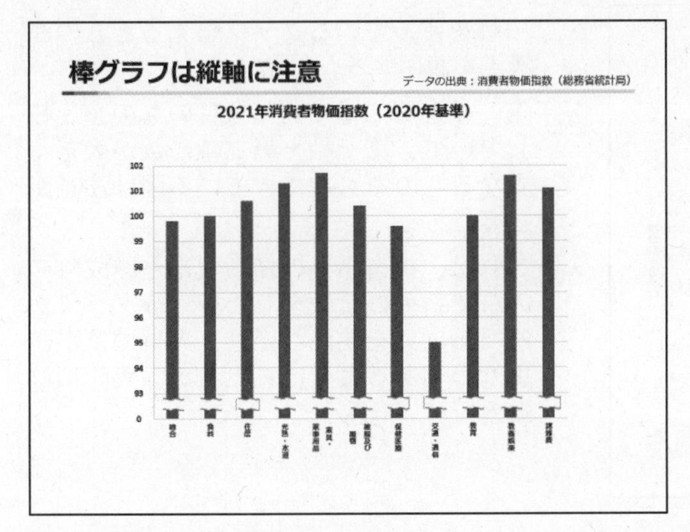

- また、０から始まっていても、省略波線で省略している場合もある。
- 省略波線は、変化を見やすくするという意味で省略している場合もあるが、違いを大きく見せるため、グラフの目的を見極めた上でミスリードされないように注意する必要がある。

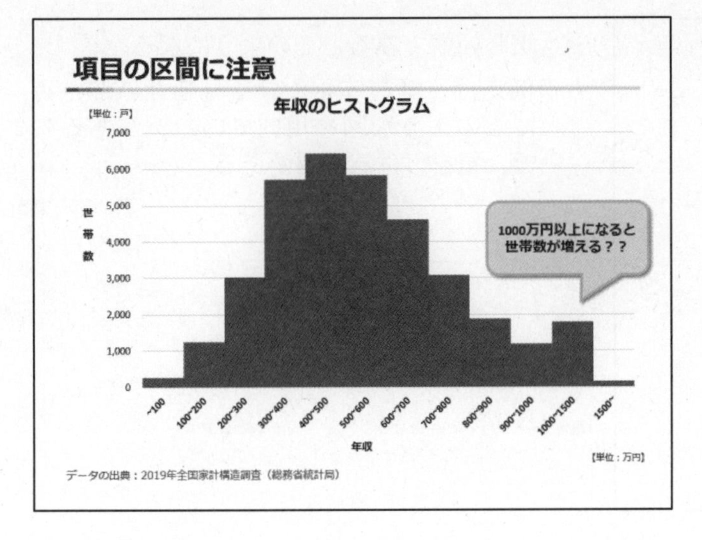

- 項目の区間に注意しないといけない場合について説明する。
- 左図は年収のヒストグラムである。900万円代の年収の人より1000万円以上の人の方が多くなっているが、区間をよく見ると、0～900 まではデータ区間が 100、1000以上は500になっている。

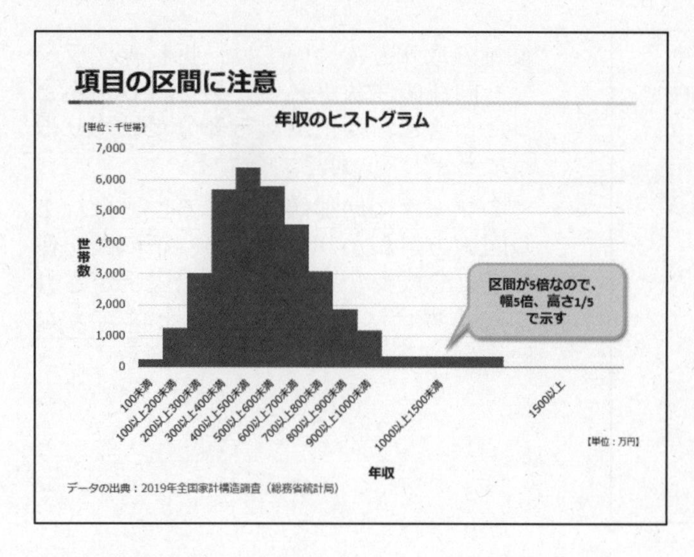

- このような場合、区間の大きさに応じて、幅を 5 倍にと高さを 1/5 に調整する必要がある。
- ヒストグラムの棒は面積が割合を示すので、このようにすると正しい表現になる。

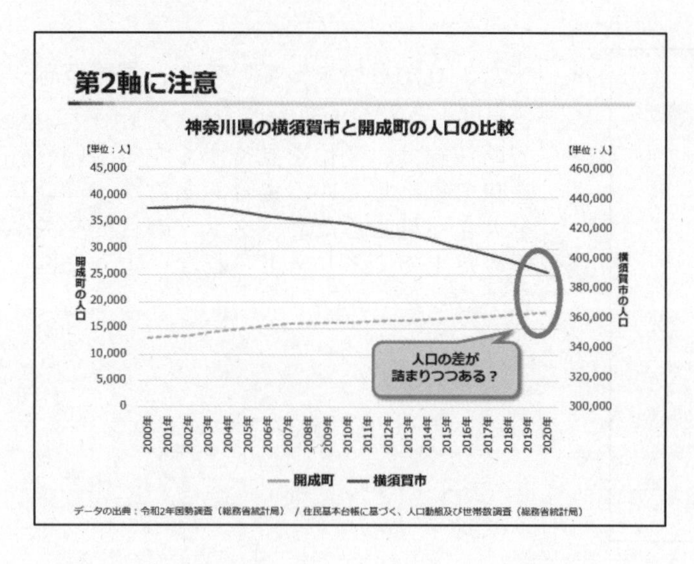

- 二軸を使っているグラフを見るときの注意点を説明する。
- 第一軸と第二軸で同じ項目のものを比較していて、第一軸と第二軸に数が大きく異なるものをもってきている図は注意が必要である。
- これは、神奈川県の横須賀市と開成町の人口時系列の比較をした折れ線グラフある。軸に気を使わないと、人口の差が詰まりつつあるように見えるが、実際には軸の桁が一桁違う。

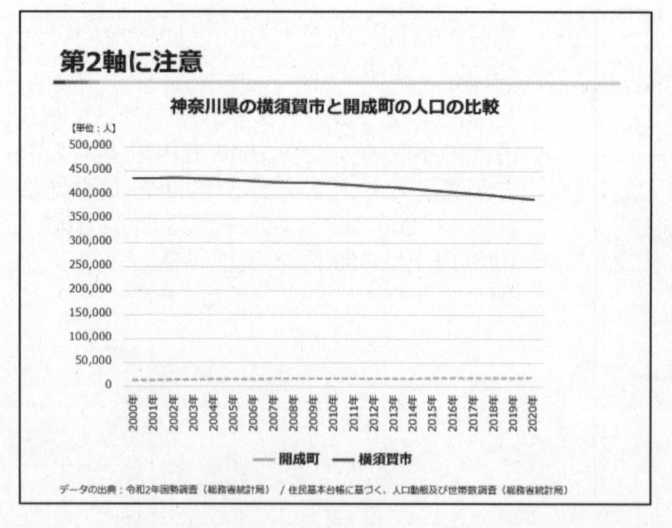

- 正しい図でみるとこのようになる。
- 例えば、業績等を大きく見せたいがためにこのような図を用いている例があるので、気を付ける必要がある。

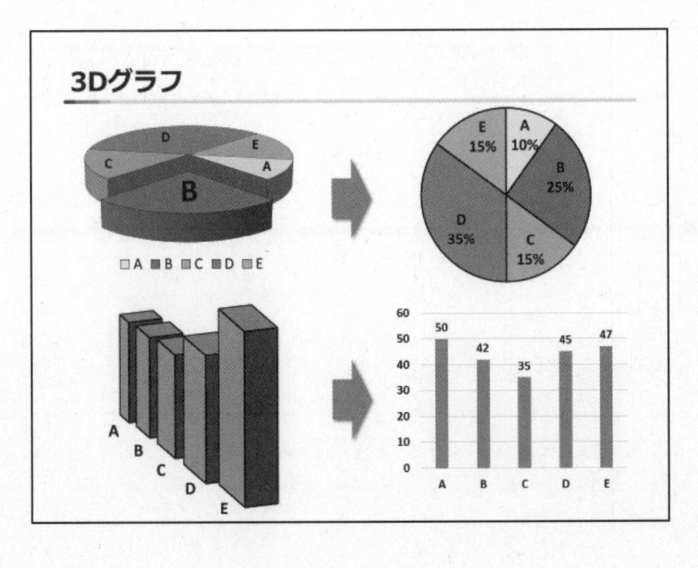

- 3D グラフは使わない方がよいとよく言われる。なぜかというと、手前側が大きく見えて、錯覚しやすいからである。
- 3D グラフを平面グラフにしたのがこちらの図である。3D グラフは何かと使われがちだが、使われていたら要注意である。

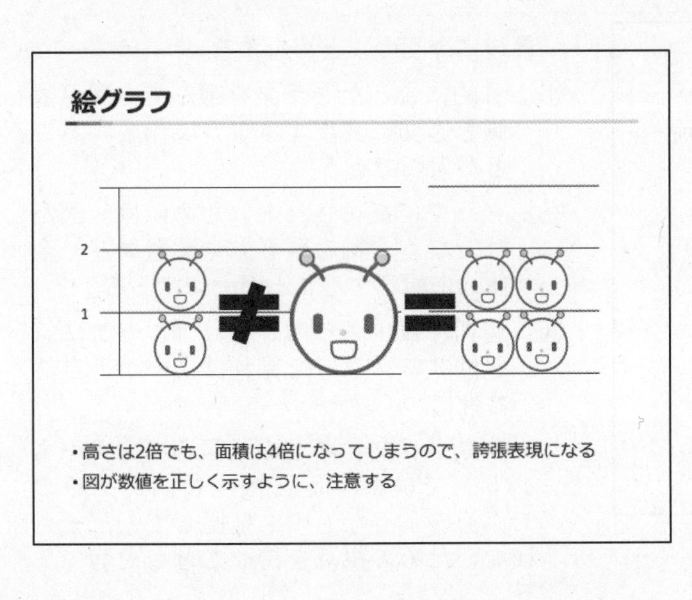

- 絵グラフも注意が必要なグラフの 1 つである。絵グラフを用いるときは、絵の面積で数を表現するので、高さが一緒になるように、図を大きくすると、誇張表現になってしまう。
- 高さを 2 倍にすると 2×2 の 4 倍大きくなってしまうので注意が必要である。

- 地図グラフは、どの県がどのような値かを知るにはとても便利な図であるが、シェアの多さなど、人口規模で観察した方が適切と思われるものに対して、この図は面積の広さで主張しようとしている。
- これは、濃い色の方が面積は広く、総人口は濃い方が小さくなるように、私が意図的に作ったものである。
- このように人口単位でみると半分以下でも、日本の広い範囲をカバーしているように見せかけることができるということである。
- 地図グラフがなにを表現しているのかは、読み取るときに気を付けなければならない点である。

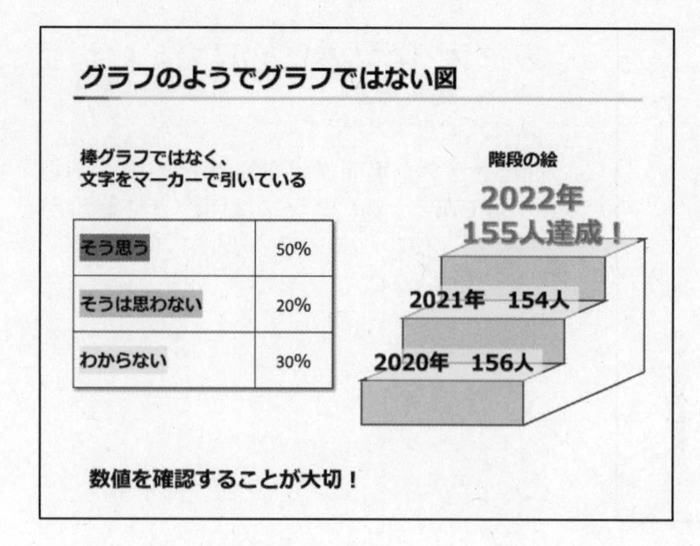

・　グラフのようでグラフでない図として、このように錯覚しやすそうな図は描かない方がよい。

今回のポイント

- 目的にあったグラフを選び、図が数値を適切に表現するように作成することが大切
- 軸の取り方や数値など全体的に観察することが大切
- 適切に表現できる力が付けば、どこに気を付けてみる必要があるかわかる
- 「詐欺グラフ」で検索すると、色々な例が確認できます

・　最後に今回のまとめをする。

①　目的に合ったグラフを選んで、図が数値を適切に表現するように作成することが大切である。

②　グラフでだまされないためには、図だけでなく、軸の取り方や数値など、全体的に観察することが大切である。

③　適切に表現する力が付けば、どこに気を付けてグラフを見ればよいか、自然と身につく。

・　「詐欺グラフ」などの単語をインターネット上で検索すると様々な例が出るので、そのようなものも把握して、だまされないための視点を持つことも大切である。

第４週：公的データの使い方

第４週では、誰もが入手可能な公的統計データの入手方法や活用方法を中心に学ぶ。各回の内容とその目標を以下に示す。

	内容	到達目標
第１回	公的統計とは	公的統計とは何か、公的統計の特徴や種類について理解する。
第２回	公的データの入手方法	e-Stat の概要や使い方、機能について理解する。
第３回	e-Stat の使い方（データベース機能・人口ピラミッド）	e-Stat のデータベース機能の概要、データベース機能の使い方として、集計表の調査項目・レイアウト変更などと、グラフ・人口ピラミッドの作成ついて理解する。
第４回	統計ダッシュボードの使い方	統計ダッシュボードの使い方について理解する。
第５回	地図で見る統計（jSTAT MAP）の主な機能	地図で見る統計（jSTAT MAP）の主な機能について理解する。
第６回	地図で見る統計（jSTAT MAP）の使い方	地図で見る統計（jSTAT MAP）の使い方の基本について理解する。
第７回	その他の便利なデータの紹介（SSDS、RESAS、世界の統計 等）	e-Stat と合わせて利用することにより、様々な分析に役立つデータや、可視化などを効果的・効率的に行うことのできる外部の機能についてについて理解する。
第８回	本講座のまとめ	本講座で学んだ内容を概観し、統計調査による正確な統計データの作成の必要性を確認する。

第１回　公的統計とは

公的統計とは

① 公的統計とは

② 公的統計の特徴

③ 公的統計の種類

統計法

公的統計の作成や提供に関して基本となる事項を定めた法律。
国などの作成する統計の法律的な根拠になる。

- 公的統計について以下３点から解説する。
  - ①　そもそも公的統計とは何か
  - ②　公的統計の特徴について
  - ③　公的統計の種類について
- 統計法は、公的統計の作成や提供に関して基本となる事項を定めた法律で、国やそれに準じた組織が作成する統計の法律的な根拠を与える法律である。
- ここでは、統計法を、公的統計がどのような目的で、どのように作成されているのかを説明するときの参考資料として参照していく。

公的統計とは

- **公的統計の定義**
  - 行政機関、地方公共団体又は独立行政法人等が作成する統計
    - ◆ 統計法 第二条第３項
- **公的統計の役割**
  - 国民にとって合理的な意思決定を行うための基盤となる重要な情報
    - ◆ 統計法 第一条

この法律は、**公的統計が国民にとって合理的な意思決定を行うための基盤となる重要な情報**であることにかんがみ、公的統計の作成及び提供に関し基本となる事項を定めることにより、公的統計の体系的かつ効率的な整備及びその有用性の確保を図り、もって国民経済の健全な発展及び国民生活の向上に寄与することを目的とする。

- 公的統計とは、統計法で「行政機関、地方公共団体又は独立行政法人等が作成する統計」と定めている。
- 統計法は、公的統計の役割が「国民にとって合理的な意思決定を行うための基盤となる重要な情報」を提供することであると定めている。
- そのため、国民が意思決定する上で必要とする統計を提供することが公的統計の役割であり、合理的な意思決定に役立つためには、情報が正確でなければならない。

公的統計の特徴

- **国民にとって合理的な意思決定を行うための基盤となる重要な情報**

① 網羅性

② 定期性

③ 信頼性

④ 公開性

→ 公的統計の長所（強み）

- 分散性

- このように、「国民にとって合理的な意思決定を行うための基盤となる重要な情報」を提供するという役割をもつ公的統計は、その役割から、網羅性、定期性、信頼性、公開性を備えるという特徴を有する。
- これらの特徴は、公的統計の長所と言い換えることもできる。
- もう一つの分散性については、日本の統計機構の特徴であり、公的統計を利用するときに覚えておくべき特徴である。

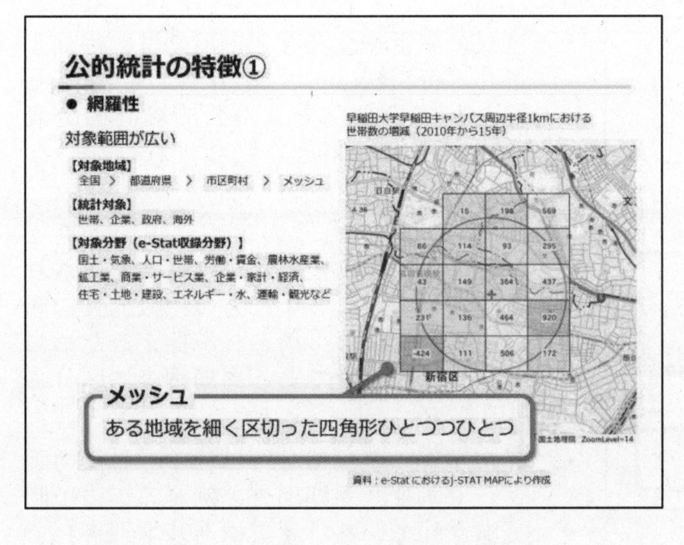

- 最初の特徴として網羅性を挙げる。ここでは、対象範囲が広いことを網羅性という言葉で表現している。
- 例えば、対象となる地域については、多くの公的統計において、限られた地域だけではなく、全国を主な集計対象としている。
- 調査の規模が大きい公的統計では、全国を都道府県に、都道府県を市区町村に、市区町村をメッシュに分割することも可能。
- 網羅性は集計対象の単位にも適用できる特徴である。公的統計の集計対象は、生活の単位である世帯や生産活動の単位である事業所・企業、政府、海外で活動する事業所などにも及ぶ。
- 統計作成の対象となる分野も広範である。公的統計の入手先である e-Stat には、様々な分野が収録されている。
- この図は、2010年と2015年に実施された国勢調査の結果を利用して、早稲田大学の早稲田キャンパス周辺のメッシュごとの世帯数の変化を示したもの。
- メッシュの中の世帯数の変化を見ることによって、市区町村より一層細かい地域の世帯数の変化を知ることができる。
- このようなメッシュ統計が作成できるのは、国勢調査によって、全国の全部の世帯がくまなく調査されているからである。

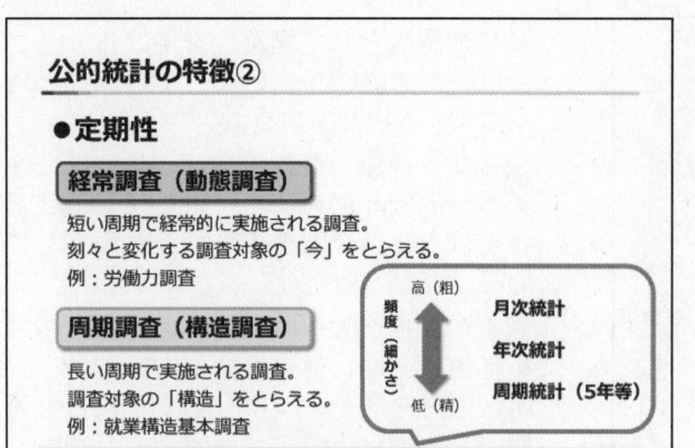

- 国民の生活や企業などの活動は、毎日・毎月・毎年続けられているため、情報基盤としての役割をもつ公的統計の公表も、定期的に実施されなければならない。
- 公的統計は、月次のように短い周期で「今」を捉えるために経常的に実施される経常調査と、５年などの比較的長い周期で調査対象の「構造」を捉えるために実施される調査である周期調査に区分される。
- 経常調査の例は毎月行われる「労働力調査」であり、周期調査の例が５年に１回実施されている「就業構造基本調査」である。
- この組み合わせによって、就業状態の「今」が捉えられるだけでなく、就業状態の「構造」についての情報も定期的に入手することができることになる。

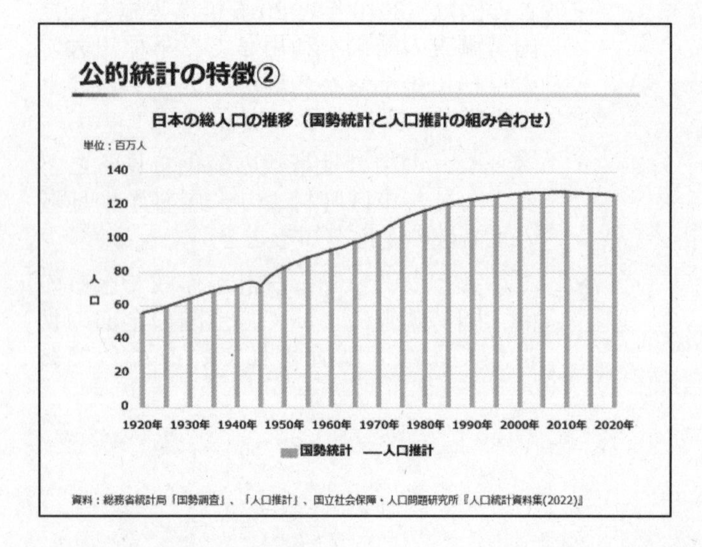

- こちらの図は、５年おきに実施される「国勢調査」による人口と、「国勢調査」実施年以外の時点における人口を推定した「人口推計」による人口とによって、第１回国勢調査が実施された 1920 年から、一番新しい「国勢調査」が実施された 2020 年までの人口の推移を表している。
- この図が作成できるのは、公的統計が定期的に作成・公表されていることの結果と言える。

公的統計の特徴③

●信頼性

– 公的統計は、適切かつ合理的な方法により、かつ、中立性及び信頼性が確保されるように作成されなければならない。
  ◆ 統計法第３条第２項
– 全数調査と標本調査とは何か？
– 全数調査と標本調査の役割分担

全数調査　調査対象全体（母集団）　全てを調べる

標本調査　調査対象全体（母集団）　抽出　一部（標本）

- 国民の意思決定に役立てられる公的統計は、正確であることを旨として作成されている。
- 統計法は、公的統計が「適切かつ合理的な方法により、かつ、中立性及び信頼性が確保されるように作成されなければならない」と定められている。
- ここで、信頼性との関係で、全数調査と標本調査とは何か、そして、公的統計における両者の役割分担がどのようになっているか、について触れる。
- 全数調査とは、調査対象のすべてを調べる調査を指し、これに対して、標本調査とは、調査対象の一部を調査する調査を指す。

全数調査と標本調査の長所と短所

- **全数調査**
  - 調査対象のすべてを調査する。
    - ○ 正確な情報が得られる
    - × 費用・時間・人手がかかる

定期的な実施が必要

- **標本調査**
  - 調査対象の一部を調査する。
    - ○ 費用・時間・人手が全数調査よりも少ない
    - × 一部しか調べない ⇨ 慎重な推定が必要。

- **国勢調査（人口センサス）**
  - 全国のすべての世帯・常住者が調査される。
- **経済センサス**
  - 全国のすべての事業所・企業が調査される。

全数調査 → 標本調査 / 標本調査 / 標本調査 (×3) ⇩ 詳細な統計を作成

- 全数調査の長所は、調査対象を全部調べるため、調査対象について正確な情報が得られることであるが、その反面、調査の規模が大きいので調査の管理が難しく、調査の実施にも調査結果の集計・公表にも多くの時間と費用を要する。
- 標本調査では、実際に調査する対象が少ないために、調査が管理しやすく、時間と費用に余裕が生まれて、かなり込み入った調査項目も調査できるが、調査対象の一部しか調べないので、調査結果から調査対象全体について集計するためには、統計理論を頼りにした慎重な推定が必要とされる。
- 全数調査は、必要とされる人員、費用、時間などの面から頻繁に実施できるわけではないが、標本調査を設計するときの基本情報としても利用されることから、定期的に実施されなければならない。
- 全国のすべての世帯を調査する国勢調査や、全国のすべての事業所・企業を調査する経済センサス-活動調査がその例である。
- 日本の公的統計は、定期的に全数調査を実施して調査対象全体の様子を把握しつつ、そこから得られる情報をもとに標本調査を実施して全数調査では作成できない詳細な統計を作成するように構成されており、このような役割分担によって、信頼性の高い詳細な統計が作成できるように設計されている。

公的統計の特徴④

- **公開性**
  - 公的統計は、広く国民が容易に入手し、効果的に利用できるものとして提供されなければならない。
    - ◆ 統計法 第三条第３項
- **分散性**
  - 日本の統計機構：分散型
    - ◆ 作成する統計と調査を企画する部署が府省その他の間に分散している。

より利用しやすい公的統計とするために

⇨ e-Statによる簡単・便利・詳細なデータの公開
- ◆ 多くの統計が無料で提供されている。

- 公的統計は、国民の意思決定に役立つことを役割としていることから、誰でも入手・利用できるようにしていなければならない。
- 統計法においても、「公的統計は、広く国民が容易に入手し、効果的に利用できるものとして提供されなければならない」と定めて、公開性を保証している。
- 日本の公的統計の特徴として、公的統計を企画・作成する権限がそれぞれの行政機関に分散されていることが挙げられる。
- 一昔前までは複数のデータを組合わせるのに難儀したが、現在では、e-Stat などによって、複数の行政機関が作成した統計を、電子媒体で容易に入手できるようになっており、このことは、統計法に定められた公開性の前進と言える。

公的統計の種類

- **基幹統計**：統計法で定められた、公的統計の中で重要な統計
  - 53統計（2019年5月24日現在）
    - ◆ 例：国勢統計、経済構造統計、農林業構造統計、国民経済計算、鉱工業指数、生命表、法人土地・建物基本統計、学校基本統計、民間給与実態統計、法人企業統計、自動車輸送統計、産業連関表、…
  - 基幹統計調査＝基幹統計作成のために実施される統計調査
    - ◆ 国勢調査、経済センサス-活動調査、農林業センサス、など
  - 調査以外の情報も利用して作成される基幹統計
    - ◆ 国民経済計算、産業連関表、生命表、社会保障費用統計、鉱工業指数、人口推計
- **一般統計**：基幹統計以外の公的統計の総称
  - 基幹統計に準じた手順で作成される。

・ 公的統計の種類として、基幹統計と一般統計という用語について簡単に説明する。

・ 基幹統計とは、公的統計の中で特に重要なものとして統計法に定められたものであり、現在、53の基幹統計がある。

・ 基幹統計以外の公的統計は、一般統計と総称され、その数は、基幹統計の数よりもずっと多い。

・ 基幹統計に準じた手順で作成されているものが多く、重要で信頼性の高い統計が多くある。

今回のポイント

- **公的統計とは**
  - 国民にとって合理的な意思決定を行うための基盤となる重要な情報として、行政機関が作成した統計
- **公的統計の特徴**
  - 網羅性、定期性、信頼性、公開性、分散性
- **公的統計の種類**
  - 基幹統計と一般統計

・ 公的統計とは、国民にとって合理的な意思決定を行うための基盤となる重要な情報として行政機関が作成した統計を指す。

・ それは、網羅性と定期性、信頼性、公開性を備えた統計で、日本の統計機構が分散型であることから、それぞれの行政機関が独立して作成している。

・ 公的統計には基幹統計と一般統計の種別があり、前者が特に重要な統計とされている。

第２回　公的データの入手方法

今回の講義の内容

① 政府統計の総合窓口（e-Stat）とは？
② e-Statで統計データを探す
③ e-Statで統計データを活用する
④ その他の機能（統計データの高度利用など）

・　今回は、e-Stat の概要や使い方、機能について説明していく。

政府統計の総合窓口（e-Stat）の概要

政府統計の総合窓口(e-Stat)は、
・各府省が公表する統計データを一つにまとめ
・利用しやすい形で、ワンストップで提供する
政府統計のポータルサイト

各府省の統計
A省
B省
C省
WEBSITE
一つにまとめ提供
政府統計の総合窓口（e-Stat）
e-Stat
統計データの検索
簡潔に時系列で表示
地域ごとに集計やランキング
地図上に図示

・　政府統計の総合窓口である 「e-Stat」は、各府省が個別に作成した統計データを、一つにまとめ、利用しやすい形に整理し、ワンストップで、検索・利活用がしやすい形で提供するウェブサイトである。

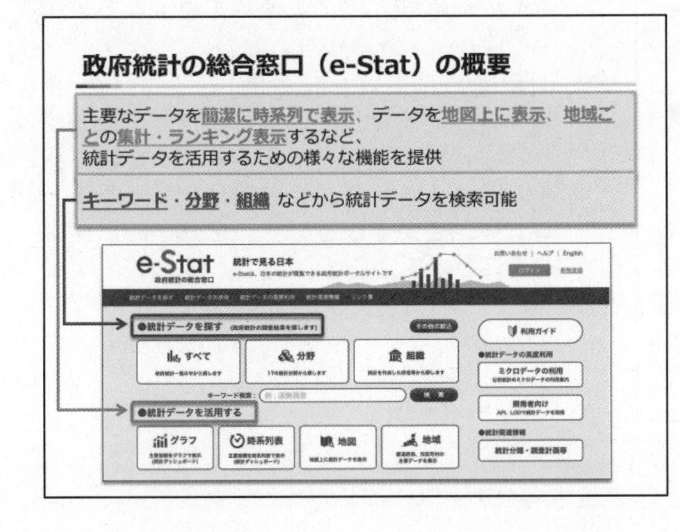

・　「e-Stat」では、各府省が提供する公的統計データを、目的に応じて様々な角度から検索することが可能である。
・　具体的には、以下の観点から必要な統計を検索することができる。
①　統計の特徴を表すキーワード
②　人口、産業などの分野ごとの切り口
③　当該統計を作成している組織
・　また、　主要なデータを時系列の形で表示、データをその値ごとに色分けして地図上に表示、地域ごとにランキング表示といった作業を簡単に行うことも可能。

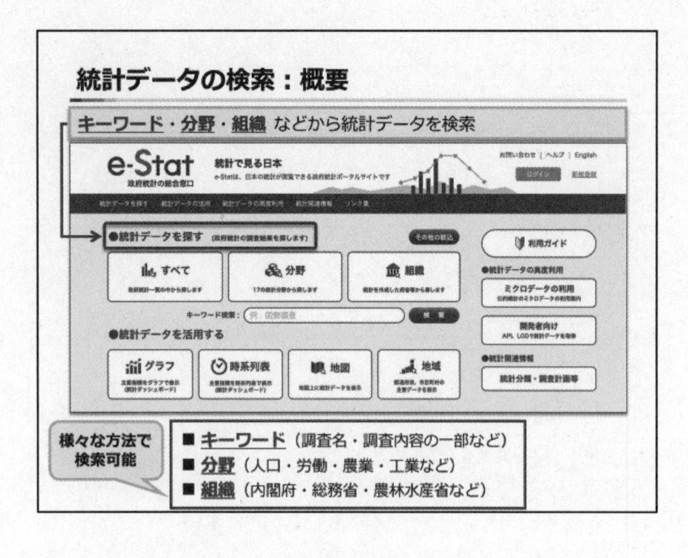

・　統計データの検索は、「e-Stat」の「統計データを探す」の機能から、様々な方法で行うことができる。

①　調査名・調査内容の一部などの「キーワード」による検索

②　人口・労働・農業・工業などの「分野」による検索

③　内閣府・総務省・農林水産省などの「組織」による検索

・　例えば、我が国の「就業」の状況について知りたい場合は「すべて」から、必要となる公的統計を指定し、検索を行う。

・　キーワードを用いて、膨大な公的統計データの中から、必要となるものを効率的に検索することが可能である。

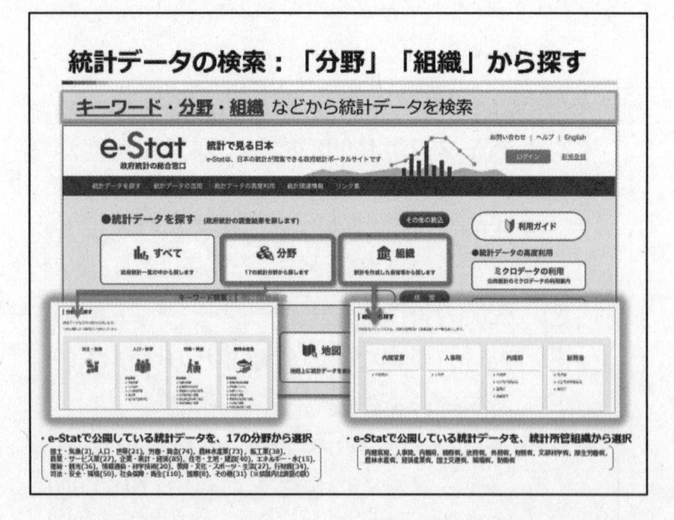

・　「e-Stat」では、キーワード・分野・組織などから統計データを検索することも可能である。

・　例えば、「人口」「労働」「家計」「企業」など、検索したいと考えている公的統計の「分野」があらかじめわかっている場合には、そこから必要な項目をたどることにより、必要となるデータを効率的に検索することができる。

・　例えば、「国勢調査」に関する統計データについては、膨大な集計表が公表されているが、「分野」から、「人口・世帯」に移り、「国勢調査」を選択することにより、複数の国勢調査のデータをダウンロードすることのできる画面を表示することができる。

・　「データベース機能」は、国勢調査のように、膨大な集計表から必要な項目を抜き出して集計を行う場合に便利な機能である。
・　簡単な操作で、必要な変数を抽出したり、クロス表の軸を変えたりする操作を実行できる。

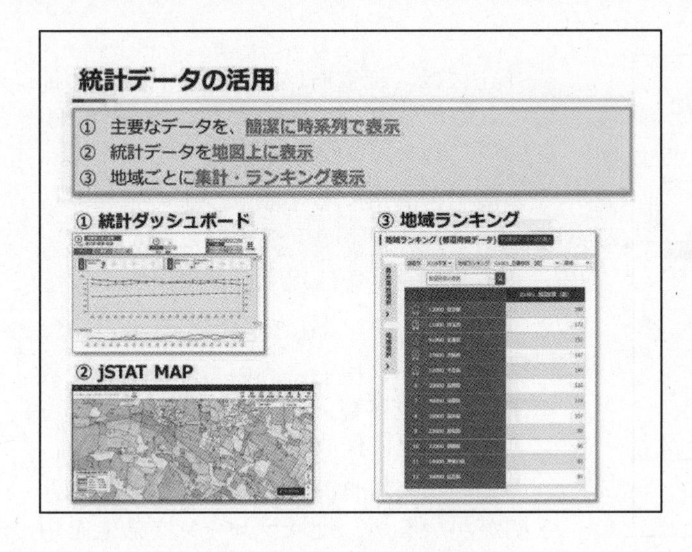

・　「e-Stat」では、①主要なデータを、簡潔に時系列で表示したり、②統計データを地図上に表示したり、③地域ごとに集計・ランキング表示したりする機能が備わっている。
・　これらの機能は、以下の形で「e-Stat」から利用することができる。

①　統計ダッシュボード
②　jSTAT MAP
③　地域ランキング

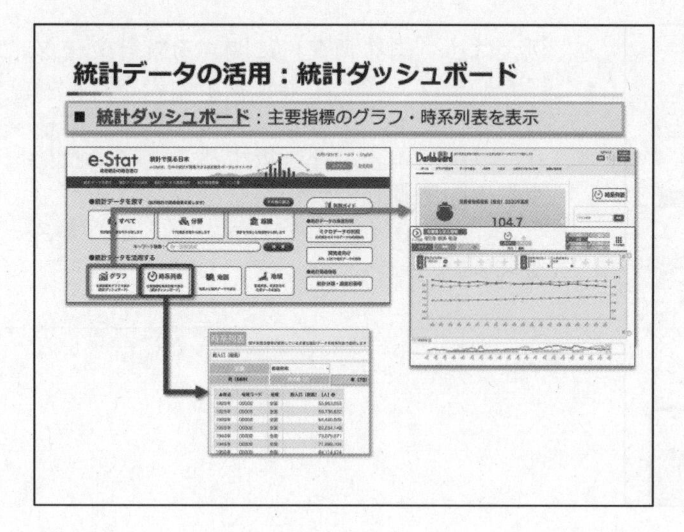

- 「統計ダッシュボード」は、主要指標のグラフ・時系列表を表示する機能である。
- 統計ダッシュボードを利用することにより、主要指標のグラフや詳細な時系列グラフを簡単に表示することができ、足元の経済、社会情勢を把握することが可能。
- また、統計ダッシュボードに表示されている主要指標のグラフの元となった時系列データを e-Stat から取得することもできるため、統計データによっては長期の時系列データを取得することも可能。

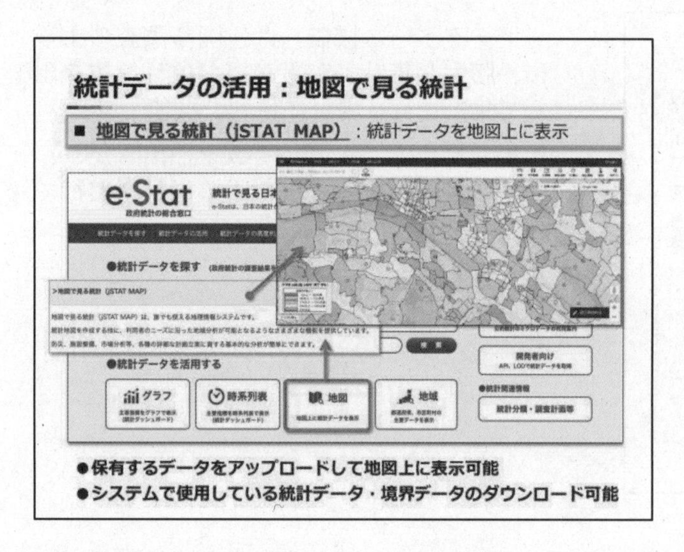

- 「地図で見る統計（jSTAT MAP）」は、統計データを地図上に表示する機能である。
- 市区町村、小地域、地域メッシュなどの、地域で提供されている統計データの一部を地図上に表示して、地理的な分析を行うことができる。
- また、この機能では、e-Stat に収録されている統計データだけではなく、ユーザーが保有するデータをアップロードして、地図上に表示することも可能なほか、システムで使用している統計データや境界データのダウンロードも可能である。

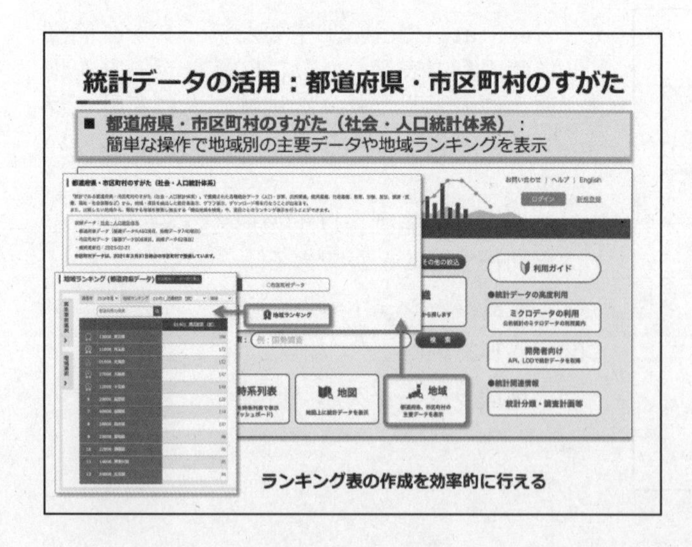

- e-Stat には、都道府県・市区町村などの地域ごとのデータを、値の大きいあるいは小さい順にランキング表示する機能がある。
- この機能を活用する手順は以下のとおり。
  ①　「e-Stat」のトップページを開く
  ②　「統計データを活用する」を選択
  ③　「地域ランキング」を選択
- 地域ランキング機能において、目的の変数を選択し、並べ替えることにより、ランキング表を手軽に作成することが可能。
- このような表を自分で作成しようとすると手間がかかるが、地域ランキング機能を用いることにより、作業を効率的に行うことができる。

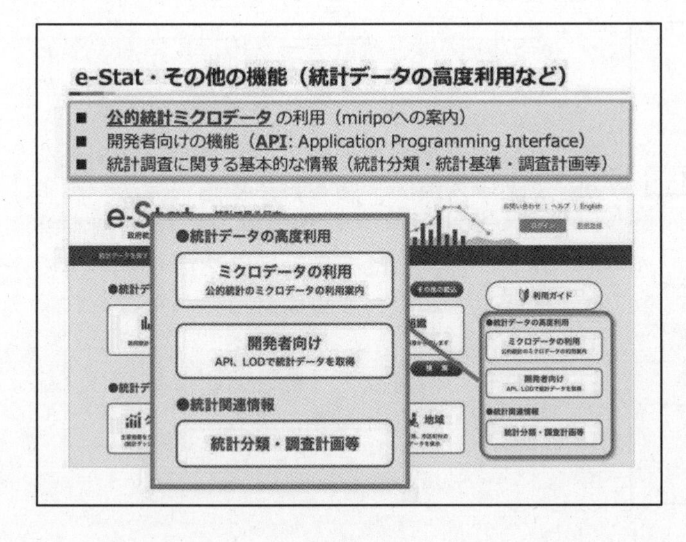

- 「e-Stat」には、単に必要となるデータを検索したり、ダウンロードしたり、それらのランキングを作ったりするだけでなく、それ以外にも、公的統計を活用する上で役立つ様々な機能が備わっている。
- より高度な利用は、「e-Stat」の画面の右側にある以下の各ボタンから利用することができる。

①　ミクロデータの利用

②　開発者向け

③　統計分類・調査計画等

- 公的統計ミクロデータとは、集計前の個人や世帯、企業や事業所などの単位の、個別のデータ、レコードのことを指す。
- 一般に、統計データは集計すればするほど、情報が読み取りやすくなる代わりに、情報が失われていく。
- 集計前のデータを活用することにより、高度な計量分析や、政策立案に資する様々な分析を行うことが可能となる。
- こうしたデータの活用をサポートする様々な機能が、e-Stat には備わっている。

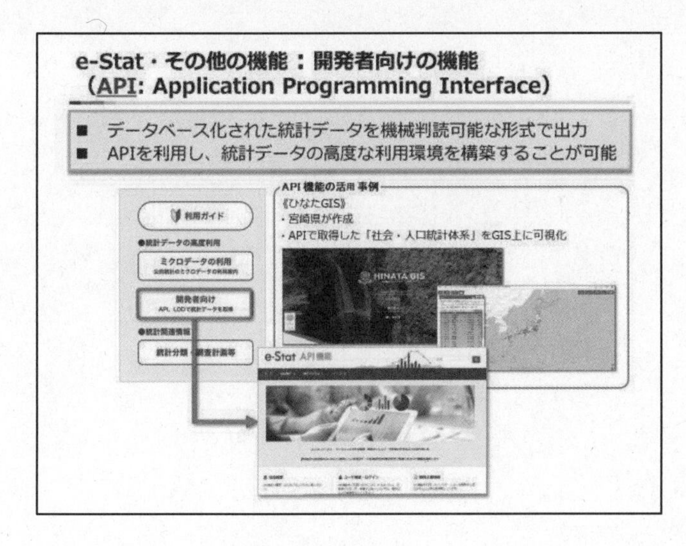

- e-Stat には、提供している統計データを機械判読可能な形式で取得できる、API（Application Programming Interface）という機能がある。
- API の機能を利用することにより、集計表の項目について、最新のデータに更新されるたびにそれらを自動的に取得して加工するアプリケーションを作成することが可能である。
- 宮崎県が作成した「ひなた GIS」は、統計の可視化のためのアプリケーションであり、API 機能で取得した「社会・人口統計体系」のデータを GIS 上に可視化できる。

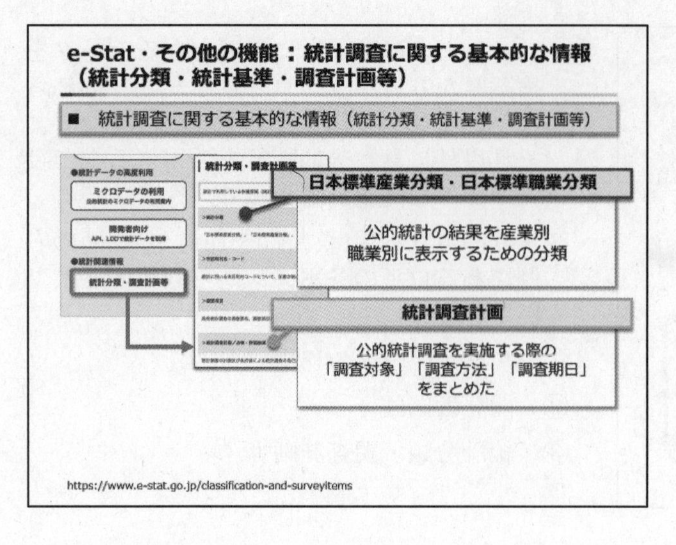

- e-Statには、統計データのほかにも、公的統計の結果を産業別や職業別に表示するための分類である「日本標準産業分類」と「日本標準職業分類」や、公的統計調査を実施する際の、調査対象や調査方法、調査期日などをまとめた詳細な「統計調査計画」など、公的統計データを活用する上で把握しておくべき重要な情報が掲載されている。
- これらの情報は、「統計関連情報」の「統計分類・調査計画等」から、入手することが可能。

今回のポイント

① 政府統計の総合窓口(e-Stat)は、
・各府省が公表する統計データを一つにまとめ
・利用しやすい形で、ワンストップで提供する
政府統計のポータルサイト

② e-Statでは、キーワード・分野・組織 などから統計データを検索することが可能であり、データベース機能を用いた集計も可能

③ e-Statでは、主要なデータを、簡潔に時系列で表示、統計データを地図上に表示、地域ごとに集計・ランキング表示することが可能

④ そのほか、開発者向け機能（API）や統計調査の基本的な情報（統計分類・調査計画等）も入手可能

- 政府統計の総合窓口(e-Stat)は、各府省が公表する統計データを一つにまとめ、利用しやすい形でワンストップで提供する政府統計のポータルサイトである。
- e-Stat では、キーワード・分野・組織 などから統計データを検索することができ、データベース機能を用いた集計も可能。
- e-Stat では、主要なデータを、簡潔に時系列で表示、統計データを地図上に表示、地域ごとに集計・ランキング表示することが可能である。
- 開発者向け機能や統計調査の基本的な情報も、e-Statから入手することが可能。

第３回　e-Statの使い方（データベース機能・人口ピラミッド）

e-Stat の使い方

① データベース機能の概要

② データベース機能の使い方１
（集計表の調査項目・レイアウト変更など）

③ データベース機能の使い方２
（グラフ・人口ピラミッドの作成など）

- 今回の講義では、e-Stat のデータベース機能の概要、 データベース機能の使い方として、集計表の調査項目・レイアウト変更などと、グラフ・人口ピラミッドの作成について説明する。

政府統計の総合窓口（e-Stat）の概要

主要なデータを簡潔に時系列で表示、データを地図上に表示、地域ごとの集計・ランキング表示するなど、
統計データを活用するための様々な機能を提供

キーワード・分野・組織 などから統計データを検索可能

- e-Stat で必要となる統計データを入手する場合、「キーワード」、「分野」、「組織」などから、統計データを検索することが可能である。
- また、e-Stat では、統計データの検索だけではなく、統計データを活用するための様々な機能が提供されている。
- 具体的には、以下の機能がある。

① 主要なデータを簡潔に時系列で表示

② データを地図上に表示

③ 地域ごとの集計・ランキング表示

統計データの検索：データベース機能の概要

必要な統計データを検索

＋

主要なデータを簡潔に時系列で表示

データを地図上に表示

地域ごとの集計・ランキング表示

- データベース機能は、必要な統計データを検索するだけでなく、検索の結果、得られた集計表から、簡単な操作で以下のようなことができる機能である。

① 必要な表示項目のみを抽出

② 集計表のレイアウトを変更

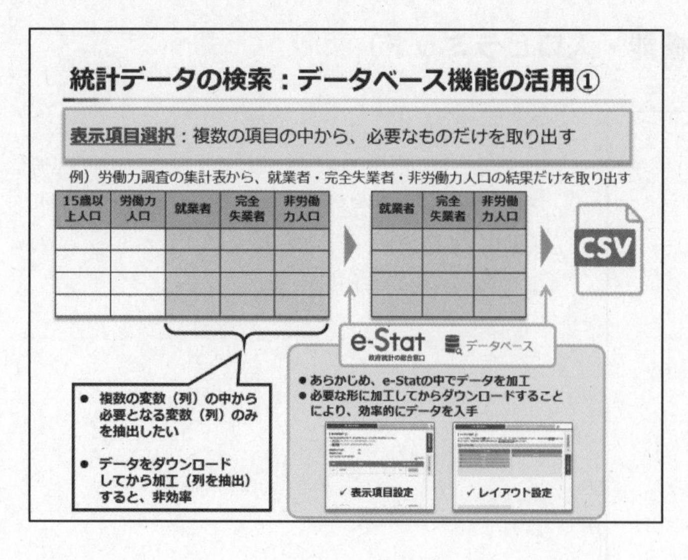

- 集計表の複数の項目の中から、必要な項目だけを取り出す「表示項目選択」の方法について説明する。
- 例えば、労働力調査の集計表から、就業者・完全失業者・非労働力人口の結果だけを取り出したい場合、「表示項目選択」画面から、必要な項目だけを選択することにより、実行することができる。
- あらかじめ e-Stat の中で必要な形にデータを加工してからダウンロードすることにより、効率的にデータを入手することができる。

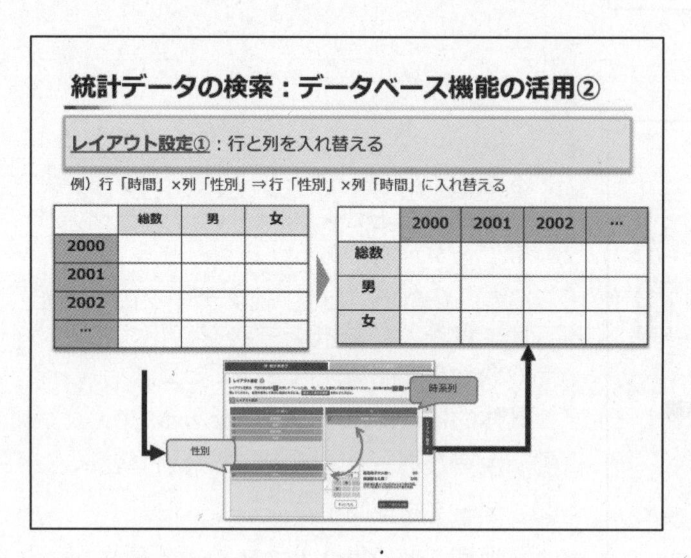

- 次に、データベース機能の活用方法として、「レイアウト設定」の方法について説明する。
- 集計表の行と列を入れ替えたい場合、データベース機能の「レイアウト設定」から、行と列にある項目をそれぞれ、マウスの操作によって入れ替えることにより、簡単に実行することができる。

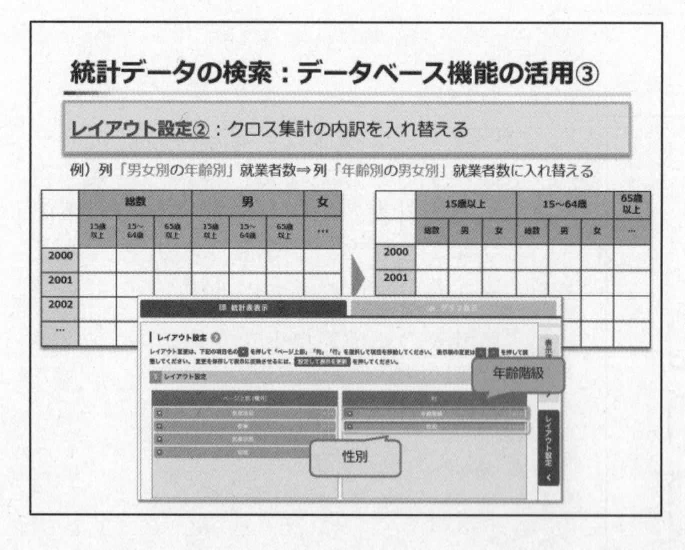

- 「レイアウト設定」の機能では、クロス集計表の内訳を入れ替えることもできる。
- 例えば、列側の項目で、「男女別の年齢別」の就業者数となっている部分を、「年齢別の男女別」の就業者数にしたい場合、「レイアウト設定」機能の「列」にある年齢階級と性別の順序を逆にすることで、実行することが可能。
- このように、マウスによる直観的な操作のみで集計表のレイアウトを変更することができるので、データベース機能を用いてあらかじめ集計表を整えた上でダウンロードすることにより、効率的にデータを入手することができる。

統計データの検索：データベース機能の概要

データベース機能：表の項目やレイアウトを自由に組み替えて集計できる

ダウンロードしてきた表では使いにくい…
男女別・就業状態別に年次の変化を見たい…

簡単な操作で
・レイアウト
・表示項目
を自由に変更

必要な統計表を簡単に作成！

- 労働力調査のデータを例に、e-Stat のデータベース機能を用いて集計表を加工し、データを取得する方法について説明する。
- 労働力調査の男女別・就業状態別の変化を年次で見たい場合、データをダウンロードしてから加工することで、必要な統計表を作成することも可能であるが、e-Stat のデータベース機能を用いることにより、直観的かつ簡便な操作で、レイアウトや表示項目の設定を簡単に変更することができる。

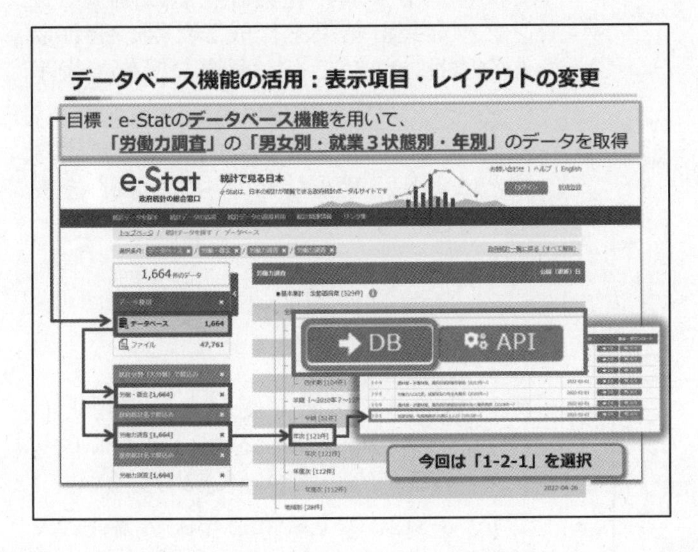

- 「労働力調査」の「男女別・就業３状態別・年別」のデータを取得するまでの過程を例に、e-Stat のデータベース機能の利用方法について説明する。
- 「データ種別」から「データベース」を選択する手順は以下のとおり。

① e-Stat トップページで「すべて」を選択した後、画面左の「データ種別」から「データベース」を選択

② 次に「統計分野」から「労働・賃金」を選択

③ 「政府統計名」で「労働力調査」を選択

④ 労働力調査のうち、「基本集計　全都道府県」―「全国」の「年次」を選択

- 今回は、1-2-1 表を使うこととし、「DB」と「API」の形式のうち、「DB」を選択する。

※　表番号1-2-1：就業状態、年齢階　級別 15 歳以上人口（1953 年～）

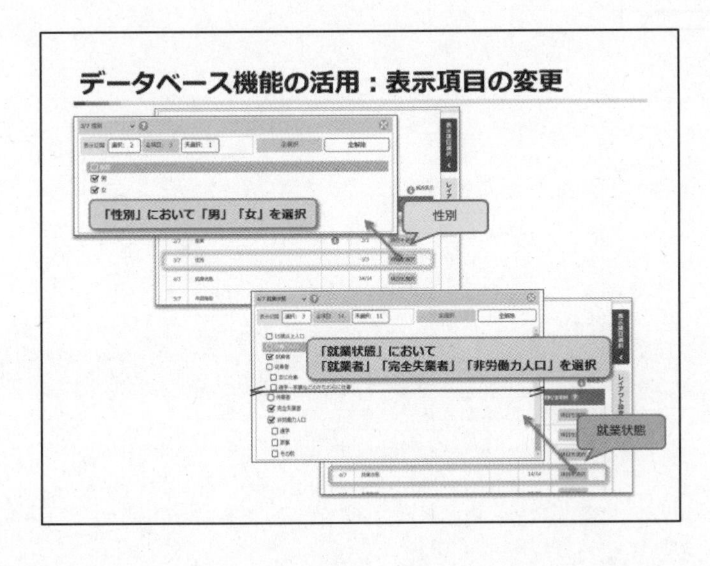

- 表示項目を選択するに当たり、今回は男女別の就業状態別の 15 歳以上人口を見たいので、データベース機能の「表示項目選択」から、以下の事項で必要な項目のみが表示されるように不要項目のチェックを外し、「確定」を選択する。

① 「性別」は、「男」「女」のみを選択

② 「就業状態」は、「就業者」「完全失業者」「非労働力人口」のみを選択

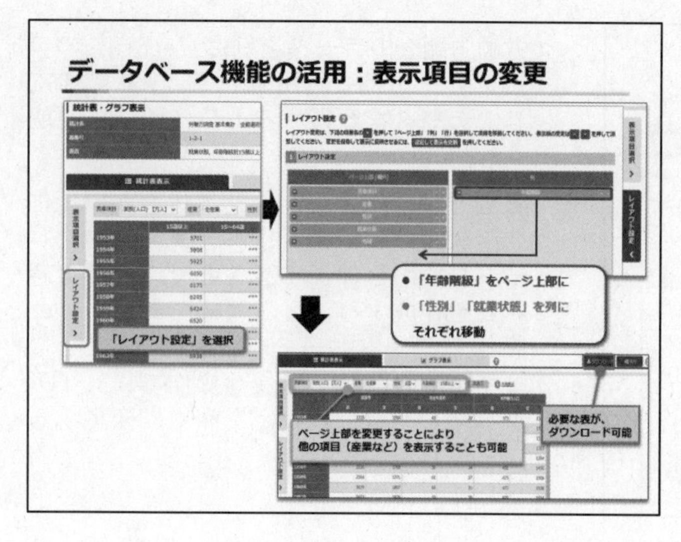

・　次に、「レイアウト設定」タブから、集計表のレイアウトを以下のとおり変更する。

①　ページ上部（欄外）に「年齢階級」

②　列に「性別」「就業状態」

・　それぞれマウスの操作で移動し、表側に時点、表頭に就業３状態を表示するように変更する。

・　最後に、「設定して表示を更新」を選択すると、必要な集計結果が得られる。

・　最終的な結果は、「ダウンロード」から入手することが可能。

・　今回は、男女別の就業３状態に関するシンプルな集計結果を作成したが、それ以外の項目についても、簡単な操作で表示することが可能である。

・　例えば「ページ上部」の内容を変更することにより、産業などの、他の項目を表示することもできる。

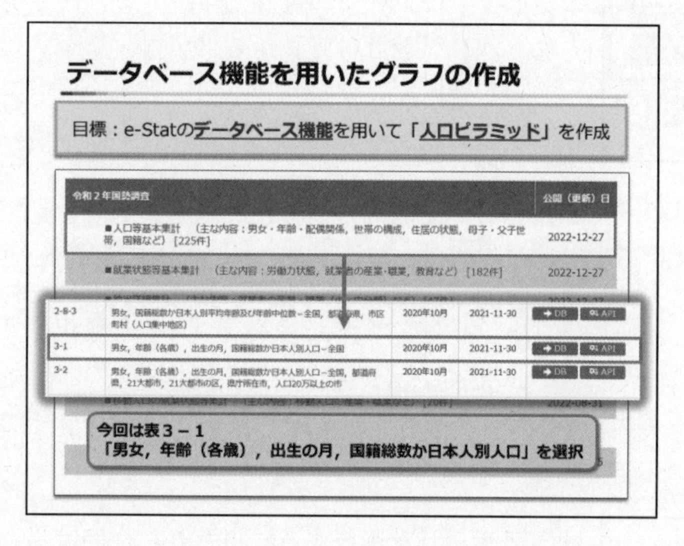

・　データベース機能の使い方の応用として、データベース機能を用いた人口ピラミッドの作成方法について説明する。

・　まず、e-Stat から令和２年国勢調査（人口等基本集計）の表３－１「男女，年齢（各歳），出生の月，国籍総数か日本人別人口—全国」を選択する。

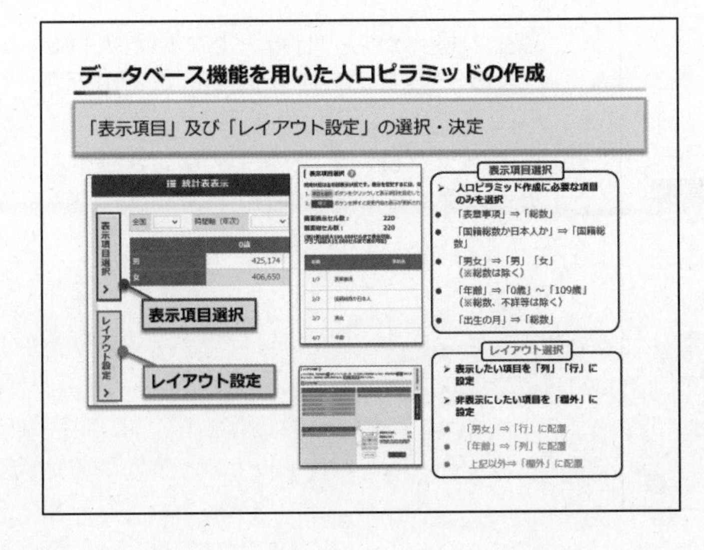

- 先ほどの説明と同様に、「表示項目選択」及び「レイアウト設定」から、必要な項目を選択する。
- 「表示項目選択」について、人口ピラミッド作成に必要となる以下の項目のみを選択する。
  ① 「表章事項」については「総数」を選択
  ② 「国籍総数か日本人か」については、「国籍総数」のみを選択
  ③ 「男女」については、「男」「女」のみを選択
  ④ 「年齢」については、「0 歳」から「109 歳」までの各歳のみを選択
  ⑤ 「出生の月」については、「総数」のみを選択
- 「レイアウト設定」については、以下のとおり、表示したい項目を「列」「行」に設定し、非表示にしたい項目を「ページ上部（欄外）」に設定する。
  ① 「男女」を「行」に配置
  ② 「年齢」を「列」に配置
  ③ それ以外の項目は「欄外」に配置

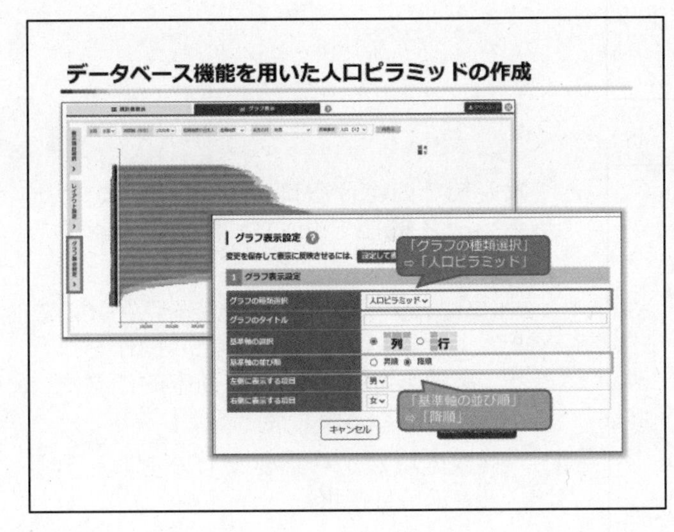

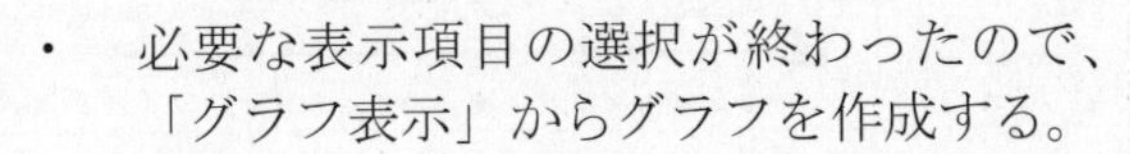

- 必要な表示項目の選択が終わったので、「グラフ表示」からグラフを作成する。
- ただし、元の設定では、男女のグラフが重なって、人口ピラミッドの形にならないため、「グラフ表示設定」で必要な項目を以下のとおり選択する。
  ① 「グラフの種類選択」については「人口ピラミッド」を選択
  ② 「基準軸の並び順」につては「降順」を選択

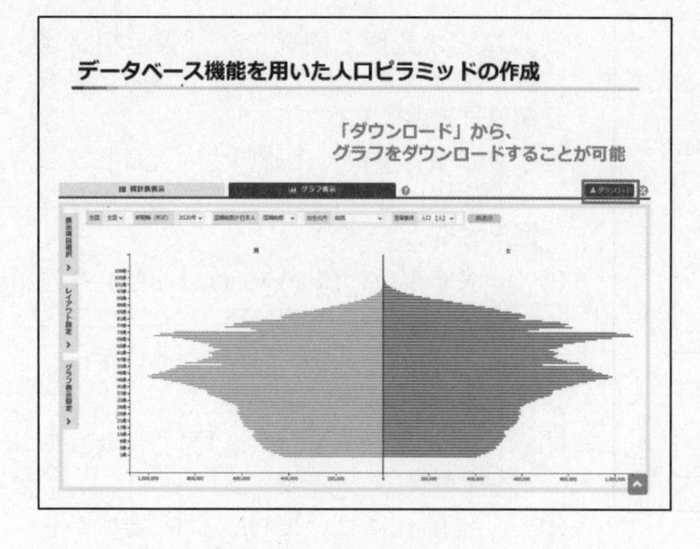

- 以上の操作から、目標としていた人口ピラミッドのグラフを作成することができた。
- このグラフは、右上の「ダウンロード」から入手することが可能。

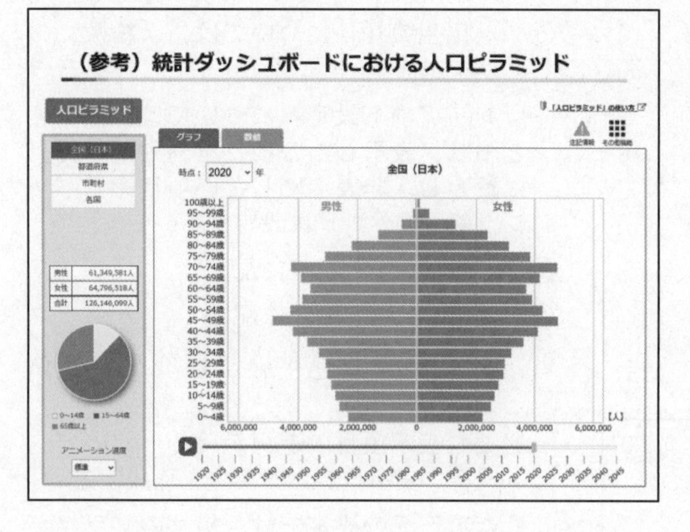

- なお、人口ピラミッドは、統計ダッシュボードからも入手することが可能である。
- 統計ダッシュボードからは、全国の結果だけではなく、地域別や外国の人口ピラミッドも入手することが可能。

今回のポイント

① 政府統計の総合窓口(e-Stat)では、データベース機能を用いた集計も可能

② e-Statのデータベース機能を活用することにより、以下のような操作を行った上で、データをダウンロードが可能
・複数の項目から必要なものを取り出す（表示項目選択）
・行と列の項目を入れ替える（レイアウト設定）
・クロス集計の内訳の項目を入れ替える（レイアウト設定）

③ データベースのグラフ表示機能を用いることにより、簡単な操作によってデータの特徴を把握することが可能であり、また、同機能により、人口ピラミッドの作成も可能

- 政府統計の総合窓口(e-Stat)では、データベース機能を用いた集計も可能である。
- e-Stat のデータベース機能を活用することにより、あらかじめ下記の操作を行うと、必要となる集計表を効率的にダウンロードすることが可能となる。

① 複数の項目から必要なものを取り出す（表示項目選択）

② 行と列の項目を入れ替える（レイアウト設定）

③ クロス集計の内訳の項目を入れ替える（レイアウト設定）

- データベースのグラフ表示機能を用いれば、簡単な操作によってデータの特徴を把握することが可能であり、例えば、同機能により、人口ピラミッドの作成も可能。

第４回　統計ダッシュボードの使い方

統計ダッシュボードの使い方

① 統計ダッシュボードとは

○ダッシュボードの内容　○起動　○提供グラフの紹介

② 時間軸・空間軸から統計データを見る

○時系列比較と地域比較の概要　○時系列グラフ

○地域の特徴をみる　○時系列表

③ 情報を探す

○グラフ検索、データ検索、収録データ紹介

・　本講義では、次の三つに分けて、統計ダッシュボードの使い方を説明する。

①　統計ダッシュボードとは

②　時間軸・空間軸から統計データを見る

③　情報を探す

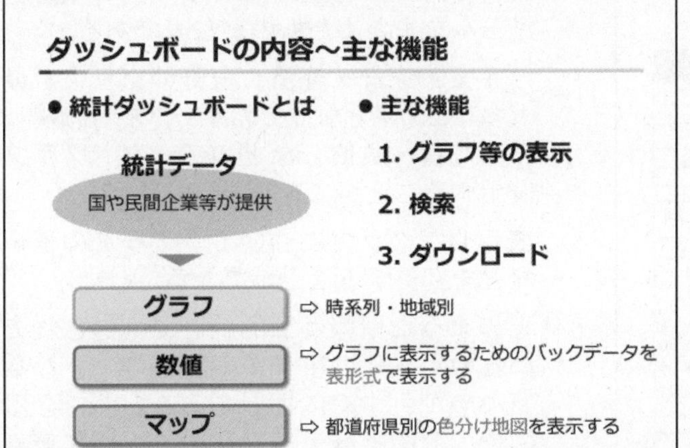

・　統計ダッシュボードは、国や民間企業等が提供している主要な統計データをグラフ、数値、マップに加工して一覧表示し、視覚的にわかりやすく、簡単に利用できる形で提供するシステムであり、主な機能は次の三つである。

①　グラフ等の表示機能

②　検索機能

③　ダウンロード機能

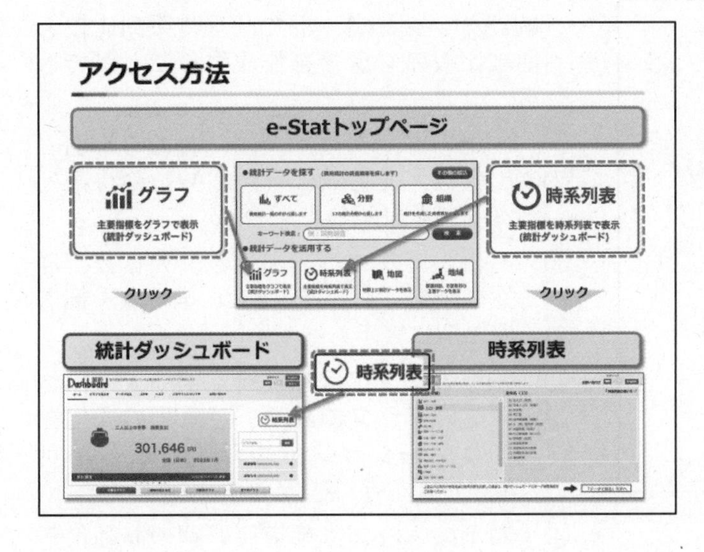

・　統計ダッシュボードへのアクセス方法について説明する。

・　e-Stat のトップページの「統計データを活用する」から「グラフ」をクリックすると「統計ダッシュボード」のページが開き、「時系列表」をクリックすると「時系列表」のページが開く。

・　「時系列表」は、統計ダッシュボードの機能の１つであり、統計ダッシュボードにある「時系列表」をクリックしても、「時系列表」のページを開くことができる。

統計ダッシュボードの様々なグラフ

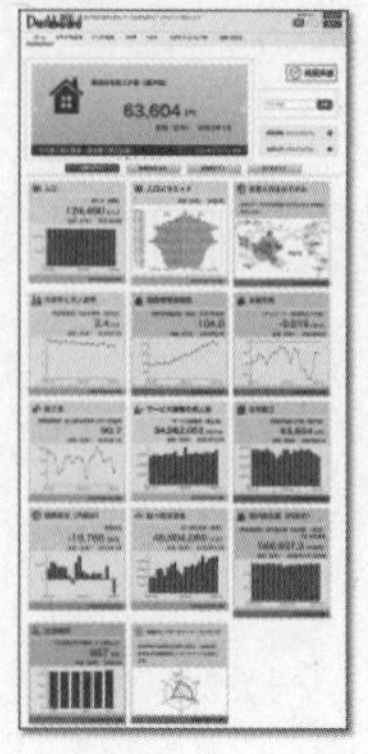

- グラフは**17の分野**に整理されている
- 分野ごとに**色分けされたボックス**にグラフが表示される

- 「統計ダッシュボード」のトップページには、様々なグラフが表示されている。グラフは 17 の分野に整理され、分野ごとに色分けされたボックスにグラフが表示されている。
- 例えば、「人口」と「人口ピラミッド」は、「人口・世帯」分野のシンボルマークである「人型」が左上に表示されており、「消費者物価指数」、「金融市場」、「国内総生産」は「企業・家計・経済」分野のシンボルマークである「がま口財布」が左上に表示されている。

17分野別 グラフタイトル一覧

17分野	件数（合計76）	グラフタイトル
国土・気象	1件	林野面積と森林面積
人口・世帯	6件	人口、出生・死亡、出入国者、世帯数、一般世帯数、人口ピラミッド
労働・賃金	7件	労働者、正規・非正規の職員・従業員、失業率と求人倍率、給与、総実労働時間、賃金指数、過去1年間の就職異動
農林水産業	7件	農業産出額、農家数、農業従事者数、耕地面積、食料自給率、漁獲量、漁業就業者数
鉱工業	2件	鉱工業、製造工業生産能力指数
商業・サービス業	4件	3次産業、サービス産業の売上高、サービス産業事業従事者数、小売業販売額
企業・家計・経済	25件	機械受注、企業倒産、金融市場、物価、為替相場、マネーストック、国内企業物価と輸出入物価、消費者物価指数、消費者物価地域差指数、景気動向、消費支出、消費支出総合指数、世帯収入、平均消費性向、国内総生産、国内総生産GDPデフレーター、国民経済計算、事業所数、従業者数、貯蓄・負債、世帯消費動向指数総消費動向指数、個人企業の年間売上高、個人企業の年間営業利益
住宅・土地・建設	3件	住宅着工、工事受注額、住宅数
エネルギー・水	1件	ガソリン販売量
運輸・観光	2件	新車販売台数、延べ宿泊者数
情報通信・科学技術	3件	科学技術研究費、携帯電話契約数、テレビ放送受信契約数
教育・文化・スポーツ・生活	4件	学校数、生徒数、放課後児童施設、生活時間
行財政	1件	選挙投票率
司法・安全・環境	2件	救急出動件数、ごみ総排出量（総数）
社会保障・衛生	3件	医療施設数、医療従事者数、国民年金受給権者数
国際	2件	国際収支（円表示）、国際収支（米ドル表示）
その他	3件	地域の産業・雇用創造チャート、地域のレーダーチャートランキング、世界と日本のすがた

グラフは全部で76種類

グラフ件数が最も多い

- データの種類などを変更可能
- どのような情報や数値かを把握

公的統計データ利用の入門に最適

2023年2月現在

- 17 分野ごとに表示されるグラフの数とタイトルをまとめたものが左表である。
- 「企業・家計・経済」分野のグラフが最も多く 25 件となっており、「為替相場」や「貯蓄・負債」などのデータもグラフ表示することができる。
- 表示したグラフについて、データの種類などを変更することができる。
- どのような情報が公的統計で把握されているのか、その項目が実際どのような数値なのか、すぐに把握することができるので、公的統計データ利用の入門に最適である。

時系列比較と地域比較の概要

グラフを作成できる

●時系列比較グラフ　●地域比較グラフ

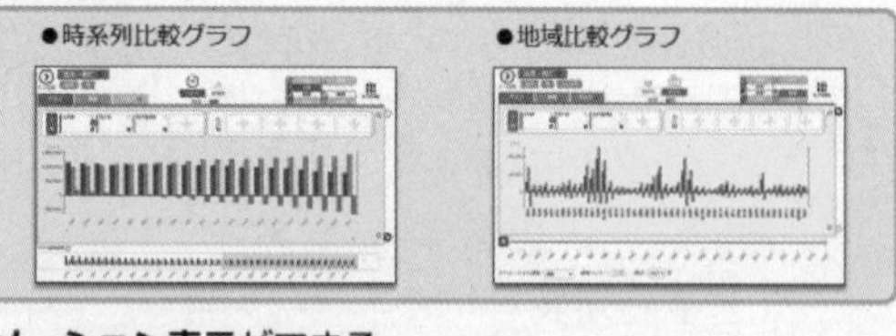

アニメーション表示ができる

●地域別人口の時系列変化　●都道府県別の高齢化率

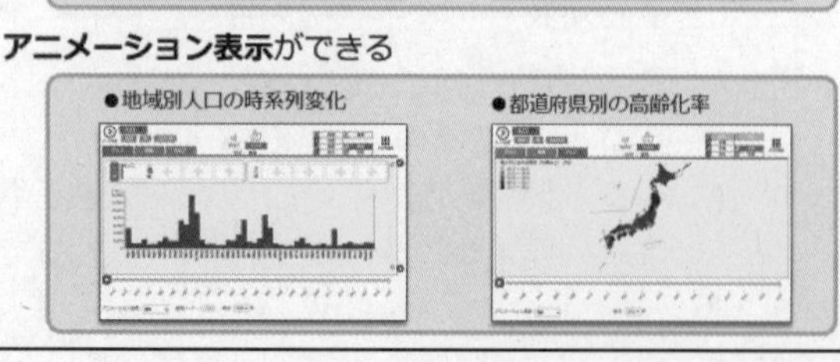

- 統計ダッシュボードでは、時系列比較と地域比較のグラフを作成することができる。

① 左上のグラフは、全国における年別の出生数、死亡数、自然増減数の時系列グラフを表示したもの

② 右上のグラフは、出生数、死亡数、自然増減数について、2021 年時点を都道府県別に表示したもの

③ 左下のグラフは都道府県別の人口についてのグラフであり、時系列の変化をアニメーションで表示することが可能。

④ 右下のマップは都道府県別の高齢化率について示したもので、推移を地図上でアニメーションで表示することが可能。

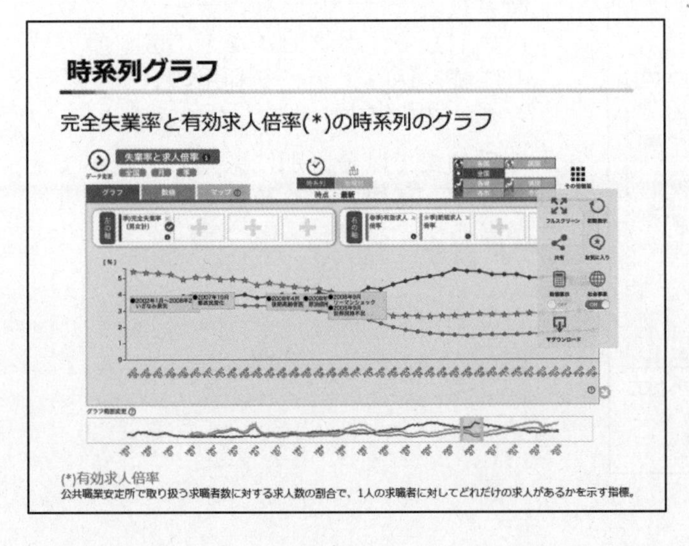

- 「時系列グラフ」の機能について、完全失業率と有効求人倍率の時系列グラフを用いて説明する。
- グラフの下の「グラフ範囲変更」で 2007 年〜2010 年を表示すると、2008 年 10 月以降に完全失業率が上昇し、有効求人倍率が低下傾向にあることがわかる。
- カーソルをグラフの上に持っていくと、統計数値が吹き出しに表示される。
- 右上の「その他機能」をクリックして、「社会事象」を ON にすると、その時期にあった社会事象が表示され、グラフを解釈する際の参考情報が表示される。

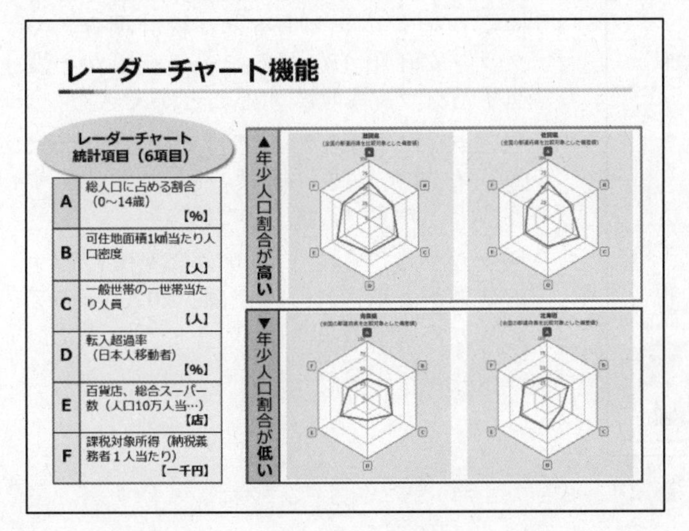

- 統計ダッシュボードには「レーダーチャート機能」もあり、地域の特徴を比較することができる。
- 使い方の一例として、都道府県別の少子化について関心がある場合は、0〜14 歳人口の割合が高い（あるいは低い）都道府県を選び、一番目の項目には、「0〜14 歳人口の割合」を選択する。
- レーダーチャート機能では 6 項目の統計項目を選択し、比較することができるので、子育て世帯が増加する要因として考えられる項目を選ぶ。
- 関心のある統計項目がどのような理由で高くなったり低くなったりするか、考えながら選択することで、レーダーチャートの結果が理解しやすくなる。
- レーダーチャートは複数の統計項目を比較できるが、考察の目的を意識せずに項目を選択してしまうと、結果の解釈が難しくなってしまうので、地域の特徴を比較する目的を明確にして統計項目を選択すると、結果の解釈がしやすくなる。

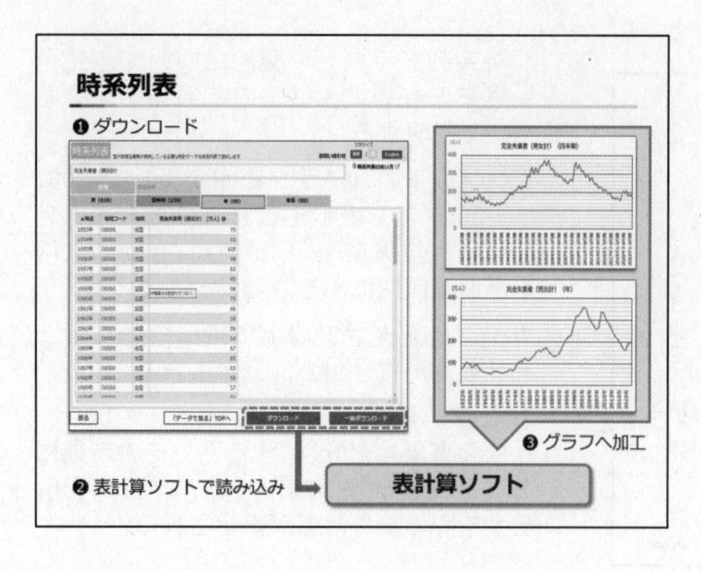

- 時系列表では、時系列のデータをダウンロードして、エクセルなどの表計算ソフトに読み込み、データ利用の目的に沿ったグラフを作成することができる。
- 時系列表では分野別に系列名を表示できるので、利用できる統計データの一覧性が高くなっている。

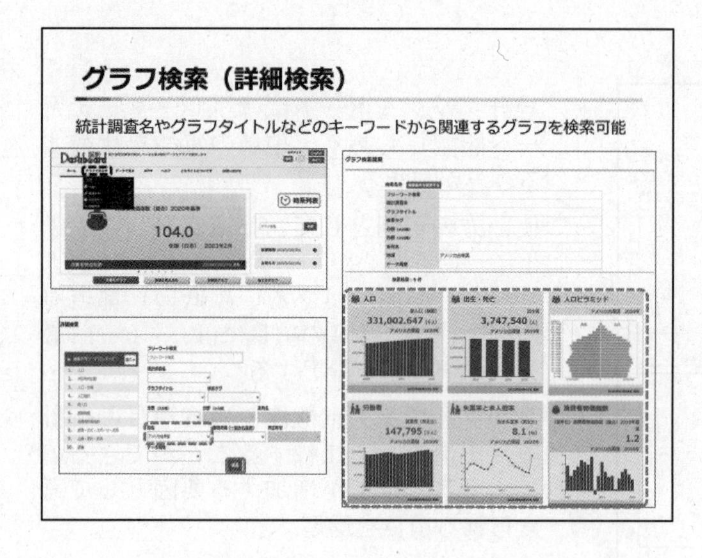

- メニューの「グラフで見る」から「詳細検索」をクリックすると、統計調査名やグラフタイトルなどのキーワードから関連するグラフを検索することができる。
- ここでは、国名として「アメリカ合衆国」を選択して「検索」をクリックする。
- 様々なグラフからアメリカ合衆国に関する結果が表示され、例えば、2020 年のアメリカ合衆国の人口は 3 億 3 千万人であることがわかる。

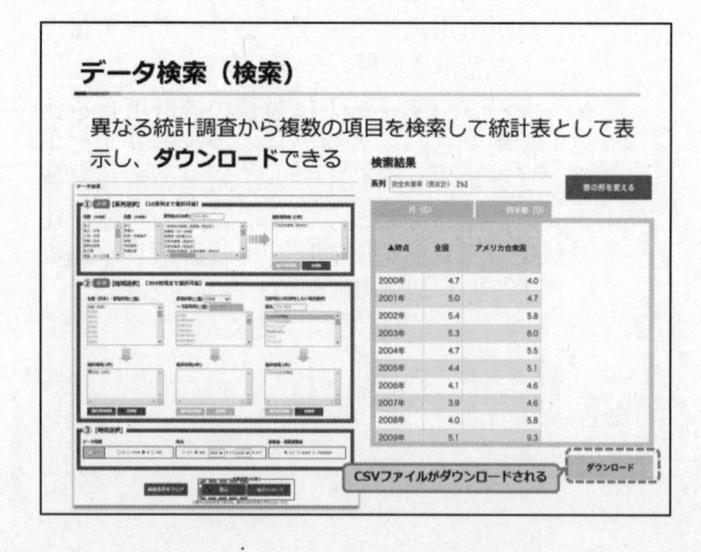

- メニューの「データで見る」をクリックすると、データ検索機能が表示される。データ検索機能では、異なる統計調査から複数の項目を検索して統計表として表示し、ダウンロードすることができる。

① 【系列選択】で「完全失業率」を選択

② 【地域選択】で「全国（日本）」と「アメリカ合衆国」を選択

③ 【時間選択】では、「データ周期」の「年」にチェックを入れて、「時点」を「2000 年から 2020 年まで」として、「表示」をクリック

- すると、検索結果の「年」タブに全国とアメリカ合衆国の 2000 年から 2020 年の完全失業率が表示される。右下の「ダウンロード」をクリックすると、csv のファイルをダウンロードすることも可能。

収録データについて

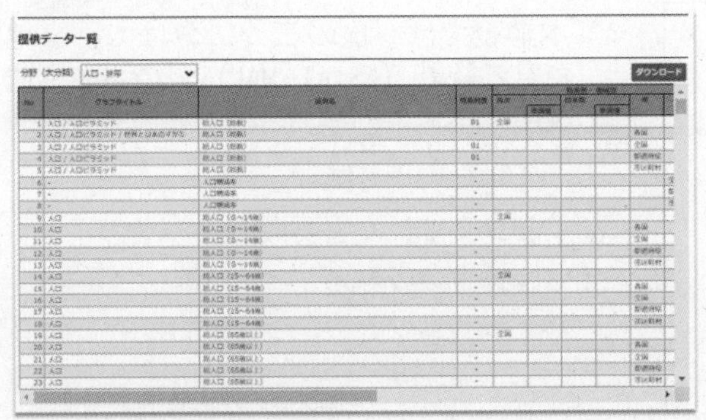

「人口・世帯」分野のデータ系列

- 統計ダッシュボードに収録されているデータ系列は約 5,000 あり、分野ごとに整理されている。
- 統計調査名や統計調査を実施している機関が分からなくても、分野から調べたいデータの系列名を検索してデータの値やグラフによる傾向の把握などが行える。
- 収録されているデータ系列の個々の名称を知りたい場合は、ヘルプから一覧表を確認できる。

今回のポイント

① 統計ダッシュボードは、主要な統計データを視覚的に分かりやすく、簡単に利用できる形で提供するシステム

② 主な機能として、グラフ等の表示、ダウンロード、検索がある

③ グラフは、時系列比較と地域比較について作成できる

④ 地域比較は、棒グラフの他、都道府県別のマップ、人口ピラミッド、地域別のレーダーチャート等も作成できる

⑤ 時系列表では、時系列データを表示しダウンロードすることができる

⑥ 多くのデータが収録されており、体系的に整備されているため、分野別に検索が可能

- 統計ダッシュボードは、主要な統計データを視覚的に分かりやすく、簡単に利用できる形で提供するシステムであり、主な機能として、グラフ等の表示、ダウンロード、検索がある。
- グラフは、時系列比較と地域比較について作成でき、地域比較は棒グラフの他、都道府県別のマップ、人口ピラミッド、地域別のレーダーチャート等も作成できる。
- 時系列表では、時系列データを表示し、ダウンロードすることができる。
- 多くのデータが収録されており、体系的に整備されているため、分野別に検索が可能である。

第５回　地図で見る統計（jSTAT MAP）の主な機能

地図で見る統計（jSTAT MAP)の主な機能

① jSTAT MAPとは

○GISとは　○jSTAT MAPイメージ　○jSTAT MAPの特徴

② jSTAT MAPの主要機能

○プロット作成機能　○エリア作成機能

○統計グラフ作成機能　○レポート作成機能

③ 収録データ紹介

○統計データ　○地図データ（地理空間情報）

- 本講義では、次の三つに分けて、「地図で見る統計（jSTAT MAP）」の主な機能を説明する。

①　jSTAT MAP とは

②　jSTAT MAP の主要機能

③　収録データ紹介

GISとは

Geographic **I**nformation **S**ystem（地理情報システム）の略称

地理空間情報活用推進基本法第2条におけるGISの定義

地理空間情報（*）の**地理的な把握又は分析**を可能とするため、電磁的方式により記録された地理空間情報を電子計算機を使用して電子地図上で一体的に処理する情報システム

（*）「地理空間情報」は、空間上の特定の地点又は区域の位置を示す情報

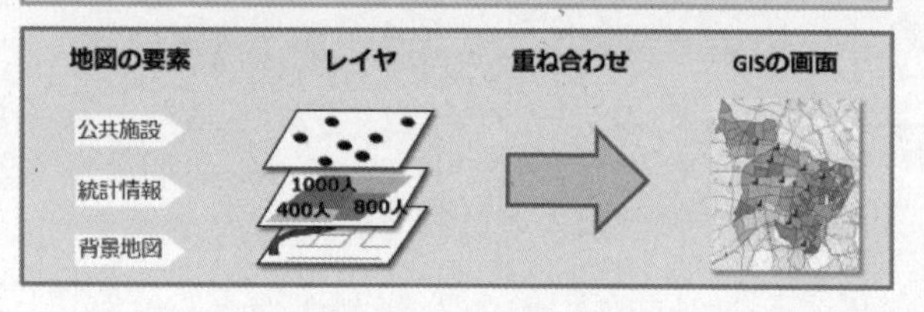

- jSTAT MAP の内容に入る前に、データを地図で可視化するシステムである GIS について解説する。
- GIS は、Geographic Information System の頭文字であり、日本語では、地理情報システムと言う。
- GIS は法律上、「地理空間情報の地理的な把握又は分析を可能とするため、電磁的方式により記録された地理空間情報を電子計算機を使用して電子地図上で一体的に処理する情報システム」と定義されている。
- 地図データは様々な主体により作成されたものがあり、この図では、公共施設のポイントデータ、地図に表現した統計情報、背景地図の 3 種類が地図データとして挙げられている。
- これらの地図データを GIS に読込むと、それぞれ層をあらわすレイヤとして格納される。
- 地理空間情報には緯度経度座標などの地理的な位置を示す情報が格納されているので、位置を基準として重ね合わせることができる。
- GIS の画面上では、3 種類の地図データが重なった状態で表示され、空間分析など位置に基づく情報処理を行うことができる。

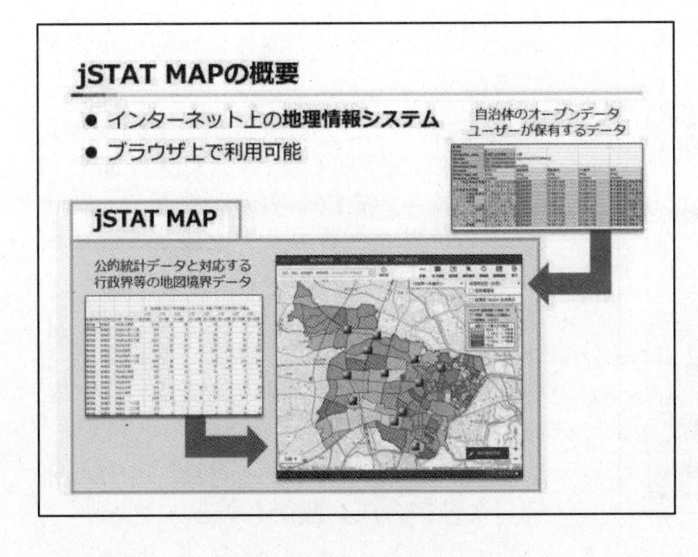

- jSTAT MAP は、インターネット上の地理情報システムで、ブラウザ上で利用できる。このため、PC にソフトウェアをインストールする必要がない。
- jSTAT MAP には、公的統計データと対応する行政界等の地図境界データが格納されており、統計データを地図上に表現できる。
- 加えて、保育所リストなど自治体のオープンデータやユーザーが保有する顧客データを地図化して分析することも可能。

jSTAT MAPの特徴

jSTAT MAPは、インターネットに接続したパソコンがあれば、誰でも簡単に使えるサイト

jSTAT MAPの特徴

① ユーザーが保有するデータを取り込んで分析できる
② 任意に指定したエリアの統計を算出できる
③ 統計地図を作成できる
④ 地域分析のレポートを作成できる
⑤ 国勢調査、経済センサス、農林業センサスなど多様な公的統計データを利用できる
⑥ 背景地図を利用して、統計データやユーザーデータを分析できる

- jSTAT MAP は、インターネットに接続したパソコンがあれば誰でも簡単に使えるサイトであり、特徴として以下の6点がある。

① ユーザーが保有するデータを取り込んで分析可能

② 任意に指定したエリアの統計が算出可能

③ 統計地図が作成可能

④ 地域分析のレポートを作成可能

⑤ 多様な公的統計データが利用可能

⑥ 背景地図を利用して統計データやユーザーデータを分析することが可能

プロット作成機能

プロット ＝ 点を打つ（点の情報）
地図上に置くことができる**ポイント情報**
店舗や施設の立地、または施設等の利用者の分布情報などを地図上に表示して確認できる

(例) 東京都新宿区の保育園こども園のプロット図作成

jSTAT MAPでできること
① 画面クリックで登録
② 住所リストから一括で登録（ジオコーディング）
③ 緯度経度付きファイルから一括で登録

ジオコーディング

名称	住所
アスク高田馬場保育園	東京都新宿区高田馬場2-16-11高田馬場216ビル2階
エデュケアセンター・新宿	東京都新宿区富久町13-1 ローレルコート新宿タワー2階
北新宿聖母保育園	東京都新宿区北新宿3-2-1-1F
キッズパオ高田馬場あおぞら園	東京都新宿区高田馬場4-23-28ヒルズ石田ビル1階
コスモス保育園	東京都新宿区大久保2-4-1ヴィルフィーナ東新宿1F

出典：令和3年度保育園こども園（認証）一覧（https://catalog.data.metro.tokyo.lg.jp/dataset/t131041d0000000054 ）

- jSTAT MAP の主要機能の一つである「プロット作成機能」について説明する。
- プロットとは「点を打つ」という意味があり、地図上にポイントを表示する機能のこと。店舗、施設等の立地や利用者の分布状況などについて、地図上に表示して確認することができる。
- jSTAT MAP でプロットを作成する方法は3種類ある。

① 画面クリックでプロットを登録する方法

② 住所のリストから一括で複数のプロットを登録する方法

③ 緯度経度が付いたデータを読み込んで、一括で複数のプロットを登録する方法

- ②の住所のデータは、システムの内部で地理座標に変換してプロットを作成しており、これを「ジオコーディング」と言う。

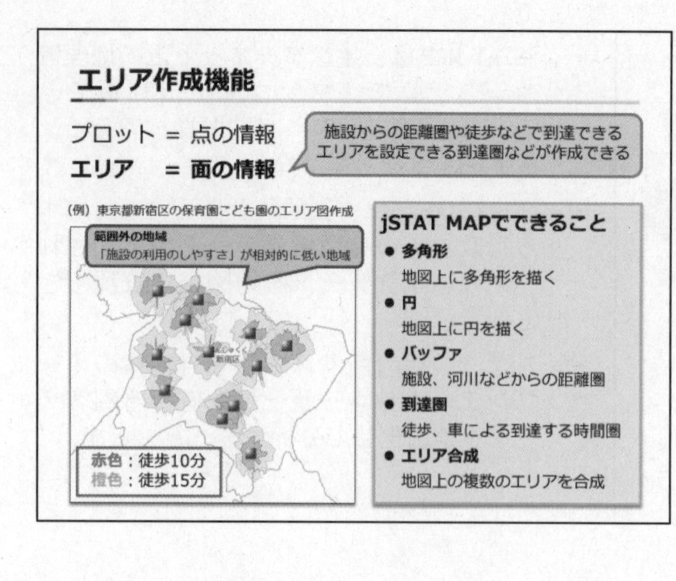

・ 次に、「エリア作成機能」について説明する。

・ 先ほど説明したプロットが「点の情報」であるのに対して、エリアは「面の情報」を扱う。施設からの距離圏や、徒歩などで到達できるエリアを設定できる到達圏などが作成できる。

・ jSTAT MAP でエリアを作成する方法は、①多角形、②円、③バッファ（施設等からの距離圏）、④到達圏（施設等からの到達時間圏）がある。

・ 地図上の複数のエリアを合成して作成する「エリア合成」機能もある。

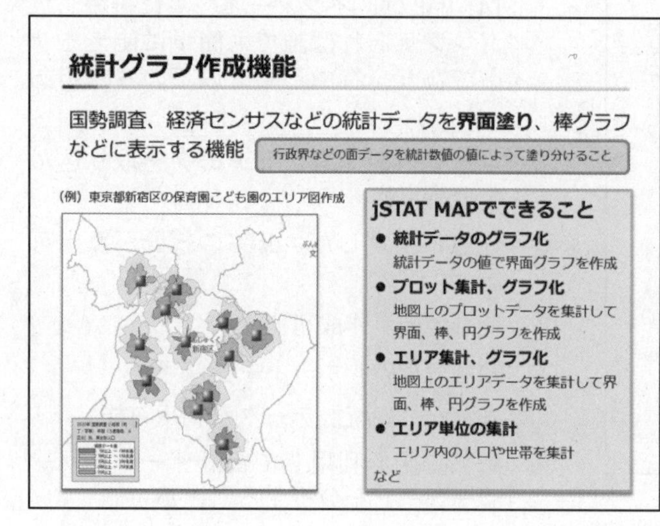

・ 「統計グラフ作成機能」は、国勢調査、経済センサスなどの統計データを界面塗り（行政界などの面データを統計数値の値によって塗分けること）、棒グラフなどに表示する機能のこと。

・ jSTAT MAP の統計グラフ作成機能は、境界データを各地域の統計値により塗分ける「界面グラフの作成」のほか、地図上のプロットデータ、エリアデータを集計してグラフを作成する機能、エリア内の人口や世帯などを集計する機能などがある。

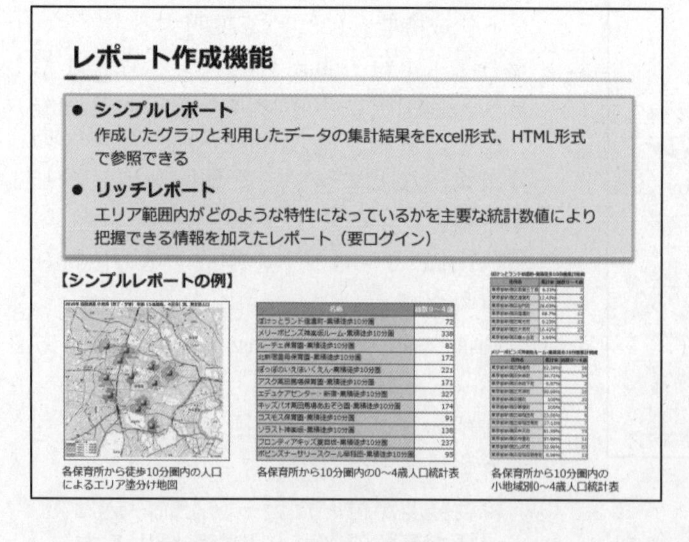

・ 「レポート作成機能」は、分析結果をエクセルなどで参照できる機能で、シンプルレポートとリッチレポートがある。

・ シンプルレポートは、作成したグラフと利用したデータの集計結果をエクセル、html 形式で参照できる。

・ リッチレポートは、エリア範囲内がどのような特性になっているかを主要な統計数値により把握できる情報を加えたレポートで、年齢別人口構成による基本分析など、エクセル上にグラフ、地図、統計表が作成される。

jSTAT MAPで利用できる統計調査結果（主なもの）

統計調査名	年	集計単位
（総務省）国勢調査	2000～2020年（5年毎）	都道府県、市区町村、小地域（町丁・字等）
	1995～2020年（5年毎）	1㎞メッシュ、500mメッシュ
	2005～2020年（5年毎）	250mメッシュ
（総務省）経済センサス-基礎調査	2009～2019年（5年毎）	都道府県、市区町村
	2009、2014年	小地域（町丁・大字） 1㎞メッシュ、500mメッシュ
（総務省・経済産業省）経済センサス-活動調査	2012、2016年	都道府県、市区町村、小地域（町丁・大字） 1㎞メッシュ、500mメッシュ
（農林水産省）農林業センサス	2005～2020年（5年毎）	小地域（農業集落別集計）
	2015、2020年	1㎞メッシュ
（農林水産省）漁業センサス	2008～2018年（5年毎）	都道府県、市町村
（厚生労働省）人口動態調査	2000～2020年	都道府県
（文部科学省）学校基本調査	2017年	
（環境省）水質汚濁物質排出量総合調査	2013年	
（厚生労働省）社会福祉施設等調査 （厚生労働省）介護サービス施設・事業所調査	2000～2006年	

2023年2月現在

- jSTAT MAPに収録されている統計調査結果のうち、主なものを紹介する。
- 国勢調査、経済センサス‐基礎調査、経済センサス‐活動調査、農林業センサスは全数調査であるため、小地域別の集計結果や地域メッシュ統計が作成されており、詳細な地域別の統計データを利用した分析が可能。
- 漁業センサスや人口動態調査など、小地域別の集計がない統計データもjSTAT MAPに収録されている。

地図データ（地理空間情報）

汎用的なGISソフトウェア：統計データ＋地図データが必要
jSTAT MAP：各統計データの年次に適合する地図データが格納されている

すぐに**界面グラフ**を作成可能

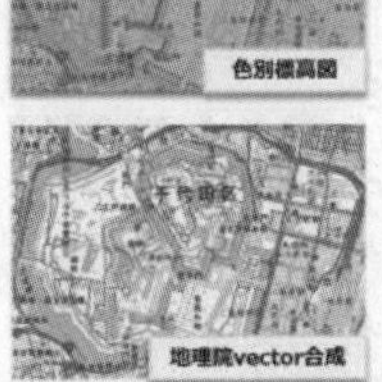

- 汎用的なGISソフトウェア利用の際、ユーザーは、統計データの他に地図データも用意する必要がある。
- jSTAT MAPでは、各統計データの年次に適合する行政界や小地域の地図データが格納されているので、すぐに界面グラフを作成することができる。
- その他に背景地図として、Google Map、地理院地図、国土画像情報を利用することができ、統計データの界面グラフやユーザーデータのプロットとの関係の可視化が可能。

今回のポイント

① jSTAT MAPは、インターネットに接続したパソコンがあれば、誰でも簡単に使える
② GISは地理情報システムの略称で、データを地理的に可視化し、分析するシステムのこと
③ jSTAT MAPの主な機能としては、プロット作成機能、エリア作成機能、統計地図作成機能、レポート作成機能がある
④ プロット作成機能では、ユーザーが保有するデータを取り込んで分析できる
⑤ エリア作成機能では、任意に指定したエリアの統計を算出できる
⑥ 統計地図作成機能では公的統計の集計結果を利用した統計地図を作成できる
⑦ レポート作成機能では、地域分析結果のレポートを作成できる

- jSTAT MAPは、インターネットに接続したパソコンがあれば、簡単に地図上にデータを表示させることができるシステムである。
- jSTAT MAPの主な機能としては、以下4点がある。

① プロット作成機能：ユーザーが保有するデータを取り込んで分析できる。
② エリア作成機能：任意に指定したエリアの統計を算出できる。
③ 統計地図作成機能：公的統計の集計結果を利用した統計地図を作成できる。
④ レポート作成機能：地域分析結果のレポートを作成できる。

第６回　地図で見る統計（jSTAT MAP）の主な機能

地図で見る統計（jSTAT MAP)の使い方

① jSTAT MAPにアクセスする

○jSTAT MAPへのアクセス　○jSTAT MAPを起動

○ログインなしの場合の機能制約　○背景地図を選択する

② 統計地図を作成する

○作成する統計地図　○統計地図の作成　○統計データの設定

○地図化する範囲の設定　○統計地図の表示

○統計地図（グラフ）の設定　○グラフプロパティ

○シンプルレポートの作成

- 本講義では、次の二つに分けて、jSTAT MAPの使い方を説明する。
  - ①　jSTAT MAPにアクセスする。
  - ②　統計地図を作成する。

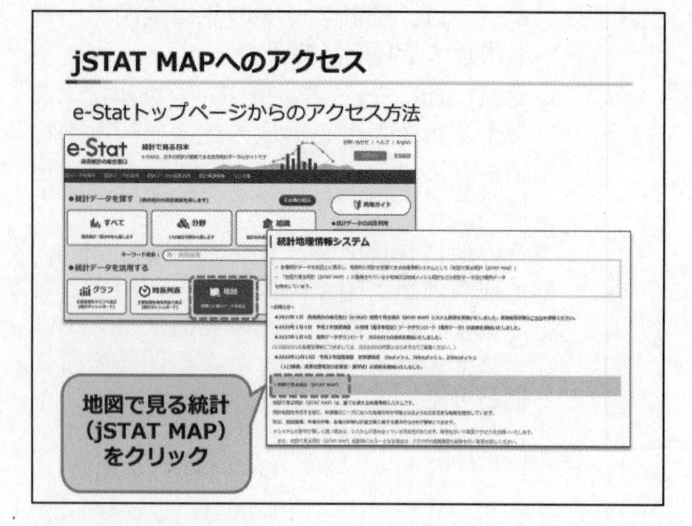

- jSTAT MAPへアクセスするには、最初にe-Statのトップページを開く。
- 「地図」をクリックすると、「統計地理情報システム」のページが開くので、次に「地図で見る統計（jSTAT MAP）」をクリックする。

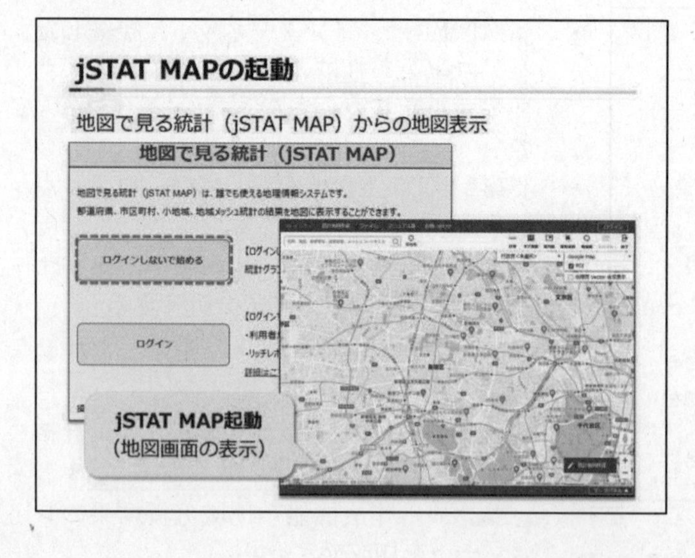

- 地図で見る統計（jSTAT MAP）の画面が表示されるので、今回は、「ログインしないで始める」をクリックする。
- すると、jSTAT MAPが起動し、地図画面が表示される。

jSTAT MAPログインの機能制約

アカウントを作成してログインすればより多くの分析機能を利用可能

機能	ログインあり	ログインなし
データの登録	○	○
データの保存	○	×
プロットの作成	○	○
ジオコーディング	○	×
エリアの作成	○	○
グラフの作成	○	○
データのインポート	○	×
データのエクスポート	○	×
シンプルレポートの作成	○	○
リッチレポートの作成	○	×

アカウント作成
- メールアドレスをユーザーIDとして作成可能
- 「Googleアカウント」「Twitter ID」でも作成可能

- 今回はログインをしない形で講義を進めるが、アカウントを作成してログインすることにより、より多くの分析機能を利用することができる。
- 具体的には、データの保存、ジオコーディング、データのインポート、データのエクスポート、リッチレポートの作成、を行うことができるようになる。

背景地図を選択する

jSTAT MAPでは背景地図の選択が可能

右上にある「Googleマップ」クリック

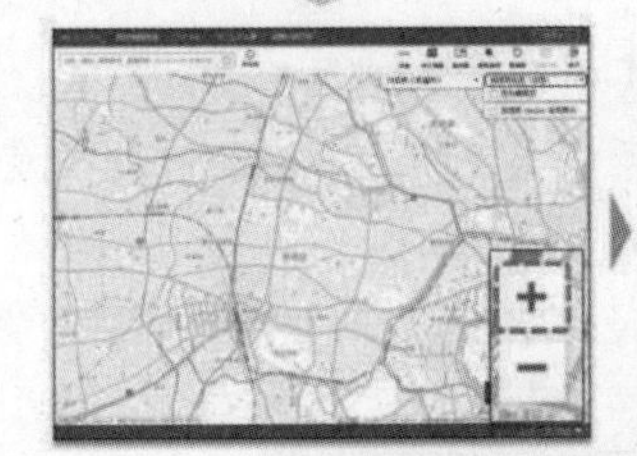

建物の形状や施設名などがわかる詳細な地図が表示される

- jSTAT MAPでは背景地図を選択することができる。
- 背景地図の選択は右上にある「Google Map」をクリックし、表示されたリストより背景地図を切り替えることができる。
- 拡大すると、建物の形状や施設名などがわかる詳細な地図が表示される。

統計地図の作成

令和2年国勢調査 市区町村別集計結果を使って
埼玉県、千葉県、東京都、神奈川県における人口密度の統計地図を作成

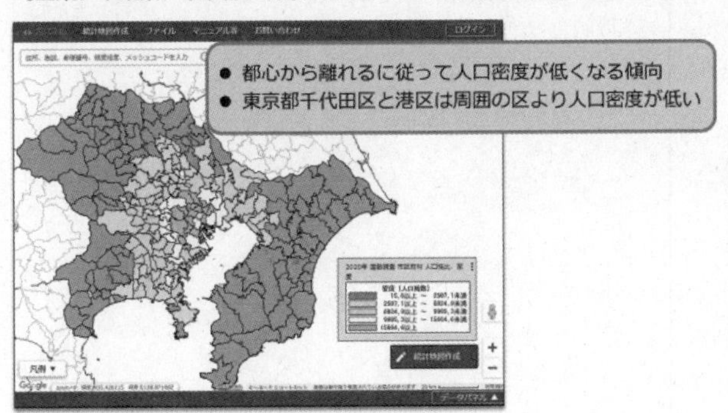

- ここからは、令和２年国勢調査の市区町村別集計結果を利用して、埼玉県、千葉県、東京都、神奈川県における人口密度の統計地図を作成していく。
- 地図を見ると、都心から離れるに従って人口密度が低くなる傾向が見られるが、東京都千代田区と港区では周囲の区より人口密度が低くなっていることが見てとれる。

統計地図の作成

① メニューの「統計地図作成」>「統計グラフ作成」
② 右下の「統計地図作成」>「統計グラフ作成」
⇨ 収録されている統計データから**統計地図**を作成できる

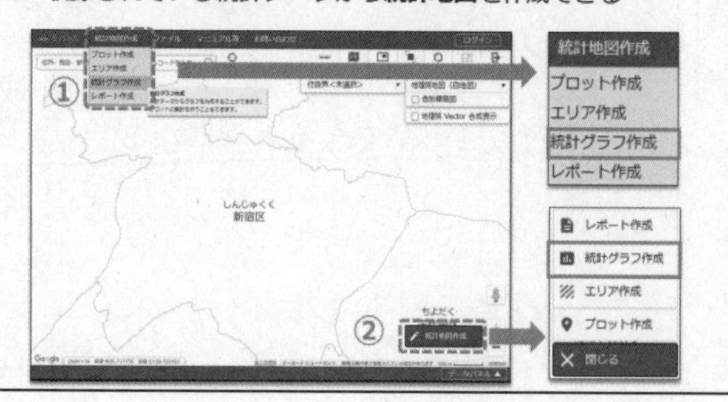

- 「統計グラフ作成」をするためには、メニューの「統計地図作成」から「統計グラフ作成」をクリックする。
- この機能では、収録されている統計データから統計地図を作成できる。

統計データの設定

統計グラフ作成ダイアログで調査、年次、集計単位、統計表を設定し、グラフを作成する指標を選択する

統計グラフ作成
統計データ　ユーザデータ
指標／データで地図化する統計項目を選択
調査名　国勢調査
年　2020年
集計単位　市区町村
統計表　人口性比、面積
指標/データ
人口性比
面積（人口総数）
面積（男）
面積（女）
面積（世帯数）
指標選択　選択解除
調査名で利用する統計調査を選択
年で統計調査の実施年を選択
集計単位で統計結果の集計単位を選択
統計表で地図化したい統計表を選択
お気に入りに追加　次へ

- 「統計グラフ作成」のダイアログが表示されるので、以下のように調査、年次、集計単位、統計表を設定し、グラフを作成する指標を選択していく。

① 調査名欄で利用する統計調査を選択
② 年欄で、統計調査の実施年を選択
③ 集計単位欄で、統計結果の集計単位を選択
④ 統計表欄で、地図化したい統計表を選択
⑤ 「指標/データ」で地図化する統計項目を選択
⑥ 指標選択ボタンをクリック

統計データの設定

指標を選択すると「選択指標」欄にデータが選択されるので「次へ」ボタンをクリック

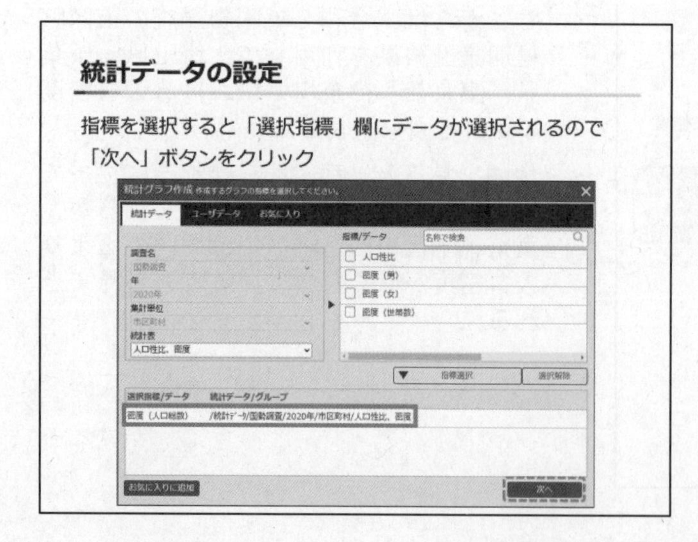

- 指標を選択すると、「選択指標」欄にデータが選択されるので、「次へ」ボタンをクリックする

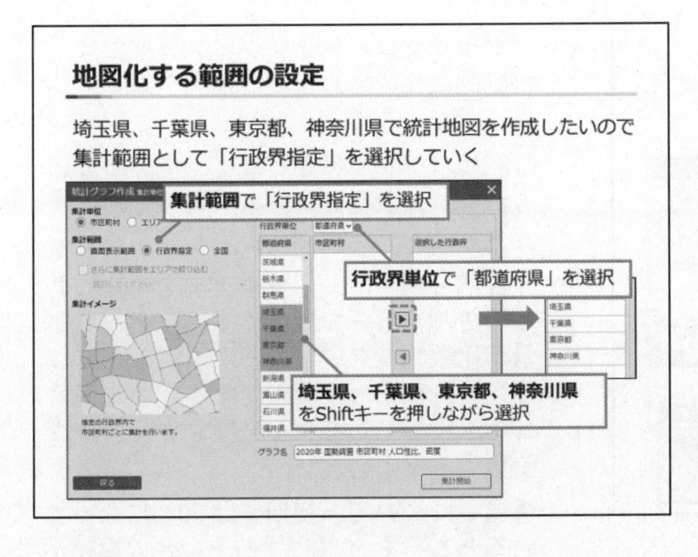

- 次に、地図化する範囲の設定を行う。今回は埼玉県、千葉県、東京都及び神奈川県の範囲で統計地図を作成したいので、下記のとおり集計範囲を選択していく。
  1. 「集計範囲」は「行政界指定」を選択
  2. 「行政界単位」では「都道府県」を選択
  3. 埼玉県、千葉県、東京都、神奈川県を、Shiftキーを押しながら選択し、右三角ボタンをクリック
- すると「選択した行政界欄」に、埼玉県、千葉県、東京都、神奈川県が表示されるので、「集計開始」ボタンをクリックする。

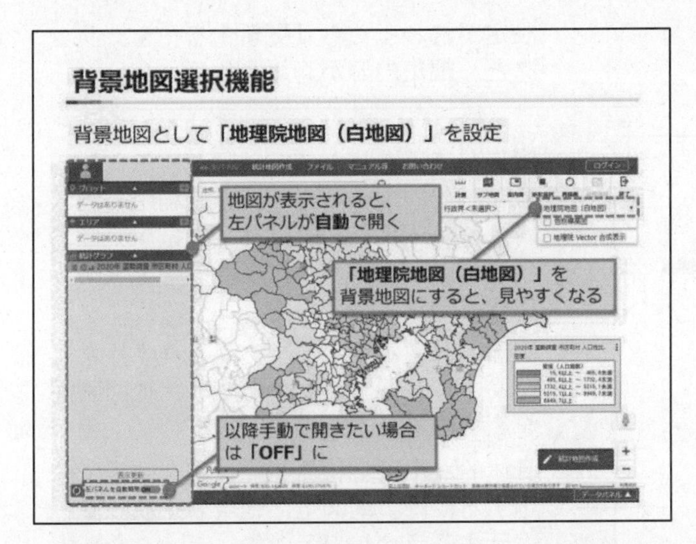

- 右上の背景地図選択機能を利用して、背景地図として「地理院地図（白地図）」を設定する。
- 広域の地図を作成する場合は、「地理院地図（白地図）」を選択すると統計地図が見やすくなる
- また、地図が表示されると、左パネルが自動で開く。このパネルを以降手動で開きたい場合は、左パネル下の「左パネルを自動開閉」をoffにする。

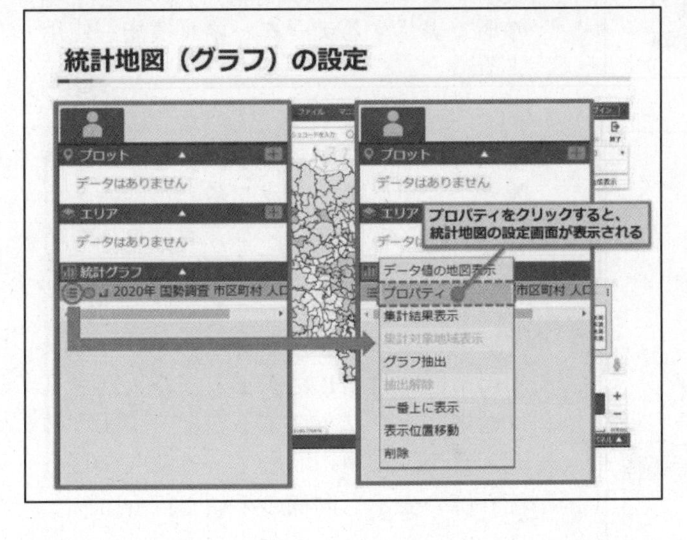

- 左パネルには、作成した統計地図の名前が表示されている。
- 統計地図の名前の左にあるマークをクリックするとメニューが表示されるので、「プロパティ」をクリックして、統計地図の設定画面を表示する。

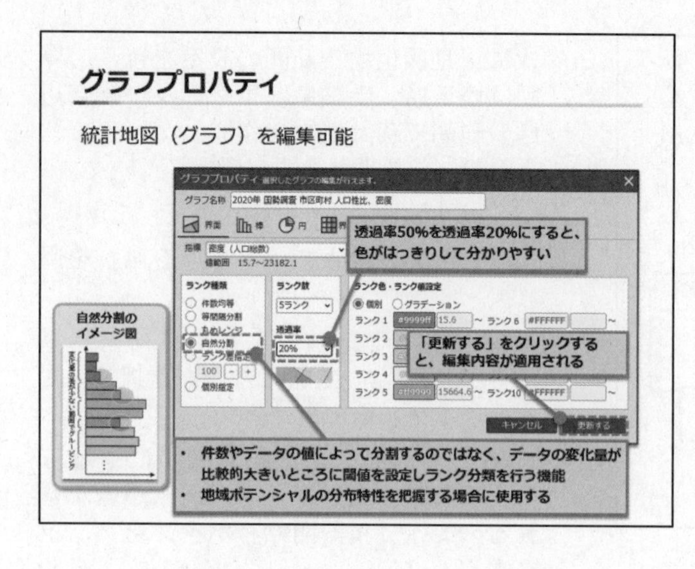

- 「グラフプロパティ」ダイアログでは、自動的に作成された統計地図を編集できる。
- 今回は「ランク種類」欄で、統計の分類方法を「件数均等」から「自然分割」に変更した。
- 「自然分割」は、件数やデータの値によって分割するのではなく、データの変化量が比較的大きいところに閾値を設定しランク分類を行う機能である。地域ポテンシャルの分布特性を把握する場合等に使用するとよい。
- 透過率について、初期値は50%になっているところを20%にすると、色の違いがはっきりしてわかりやすくなる。
- 設定が終わったら「更新する」をクリックと、編集内容が適用される。

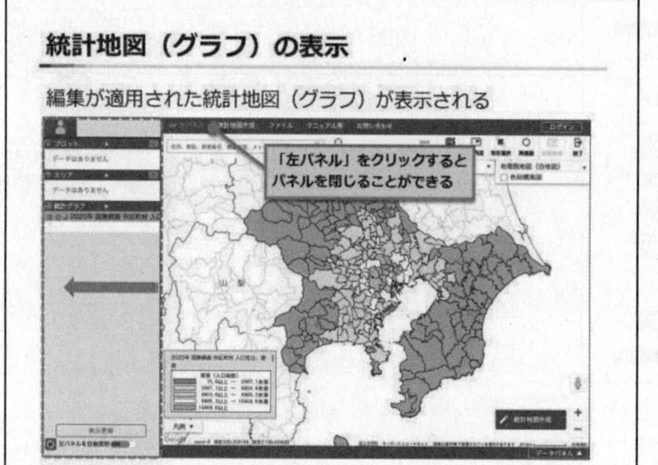

- 編集が適用された統計地図が表示され、令和２年の国勢調査データを利用した、埼玉県、千葉県、東京都、神奈川県における市区町村別の人口密度の統計地図が作成できる。
- 画面の「左パネル」をクリックすると、左パネルが閉じることができ、地図画面を広くすることができる。
- 具体的な市区町村名や統計値を確認・表示するには、地図上に地域名や統計値を表示するラベル表示機能、データを一覧の形で表示するデータパネル機能を使用する。

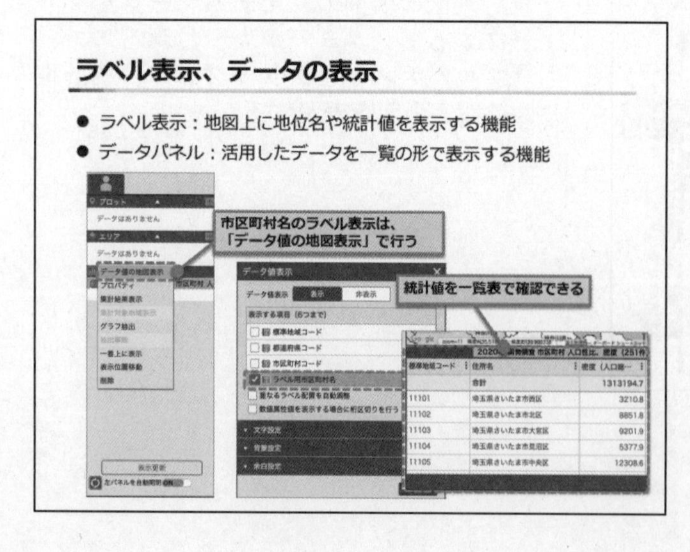

- 市区町村名のラベル表示は、左パネルを開き、変更したいグラフ名の左端のメニューマークをクリックして表示されるメニューで「データ値の地図表示」をクリックして設定する。
- 「データ値表示ダイアログ」で、「ラベル用市区町村名」にチェックを入れて「適用」をクリックすることで市区町村名を表示できる。
- 統計値の表示も同様の手順で行う。
- データパネルは、右下の「データパネル（▲）」をクリックすると表示でき、統計値を一覧表で確認できる。

シンプルレポートの作成方法

シンプルレポート作成ダイアログで項目を選択し、
「HTMLレポート作成」「Excelレポート作成」をクリック

HTMLレポート

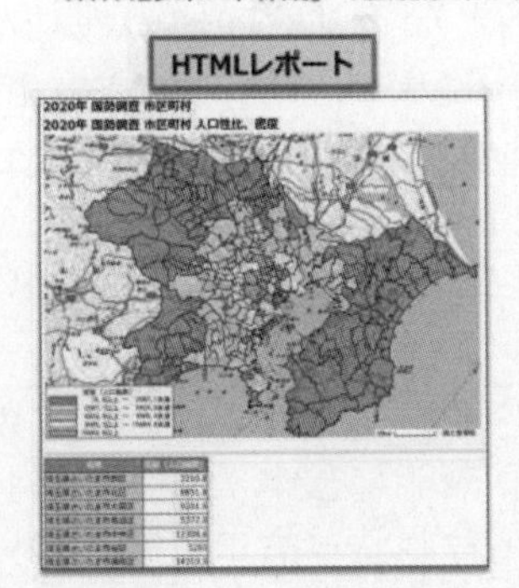

Excelレポート

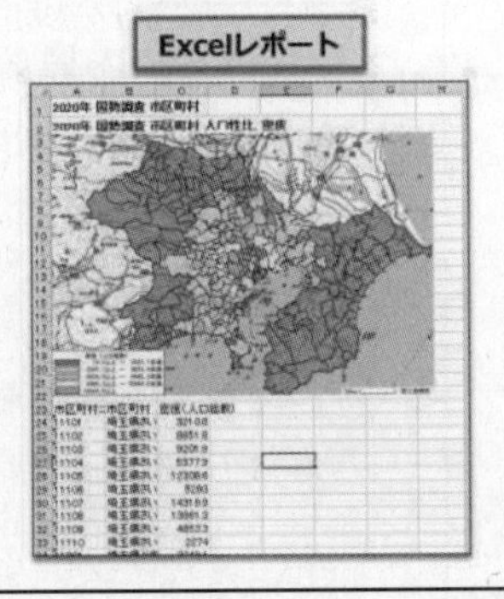

- シンプルレポートの作成方法は、「シンプルレポート作成」ダイアログで項目を選択して、「HTML レポート作成」または「Excel レポート作成」をクリックすると、HTML あるいは Excel でレポートが表示される。
- レポートを作成すると、統計グラフや表を web ページに掲載したり、データを活用してグラフを作成したり、地図画像をプレゼンテーション資料に貼り付けたりすることが可能。

今回のポイント

① jSTAT MAPは e-Statからアクセスできる
② アカウントの有無で利用できる機能が変わる
③ 背景地図はGoogle Map、地理院地図、国土画像情報から選択できる
④ 「統計グラフ作成」で様々な統計データを選択して、
地域を色で塗り分けた「界面グラフ」を作成できる
⑤ データの選択は、調査名、調査年、集計単位、統計表の順に選択する
⑥ 統計地図を作成する地域のエリアを設定できる
⑦ 作成した統計地図は、グラフプロパティで階級の区分方法や
塗分けの色など設定を変更できる
⑧ シンプルレポートでは、グラフの図と統計表が表示される

- jSTAT MAP は e-Stat からアクセスでき、アカウントの有無で利用できる機能が異なる。
- 背景地図は google Map、地理院地図、国土画像情報から選択できる。
- 「統計グラフ作成」で様々な統計データを選択して、項目やエリアを設定することにより地域を色で塗り分けた「界面グラフ」を作成できる。
- 作成した統計地図は、階級の区分方法や塗分けの色など設定を変更できる。
- シンプルレポートでは、グラフの図と統計表が表示される。

第７回　その他の便利なデータの紹介（SSDS、RESAS、世界の統計 等）

その他の便利なデータの紹介

① その他の便利なデータの概要
② SSDS・SSDSE
③ RESAS
④ 世界の統計

・　e-Stat と合わせて利用することで効果的な分析等が可能となる「その他の便利なデータ」の概要について説明する。

①　e-Stat にも収録されている社会・人口統計体系「SSDS」のデータを、より分析しやすい形で編集した SSDSE について説明する。

②　内閣官房が整備する、地域のデータの可視化などの機能に優れた「RESAS」と、e-Stat を合わせた活用方法について説明する。

③　世界における我が国の状況の把握や他国との比較などを行うことのできる「世界の統計」の内容を説明する。

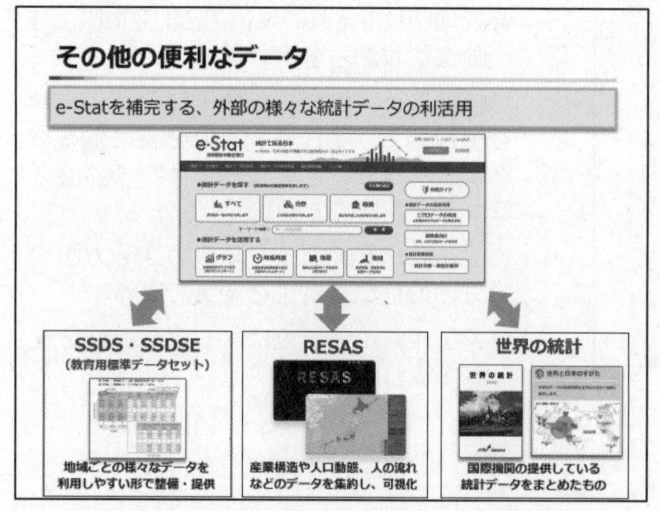

・　政府統計の総合窓口・ポータルサイトである e-Stat には、様々なデータが収録されている。

・　これらのデータから、地域ごとに共通の基本的な変数を用いて編集したものが、SSDSE である。

・　また、内閣官房が整備している「RESAS」は、地域のデータの可視化に優れた機能ですが、そこからさらに深堀して分析をしたい場合には、e-Stat のデータをダウンロードして分析する必要がある。

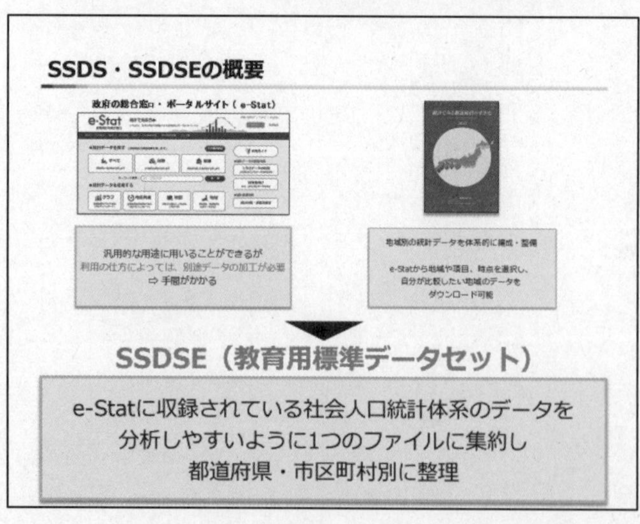

・　e-Stat に収録されているデータは、汎用的な用途に用いることができるものの、地域間を様々な指標で比較したい場合、収録されているデータを加工して、別途データセットを用意する必要がある。

・　そこで、総務省統計局では、社会・人口統計体系として、地域別の統計データを体系的に編成し整備している。

・　また、教育用標準データセットである「SSDSE」は、e-Stat に収録されている社会・人口統計体系のデータを、一つのファイルに集約し都道府県別・市区町村別に独立行政法人統計センターが整理し直したデータである。

・　SSDSE には、利用目的に応じた複数のデータが整備されており、教育目的のみならず、地域間比較を行う際に便利である。

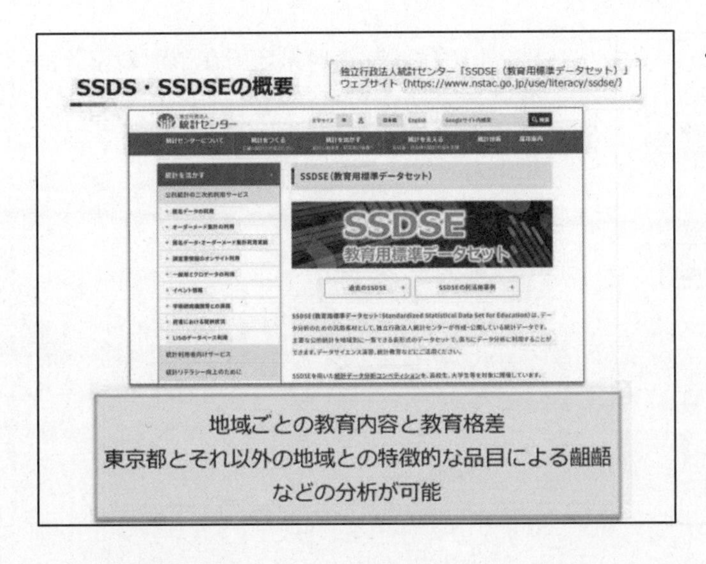

- SSDSEは、例えば、地域ごとの教育内容と教育格差や、東京都とそれ以外の地域との、特徴的な品目による齟齬などの分析を行うことができる。

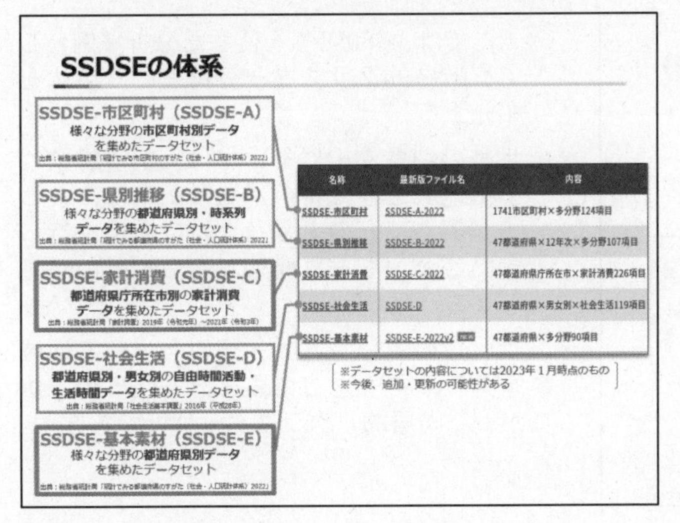

名称	最新版ファイル名	内容
SSDSE-市区町村	SSDSE-A-2022	1741市区町村×多分野124項目
SSDSE-県別推移	SSDSE-B-2022	47都道府県×12年次×多分野107項目
SSDSE-家計消費	SSDSE-C-2022	47都道府県庁所在市×家計消費226項目
SSDSE-社会生活	SSDSE-D	47都道府県×男女別×社会生活119項目
SSDSE-基本素材	SSDSE-E-2022v2	47都道府県×多分野90項目

※データセットの内容については2023年1月時点のもの
※今後、追加・更新の可能性がある

- SSDSE は、2023 年1月時点で、SSDSE には、AからEまでの5つのバージョンがあり、SSDSE－A は、様々な分野の市区町村別データを公開したものである。
- 他にも、標準的な項目を含むものや、我が国の世帯の詳細な消費支出の内訳などがわかるものまで、元となるデータの違いや編集の仕方の違いなどに応じた複数のデータセットが用意されている。
- 今回の講義では特に、都道府県別の基本的な変数を集めた、SSDSE-Eと消費支出の詳細がわかる SSDSE-C について説明する。

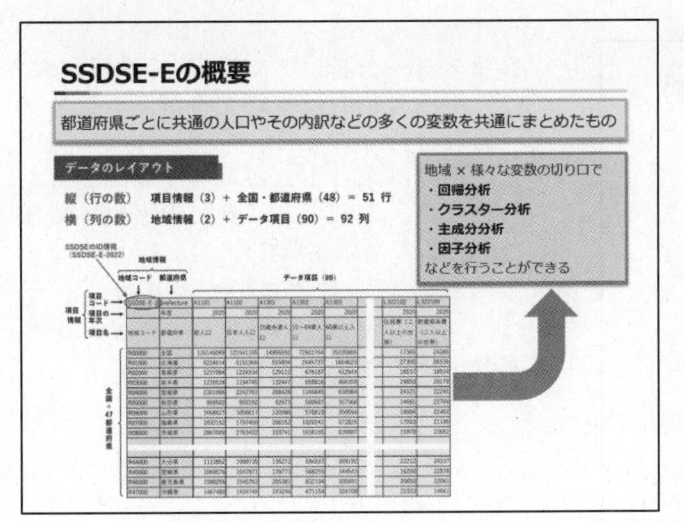

- SSDSE－E は、都道府県ごとに、共通の人口やその内訳などの多くの変数を共通にまとめたものである。
- このデータを用いることにより、地域×様々な変数の切り口で、教科書で説明されているような第2週で学習した回帰分析のほか、本講座では学習しないが、クラスター分析、主成分分析や因子分析などを行うことができる。

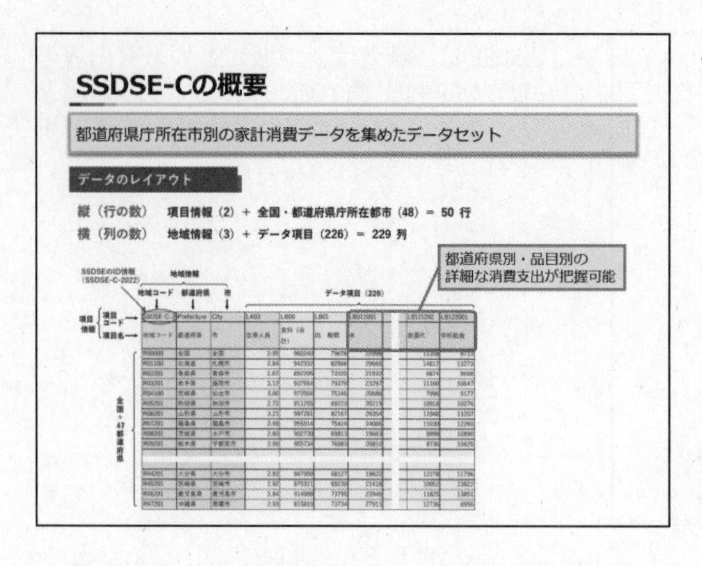

- SSDSE-Cは、都道府県庁所在市別の家計消費データを集めたデータセットであり、都道府県別、品目別の詳細な消費支出の把握が可能。

- ここでは、SSDSE-Cを使った分析事例として、階層的クラスター分析という手法を紹介する。
- 世帯の消費支出については、都道府県ごと、地域ごとに特色があり、地域によって、例えばどのような食材に支出を行っているか、などに顕著な特徴や違いが見られる。
- これらの違いを基に、類似している地域をクラスターとしてまとめるための手法が、「階層的」クラスター分析である。

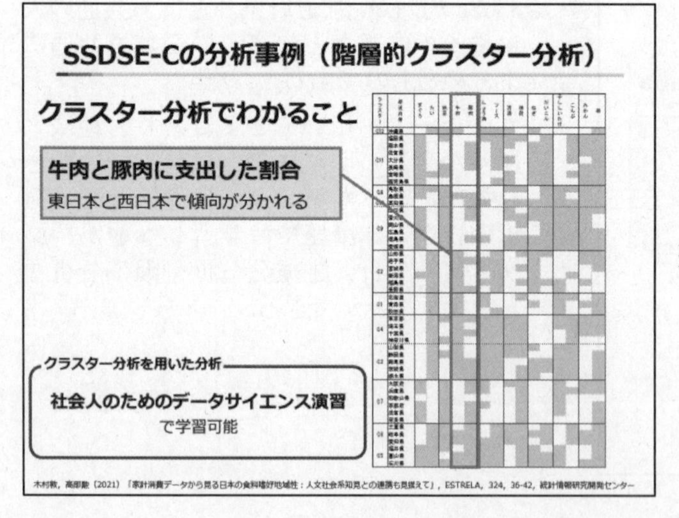

- クラスター分析はこの講座では扱わないので手法の説明は省略するが、クラスター分析を行うことで、牛肉と豚肉に支出した割合は東日本と西日本で傾向が分かれるなど、地域ごとに食材の支出に特徴があることが読み取れる。

※ クラスター分析を用いた分析については、「社会人のためのデータサイエンス演習」で学習することが可能。

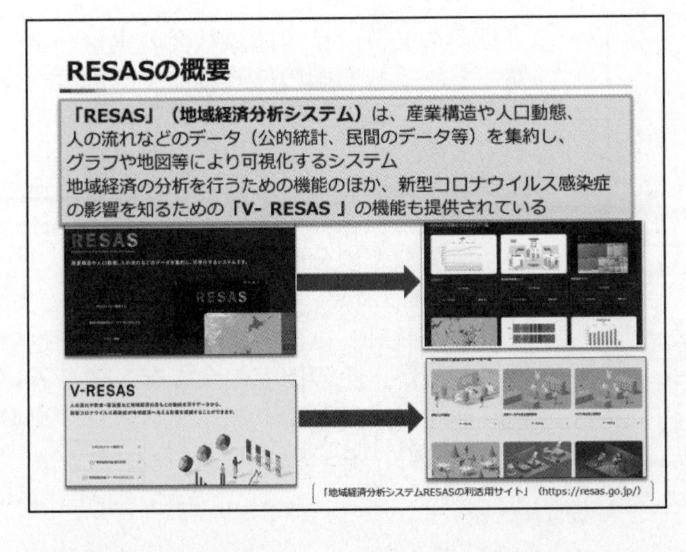

- 内閣官房が整備している「RESAS」は、産業構造や人口動態、人の流れなどのデータを集約し、グラフや地図等により可視化するシステムである。
- 地域経済の分析を行うための機能の他、新型コロナウイルス感染症の影響を知るための「V-RESAS」の機能も提供されている。

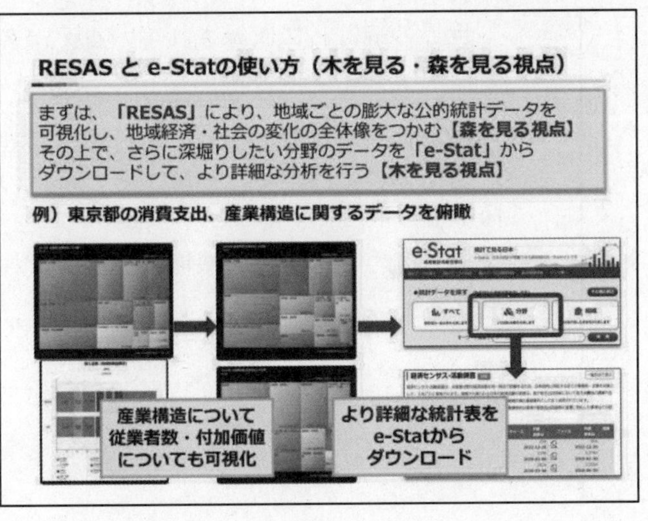

- RESASはデータの可視化の機能に優れている反面、搭載されている機能以外の分析を行いたい場合や、様々な種類の計量分析など、それ以上に深堀りした分析を行う場合には、そのための統計データを別途、入手する必要がある。
- 一方で、e-Stat の膨大なデータから、地域の特徴を表す統計データを探すことは、かなり骨の折れる作業となるため、以下の役割分担が考えられる。

① RESASで、地域の特徴を把握し、分析したい変数やデータに当たりを付け

② e-Stat により、さらに分析したいデータを検索し、ダウンロードして活用する

- RESASで俯瞰的な視点から、地域ごとのデータの特徴を把握する、「森を見る視点」を養い、そこからさらに、詳細なデータをダウンロードして分析する、いわば個々の「木を見る」視点に移ることにより、木も見て森も見る、複合的な観点からの分析が可能となる。

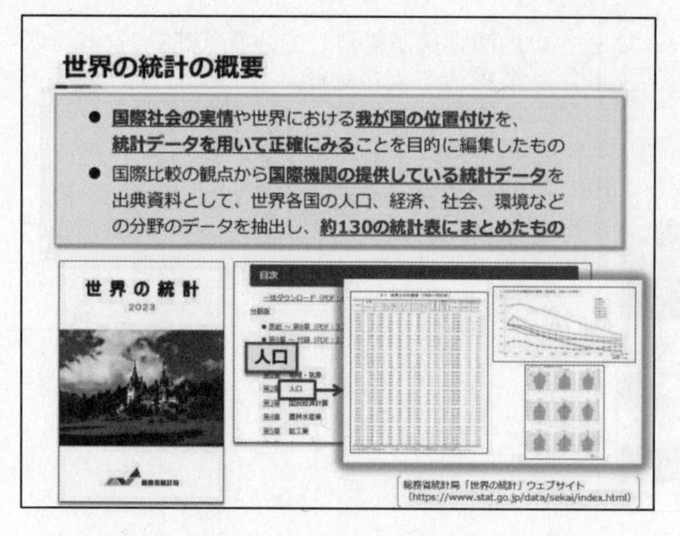

- 「世界の統計」は、国際社会の実情や世界における我が国の位置付けを統計データを用いて正確にみることを目的に編集したものであり、国際比較の観点から国際機関の提供している統計データを出典資料として、世界各国の人口、経済、社会、環境などの分野のデータを抽出し、約130の統計表にまとめたものである。
- 「世界の統計」は、冊子としても刊行されているが、その内容の全てを、総務省統計局のウェブサイトからダウンロードすることが可能である。

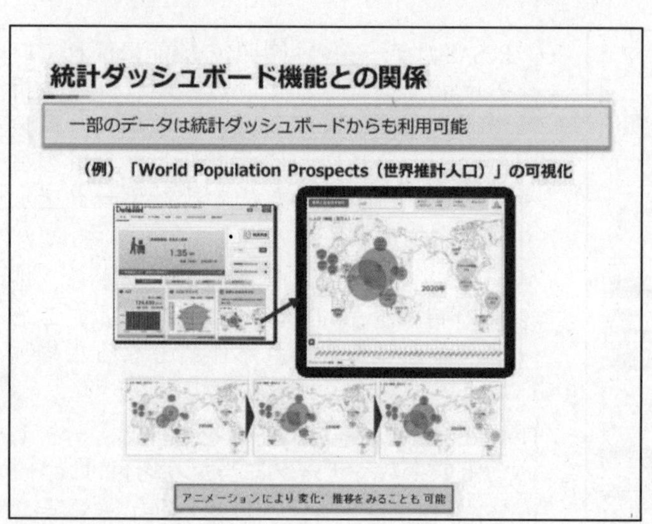

- 「世界の統計」に収録されているデータの一部は、e-Stat にも収録されており、「統計ダッシュボード」の「世界と日本のすがた」の機能により、人口などの基本的な変数について、地域ごとの変化の様子を時系列で見ることが可能。
- また、アニメーション機能により、これらの変化を動的に観察することも可能。

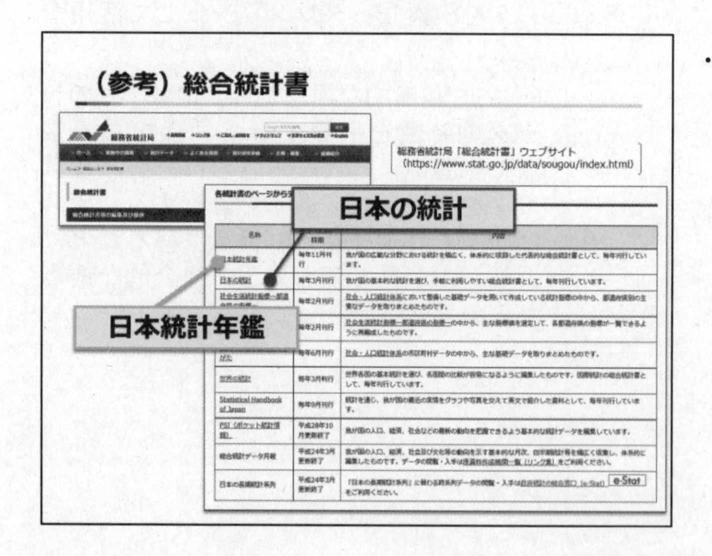

- 総務省統計局のウェブサイトでは、「世界の統計」のほかにも、「日本の統計」や、「日本統計年鑑」をはじめとする、様々な統計を収録した総合統計書が掲載されている。

今回のポイント

① e-Statを補完する、外部の様々な統計データを利活用することにより、政府統計の総合窓口(e-Stat)を更に有効活用することが可能

② 「SSDSE」は、社会・人口統計体系のデータを、利用しやすい形にまとめたデータであり、教育目的のみならず、地域間比較を行う際に便利

③ 「RESAS」は、産業構造や人口動態、人の流れなどのデータを集約し、可視化するシステムであり、「RESAS」で概況を把握し、e-Statのデータで深堀することにより、効率的な分析が可能

④ 「世界の統計」は、国際社会の実情や世界における我が国の位置付けを、統計データを用いて正確にみることを目的に編集したものであり、一部は統計ダッシュボードからも利用可能

- e-Stat を補完する、外部の様々な統計データを利活用することにより、政府統計の総合窓口(e-Stat)を、さらに有効活用することが可能になる。
- 「SSDSE」は、e-Stat にも収録されている社会・人口統計体系のデータを、利用しやすい形にまとめたデータであり、教育目的のみならず、地域間比較を行う際に便利である。
- 「RESAS」は、産業構造や人口動態、人の流れなどのデータを集約し、可視化するシステムであり、「RESAS」で概況を把握し、 e-Stat のデータで深堀することにより、効率的な分析が可能となる。
- 「世界の統計」は、国際社会の実情や世界における我が国の位置付けを、統計データを用いて正確に見ることを目的に編集したものであり、一部は統計ダッシュボードからも利用可能となっている。
- これらの機能を e-Stat と合わせて用いることにより、より詳細な分析を行うことが可能となり、統計データの一層の利活用につながるものと期待される。

第８回　本講座のまとめ

本講座のまとめ

- 第1週 統計分析の意義
- 第2週 統計分析の基礎
- 第3週 統計分析の実践
- 第4週 公的統計の利用方法

・　本講座では、第１週で統計分析の意義を説明し、第２週で統計分析の基礎を固め、第３週で統計分析の実践に進んでから、第４週で公的統計の利用方法について紹介した。

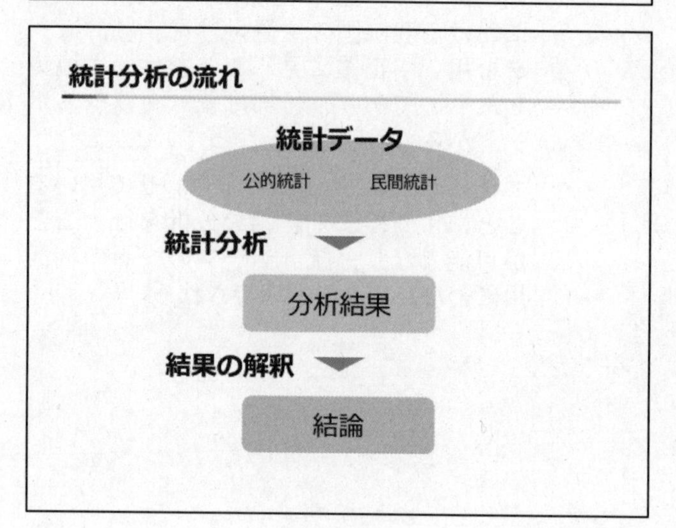

・　統計分析の流れはこのような図になる。

・　本講座では公的統計を中心に説明してきたが、統計データには民間が作成する統計もある。また、社会を対象としたデータだけでなく、実験や自然観察によって得られたデータもある。

・　そうした出発点に当たる統計データに、統計分析を適用して分析結果が得られる。

・　得られた分析結果を解釈して結論が得られる。統計分析の結果の解釈には、統計分析の知識以外に、分析対象そのものについての知識が必要である。

・　ここに描かれた一連の手順は、統計データを出発点にしている。統計データがあってこそ、私たちは統計分析によって分析対象の性質を知り、結論を導くことができる。

・　この出発点となる統計データがどのように作られるのかについては、これまでにも部分的に説明をした。

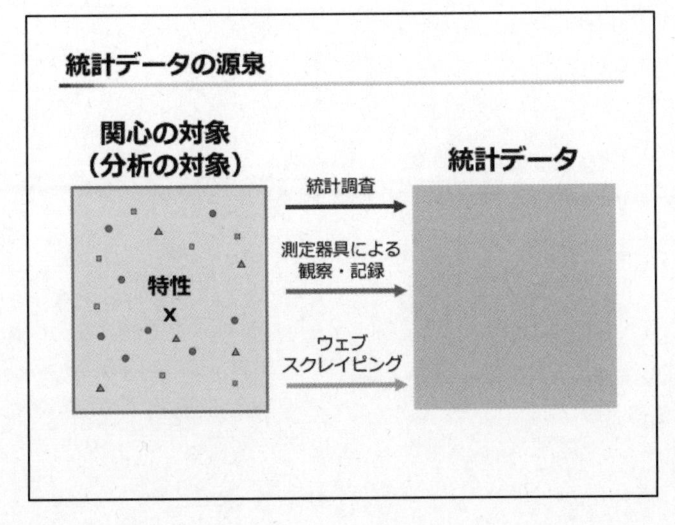

- 統計データを利用する場面では、社会の動きを知りたいとか、特定の自然現象について知りたいとか、関心の対象ないしは分析の対象が最初にある。
- 関心の対象が、いくつかの、たいていの場合は多数の構成要素から成り立ち、構成要素の一つ一つが種々の特性を備えている。
- これを象徴的にｘとするが、このｘを利用して統計データを作成するためには、ｘを観察して記録する必要がある。
- 観察して記録する方法は様々であり、その一つとして統計調査があるが、この他、種々の「測定器具」によってｘを観察して記録する場合もある。
- 広い意味での測定器具は技術進歩に合わせて発達し、最近ではウェブスクレイピングなど、従来とは異なる手法でも統計データが作成されるようになった。
- 統計データの作成方法は多様化・高度化しているが、社会を対象とした統計データを作成する場合には、依然として統計調査が重要な位置を占めている。

今回のポイント

- **統計調査による正確な統計データの作成**
  - 調査実施者の努力のほか、回答者の協力が不可欠
  - 調査対象者と調査実施者の協力関係の成果
  - ➢ 協力して作成された統計調査の結果が、国民にとって合理的な意思決定を行うための基盤となる重要な情報となっていく。

- 統計調査が正確に実施されるためには、調査を企画する側がそれに力を尽くさなければならないことはもちろんであるが、統計調査に回答していただく方々の調査への協力も大事な要素である。
- 統計調査に基づいて作成される統計データは、実際に調査の対象となった方々と調査を実施する方々との協力関係の成果であると言える。

講座紹介

- **統計を効果的に活用するために**
  - 「社会人のためのデータサイエンス演習」
    - ◆ 実践的なデータ分析の手法を学習できる
  - 「誰でも使える統計オープンデータ」
    - ◆ e-StatやjSTAT MAPを活用したデータ分析の手法を学習できる
  - どちらも、本講座と同じように、総務省統計局から提供されています。

- 総務省統計局では、今回受講された「社会人のためのデータサイエンス入門」のほかに、実践的なデータ分析の手法を学習することができる「社会人のためのデータサイエンス演習」や、e-Stat や jSTAT MAP を活用したデータ分析の手法を学習することができる「誰でも使える統計オープンデータ」という講座も用意している。

誰でも使える公的統計

ここでは、誰でも使用可能なデータである公的統計のうち、特に重要な統計である基幹統計（令和４年11月末現在　53統計）について、簡単に説明する。

＜内閣府＞

国民経済計算　　（注１）

国民経済計算は、我が国の経済の全体像を国際比較可能な形で体系的に記録することを目的に、国連の定める国際基準（SNA）に準拠しつつ、国民経済計算の作成基準及び作成方法に基づき作成されている。

「四半期別GDP速報」（QE）と「国民経済計算年次推計」の２つからなっており、「四半期別GDP速報」は速報性を重視し、GDPをはじめとする支出側系列等を、年に８回四半期別に作成・公表している。「国民経済計算年次推計」は、生産・分配・支出・資本蓄積といったフロー面や、資産・負債といったストック面も含めて、年に１回作成・公表している。

【キーワード】

GDP、国内総生産、国内総支出、国民可処分所得

＜総務省＞

国勢統計

国内の人及び世帯の実態を把握し、各種行政施策の基礎資料を得るとともに、国民共有の財産として民主主義の基盤をなす統計情報を提供することを目的として、５年ごとに調査し、統計を作成している。

【キーワード】

人口、世帯数、世帯人員、昼間人口、配偶関係、年齢別人口、就業者数、就業時間、就業者の産業、職業、最終卒業学校の種類、世帯の家族類型別割合

住宅・土地統計

我が国における住宅及び住宅以外で人が居住する建物に関する実態並びに現住居以外の住宅及び土地の保有状況その他の住宅等に居住している世帯に関する実態を調査し、その現状と推移を全国及び地域別に明らかにすることにより、住生活関連諸施策の基礎資料を得ることを目的として、５年ごとに調査し、統計を作成している。

【キーワード】

住宅数、借家数、世帯数、世帯人員、空き家数、持ち家数、１室当たり人員、１住宅当たり延べ面積、住宅の建て方

労働力統計

国民の就業及び不就業の状態を明らかにし、各種の雇用対策、景気判断等のための基礎資料を得ることを目的として、毎月調査し、統計を作成している。

【キーワード】

完全失業率、就業者数、雇用者数、労働力人口、平均週間就業時間

小売物価統計

消費者物価指数（CPI）*その他物価に関する基礎資料を得ることを目的として、国民の消費生活上重要な商品の小売価格、サービスの料金及び家賃を毎月調査し、統計を作成している。動向編は毎月、構造編は年に１回公表している。

【キーワード】

小売価格、地域差指数

*消費者物価指数（CPI）

全国の世帯が購入する財及びサービスの価格変動を総合的に測定し、物価の変動を時系列的に測定するために、毎月作成している。

【キーワード】

CPI、総合指数、持家の帰属家賃を除く総合、生鮮食品を除く総合、食料（酒類を除く）及びエネルギーを除く総合

家計統計

国民生活における家計収支の実態を把握し、国の経済政策、社会政策の立案のための基礎資料を得ることを目的として、毎月調査し、統計を作成している。

【キーワード】

家計調査、消費支出、実収入、購入数量、購入金額

個人企業経済統計

個人経営の事業所（個人企業）の経営実態を明らかにし、中小企業振興のための基礎資料を得ることを目的として毎年調査し、統計を作成している。

【キーワード】

個人企業、売上高、仕入高、営業利益、従業者数、業況判断

科学技術研究統計

我が国における科学技術に関する研究活動の状態を把握し、科学技術振興に必要な基礎資料を得ることを目的として、毎年調査し、統計を作成している。

【キーワード】

研究者数、研究費、技術輸出件数、技術輸入件数、女性研究者の数

地方公務員給与実態統計

地方公務員の給与の実態を明らかにし、併せて地方公務員の給与に関する制度の基礎資料を得ることを目的として、毎年調査し、統計を作成している。５年ごとに実施される基幹統計調査と、基幹統計年の間を補充する補充調査（基幹統計年以外の年に実施）に分かれている。

【キーワード】

職員数、初任給、平均年齢、平均給料月額、経験年数

就業構造基本統計

全国及び地域別の就業構造に関する基礎資料を得ることを目的として、国民の就業及び不就業の状態を５年ごとに調査し、統計を作成している。

【キーワード】

有業者数、無業者数、転職就業者数、就業希望者数、非正規の職員・従業員

全国家計構造統計

家計における消費、所得、資産及び負債の実態を総合的に把握し、世帯の所得分布及び消費の水準、構造等を全国的及び地域別に明らかにすることを目的として、５年ごとに調査し、統計を作成している。

【キーワード】

年間収入、１か月間の収入、１か月間の支出、負債現在高、貯蓄現在高、ジニ係数

社会生活基本統計

国民の社会生活の実態を明らかにするための基礎資料を得ることを目的として、国民の生活時間の配分や余暇時間における主な活動（スポーツ、趣味・娯楽、ボランティア活動等）の状況について、５年ごとに調査し、統計を作成している。

【キーワード】

スポーツ、趣味・娯楽、ボランティア活動の行動者数、行動者率、総平均時間、行動者平均時間、平均時刻、無償労働

経済構造統計　（注 2）

すべての産業分野における事業所及び企業の活動からなる経済の構造を全国的及び地域別に明らかにすることを目的とする。

【キーワード】

経済センサス、事業所数、企業数、従業者数、付加価値額、売上金額

産業連関表　（注 1）（注 3）

作成対象年次における我が国の経済構造を総体的に明らかにするとともに、経済波及効果分析や各種経済指標の基準改定を行うための基礎資料を提供することを目的に作成しており、原則として、西暦の末尾が０及び５の年を対象年として、関係府省庁の共同事業として作成している。

産業連関表は、一定期間（通常１年間）において、財・サービスが各産業部門間でどのように生産され、販売されたかについて、行列（マトリックス）の形で一覧表にとりまとめたものである。

【キーワード】

国内生産額、中間投入、粗付加価値額、最終需要、投入、産出、波及効果

人口推計　（注 1）

５年ごとに作成する国勢統計の間の人口の状態を明らかにすることを目的として、毎月作成している。

【キーワード】

人口、性比、自然動態、社会動態、従属人口指数、老年化指数

<財務省>

法人企業統計

我が国における営利法人等の企業活動の実態を明らかにし、併せて法人を対象とする各種統計調査のための基礎となる法人名簿を整備することを目的として調査し、四半期及び年に１回公表している。

【キーワード】

人員、資本金、負債、売上高、人件費、資産、営業利益、固定資産

<国税庁>

民間給与実態統計

民間の事業所における年間の給与の実態を、給与階級別、事業所規模別、企業規模別等に明らかにし、併せて、租税収入の見積り、租税負担の検討及び税務行政運営等の基本資料とすることを目的として調査し、年に１回公表している。

【キーワード】

民間給与、税額、賞与、手当、給与額、平均年齢、納税者数、平均給与、平均勤続年数

＜文部科学省＞

学校基本統計

学校教育行政に必要な学校に関する基本的事項を明らかにすることを目的として調査し、年に１回公表している。

【キーワード】

課程数、学科数、学級数、学校数、教員数、児童数、生徒数、在学者数、高等学校等への進学者数、入学者数、休学者数

学校保健統計

学校における幼児、児童、生徒、学生及び職員の発育及び健康の状態並びに健康診断の実施状況及び保健設備の状況を明らかにすることを目的として調査し、年に１回公表している。

【キーワード】

体重、身長、肥満傾向児の出現率

学校教員統計

学校の教員構成並びに教員の個人属性、職務態様及び異動状況等を明らかにすることを目的として調査し、３年に１回公表している。

【キーワード】

教員数、平均年齢、教員構成、学歴構成、平均勤務年数、平均給料月額

社会教育統計

社会教育行政に必要な社会教育に関する基本的事項を明らかにすることを目的として調査し、３年に１回公表している。

【キーワード】

施設数、職員数、講座数、公民館数、建物面積、学芸員数、受講者数、博物館数、利用者数

<厚生労働省>

人口動態統計

我が国の人口動態事象を把握し、人口及び厚生労働行政施策の基礎資料を得ることを目的として調査し、毎月公表している。

【キーワード】

人口、死亡数、婚姻率、出生率、離婚率、出生性比、婚姻件数、平均婚姻年齢、合計特殊出生率

毎月勤労統計

雇用、給与及び労働時間の変動を全国的及び都道府県別に明らかにすることを目的として調査し、毎月公表している。

【キーワード】

実質賃金指数、現金給与総額、労働時間指数、常用労働者数、離職率、賞与額

薬事工業生産動態統計

医薬品、医薬部外品、医療機器及び再生医療等製品に関する毎月の生産の実態等を明らかにすることを目的として調査し、毎月公表している。

【キーワード】

製造所数、月末在庫金額、生産数量、出荷金額

医療施設統計

医療施設の分布及び整備の実態を明らかにするとともに、医療施設の診療機能を把握し、医療行政の基礎資料を得ることを目的として調査し、静態調査は３年に１回、動態調査は毎月及び年に１回公表している。

【キーワード】

病院数、病床数、患者数、施設数、医師数

患者統計

病院及び診療所を利用する患者についてその傷病の状況等の実態を明らかにし、医療行政の基礎資料を得ることを目的として調査し、３年に１回公表している。

【キーワード】

受療率、患者数、平均診療間隔、平均在院日数

賃金構造基本統計

主要産業に雇用される労働者について、その賃金の実態を労働者の雇用形態、就業形態、職種、性、年齢、学歴、勤続年数、経験年数別等に明らかにすることを目的として調査し、年に１回公表している。

【キーワード】

労働者数、勤続年数、現金給与額、所定内給与額、超過実労働時間数

国民生活基礎統計

国民の保健、医療、福祉、年金、所得等国民生活の基礎的事項を調査し、厚生労働行政の企画及び運営に必要な基礎資料を得るとともに、各種調査の調査客体を抽出するための親標本を設定することを目的として調査し、簡易調査については大規模調査の中間の各年に１回、大規模調査については３年に１回公表している。

【キーワード】

世帯数、世帯人員、平均所得金額、高齢者世帯数、児童のいる世帯数、介護者数、要介護者数、通院者数、総傷病数

生命表　（注１）

生命表は、ある期間における死亡状況（年齢別死亡率）が今後変化しないと仮定したときに、各年齢の者が１年以内に死亡する確率や平均してあと何年生きられるかという期待値などを死亡率や平均余命などの指標（生命関数）によって表したものである。特に、０歳の平均余命である「平均寿命」は、死亡状況を集約したものとなっており、保健福祉水準を総合的に示す指標として広く活用されている。簡易生命表は毎年、完全生命表は５年ごとに作成している。

【キーワード】

平均寿命（平均余命）、生存率、死亡率

社会保障費用統計　（注１）

我が国における年金、医療保険、介護保険、雇用保険、生活保護などの社会保障制度に係る１年間の支出（国民に対する金銭・サービスの給付）等を取りまとめることにより、国の社会保障全体の規模や政策分野ごとの構成を明らかにし、社会保障政策や財政等を検討する上での資料とすることを目的として、年に１回作成している。

【キーワード】

社会保障給付費

＜農林水産省＞

農林業構造統計

我が国の農林業の生産構造や就業構造、農山村地域における土地資源など農林業・農山村の基本構造の実態とその変化を明らかにし、農林業施策の企画・立案・推進のための基礎資料を整備することを目的として、5年に1回調査し、作成している。

【キーワード】

農林業センサス、農家数、栽培面積、販売農家数、農業従事者数、林野率、林家数

牛乳乳製品統計

牛乳及び乳製品の生産に関する実態を明らかにするとともに、畜産行政の基礎資料を得ることを目的として調査し、毎月作成している。

【キーワード】

生乳処理量、生乳生産量、乳飲料生産量、牛乳等生産量

作物統計

耕地及び作物の生産に関する実態を明らかにし、農業行政の基礎資料を整備することを目的として調査し、年に1回作成している。

【キーワード】

作付面積、収穫量、被害量、10a当たり収量

海面漁業生産統計

海面漁業の生産に関する実態を明らかにし、水産行政の基礎資料を整備することを目的として調査し、年に1回作成している。

【キーワード】

生産量、漁獲量、出漁日数、収獲量

漁業構造統計

我が国漁業の生産構造、就業構造を明らかにするとともに、漁村、水産物流通・加工業等の漁業を取り巻く実態と変化を総合的に把握し、新しい水産基本計画に基づく水産行政施策の企画・立案・推進のための基礎資料を作成し、提供することを目的として調査し、５年に１回作成している。

【キーワード】

漁業センサス、経営体数、漁船トン数、年間取扱高、漁業就業者数、魚市場数、漁獲物・収獲物の販売金額

木材統計

素材生産並びに木材製品の生産及び出荷等に関する実態を明らかにし、林業行政の基礎資料を整備することを目的として調査し、毎月作成している。

【キーワード】

入荷量、生産量、消費量、出荷量、在庫量

農業経営統計

農業経営体の経営及び農産物の生産費の実態を明らかにし、農業行政の基礎資料を整備することを目的として調査し、年に１回作成している。

【キーワード】

生産費、農業粗収益、資金源、農業固定資産額

＜経済産業省＞

経済産業省生産動態統計

鉱工業生産の動態を明らかにし、鉱工業に関する施策の基礎資料を得ることを目的として調査し、毎月作成している。

【キーワード】

出荷、月末在庫、生産量、稼働率、販売金額、月末従事者数

ガス事業生産動態統計

ガス事業の生産の実態を明らかにし、ガス事業に関する施策の基礎資料を得ることを目的として調査し、毎月作成している。

【キーワード】

従業者数、ガス生産量、メーター取付数、供給地点数

石油製品需給動態統計

石油製品の需給の実態を明らかにすることを目的として調査し、毎月作成している。

【キーワード】

消費量、生産量、出荷量、在庫量、原油輸入量

商業動態統計

商業を営む事業所及び企業の事業活動の動向を明らかにすることを目的として調査し、毎月作成している。

【キーワード】

売場面積、店舗数、商品販売額、百貨店・スーパー販売額

経済産業省特定業種石油等消費統計

工業における石油等の消費の動態を明らかにし、石油等の消費に関する施策の基礎資料を得ることを目的として調査し、毎月作成している。

【キーワード】

投入、在庫量、販売電力量、電力消費量

経済産業省企業活動基本統計

企業の活動の実態を明らかにすることによりし、企業に関する施策の基礎資料を得ることを目的として調査し、年に１回作成している。

【キーワード】

資産、負債、売上高、研究開発費、企業数、営業利益、付加価値額、総資本額

鉱工業指数　（注１）

鉱工業製品を生産する国内の事業所における生産、出荷、在庫に係る諸活動、製造工業の設備の稼働状況、各種設備の生産能力の動向の把握を行うことを目的として、毎月作成している。

【キーワード】

IIP、生産指数、稼働率指数、生産能力指数、生産者出荷指数、在庫指数、製造工業生産予測指数、在庫率指数

<国土交通省>

港湾統計

港湾の実態を明らかにし、港湾の開発、利用及び管理に資することを目的として調査し、毎月作成している。

【キーワード】

貨物トン数、入港船舶隻数、船舶乗降人員

造船造機統計

造船及び造機の実態を明らかにすることを目的として調査し、毎月作成している。

【キーワード】

船価、隻数、製造高、修繕高、トン数

建築着工統計

全国の建築物の建設の着工動態を明らかにし、建築及び住宅に関する基礎資料を得ることを目的として調査し、毎月作成している。

【キーワード】

住宅着工、建築物着工、戸数、件数、床面積、建築物の数、敷地面積、工事費予定額

鉄道車両等生産動態統計

鉄道車両、鉄道車両部品、鉄道信号保安装置及び索道搬器運行装置の生産の実態を明らかにすることを目的として調査し、毎月作成している。

【キーワード】

生産両数（車両）、生産数量（車両部品）、生産金額、出荷数量、出荷金額、受注金額

建設工事統計

建設工事及び建設業の実態を明らかにすることを目的として調査し、毎月作成している。

【キーワード】

受注高、業者数、就業者数、付加価値額、施工業者数

船員労働統計

船員の報酬、雇用等に関する実態を明らかにすることを目的として調査し、年に１回作成している。

【キーワード】

船員数、船舶隻数、経験年数、航海日当

自動車輸送統計

国内で輸送活動を行う自動車を対象に、その輸送量・走行量等を把握することにより、自動車輸送の実態を明らかにし、我が国の経済政策及び交通政策等を策定するための基礎資料を作成することを目的として調査し、毎月作成している。

【キーワード】

輸送人員、輸送トン数、輸送人キロ、輸送トンキロ

内航船舶輸送統計

内航に従事する船舶についての貨物輸送の実態を明らかにし、我が国の交通政策、経済政策を策定するための基礎資料を作成することを目的として調査し、毎月作成している。

【キーワード】

輸送トン数、輸送トンキロ

法人土地・建物基本統計

国及び地方公共団体以外の法人が所有する土地・建物の所有状況、利用状況及び取得状況等に関する実態を全国的及び地域別に明らかにし、土地に関する諸施策その他の基礎資料を得ることを目的として調査し、５年に１回作成している。

【キーワード】

所有面積、所有件数、法人数、事業用資産、棚卸資産

(注１) 国民経済計算、産業連関表、人口推計、生命表、社会保障費用統計及び鉱工業指数は、他の統計を加工することによって作成される「加工統計」であり、その他の統計は統計調査によって作成される。

(注２) 経済構造統計は、総務省のほか、経済産業省も作成者となっている。

(注３) 産業連関表は、総務省のほか、内閣府、金融庁、財務省、文部科学省、厚生労働省、農林水産省、経済産業省、国土交通省及び環境省も作成者となっている。

講師紹介及び協力団体

講師紹介

安宅　和人

慶應義塾大学 環境情報学部 教授

Z ホールディングス株式会社 シニアストラテジスト

マッキンゼーを経て、2008 年からヤフー。前職ではマーケティング研究グループのアジア太平洋地域中心メンバーの一人として幅広い商品・事業開発、ブランド再生に関わる。2012 年より CSO、2022 年より Z ホールディングスシニアストラテジスト。全社横断的な戦略課題の解決、事業開発に加え、途中データ及び研究開発部門も統括。2016 年より慶應義塾 SFC で教え、2018 年秋より現職。総合科学技術イノベーション会議(CSTI)専門委員、内閣府デジタル防災未来構想チーム座長、教育未来創造会議委員、新 AI 戦略検討会議委員ほか公職多数。データサイエンティスト協会理事・スキル定義委員長。一般社団法人 残すに値する未来代表。イェール大学脳神経科学 PhD。著書に『イシューからはじめよ』(英治出版)、『シン・ニホン』(NewsPicks パブリッシング) ほか。

小西　純

公益財団法人　統計情報研究開発センター　主任研究員

東京都立大学大学院工学研究科修了。統計情報研究開発センター研究員を経て 2010 年より現職。統計 GIS に関する情報処理、研究開発、普及啓発などの業務、統計 GIS 活用に関する研修に携わっている。研究分野は統計 GIS を利用した地域分析、地域データを利用した統計分析。

西郷　浩

早稲田大学　政治経済学術院教授。修士（経済学）

早稲田大学大学院経済学研究科博士後期課程単位取得退学後、早稲田大学政経学部専任講師、同助教授を経て 1999 年より現職。日本統計学会、日本経済学会会員。専門分野は統計調査論。

佐藤　彰洋
横浜市立大学大学院データサイエンス研究科教授。博士（情報科学）
東北大学大学院情報科学研究科修了後、京都大学大学院情報学研究科助手、同助教、同特定准教授、横浜市立大学特任教授を経て 2020 年より現職。日本統計学会正会員、情報処理学会シニア会員。エージェントモデル、応用としてのデータ中心科学、データ駆動型デザインの研究に従事. 経済社会分野におけるシステム間相互作用とその共同現象に興味を持ち、共同現象のメカニズムの理解、シミュレーション、設計を研究テーマとする。

菅　幹雄
法政大学経済学部教授。博士（商学）
慶應義塾大学大学院商学研究科修了後、東海大学教養学部助手、同講師、東京国際大学経済学部助教授、同教授を経て 2011 年より現職。日本統計学会、環太平洋産業連関分析学会会員。法政大学日本統計研究所所長。総務省統計委員会委員。専門分野は経済統計学。

高部　勲
立正大学データサイエンス学部教授。博士（統計科学）
早稲田大学理工学部卒業後、総務省統計局において、統計調査の企画立案・実施や公的統計の作成・公表、公的統計データの利活用推進、先端的な統計的手法の公的統計データへの応用研究などに従事した後、2021 年より現職。日本統計学会、日本経済学会会員。専門分野は公的統計、統計科学。

田宮　菜奈子
筑波大学 医学医療系ヘルスサービスリサーチ分野教授。博士（医学）
ハーバード大学 公衆衛生大学院（ヘルスサービスリサーチ）修了後、南大和老人保健施設施設長、帝京大学医学部衛生学公衆衛生学教室講師等を経て 2004 年より現職。臨床の在宅診療経験を原点に、入院医療から地域医療・介護への連続性、サービスへのアクセス、質のアウトカム評価の重要性を感じ、ヘルスサービスリサーチ（HSR）の考え方を日本に導入。以降一貫して、保健医療介護福祉を含む HSR を推進している。

山下　雅代
東京学芸大学 先端教育人材育成推進機構 准教授。博士（学術）
電気通信大学卒業後、同大学大学院情報システム学研究科修了後、（独）統計センター研究員等を経て 2022 年より現職。日本品質管理学会、日本数学教育学会、日本教材学会会員。専門分野は統計教育、問題解決教育。

※講師の肩書きは、講座制作当時（2023年３月）による。

協力団体

独立行政法人　統計センター
公益財団法人　統計情報研究開発センター
一般社団法人　日本統計学会
一般財団法人　日本統計協会

● gaccoウェブサイト：https://gacco.org/
"gacco"は株式会社ドコモgaccoの商標です。

データサイエンス・オンライン講座
社会人のためのデータサイエンス入門
オフィシャル スタディ ノート ―改訂第4版―

平成27年2月　初版 発行
令和6年6月　改訂第4版第2刷 発行

編　集　総務省統計局
発　行　一般財団法人　日本統計協会
〒169-0073
東京都新宿区百人町2－4－6
メイト新宿ビル6F
電話 (03) 5332－3151
FAX (03) 5389－0691
E-mail jsa@jstat.or.jp
https://www.jstat.or.jp
印　刷　勝美印刷株式会社

ISBN978-4-8223-4184-8 C0033 ¥1300E